ライフサイエンスのための
基礎化学

R. Sutton・B. Rockett・P. Swindells 著
影近弘之・平野智也 訳

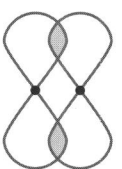

東京化学同人

Chemistry for the Life Sciences
Second Edition

Raul Sutton

Bernard Rockett

Peter G. Swindells

©2009 by Taylor & Francis Group, LLC

All Rights Reserved. Authorized translation from English language edition published by CRC Press, part of Taylor & Francis Group, LLC.

序　文

まえがきと本書の使い方

　本書は生命科学系学生の大学1年次における自習用教科書として書かれている．生命科学分野では，生化学を学ぶ際に，その基盤となる化学的概念を理解する必要がある．そのため，本書では，生命科学に関連する化学的事項に絞って記述した．各章では，まずはじめに，章の内容と生命科学現象との関連について解説した．そして，普通の生化学の教科書に記載されているような内容は極力省略した．かわりに，具体的な例を示して，各化学的概念が生命科学においてどういう意味をもっているかを説明した．本書の内容は化学の基礎的概念の紹介であり，読者が化学の予備知識をもっていることを想定していない．一方で，限られた分量の中で，できるだけ多くの概念と，その生命科学への応用を記述した．そのため，各章はそれぞれ少ないページ数で，大学で必要となる事項をほとんど網羅するように構成されている．本書は生命科学系学生のための化学についての簡潔な入門書となる．

　多くの生命科学系大学生は，General Certificate of Secondary Education, GCSE（訳注：英国において義務教育を終了するときに受ける試験）を受けるまでは，数学を学んでいない．そのため，本書では，数学の知識がなくても理解できるように記述した．化学は，物理的原理，特に，化学平衡の熱力学の考えに基づいているものがある．化学平衡の熱力学を理解するには，代数や微積分の知識が必要となる．本書では，数学的な導出法は本文から除き，実際に計算に用いる式だけを記載した．このような式の導出法について興味がある人のために，重要なものについては導出法を付録に載せた．

　本書中の問題については，予備知識がない学生にとっては取っつきにくいかもしれない．そこで，計算問題では，例題を設けて，計算方法を段階ごとにわかりやすく解説した．さらに類似の問題を解くことによって，自分の理解度を試すことができる．

　いくつかの化学的事項については，丸暗記が必要なものもある．暗記は必要なことではあるが，最初からそのような名前をすべて覚えようとすることは効果的な学習法ではない．暗記するには，それらを小分けにして少しずつ覚えるとよい．定期的に復習することも覚えるのに役立つ．このことは，本書で扱っている，その他の概念についても当てはまる．物理学的概念は生命科学系の学生には難しいときもある．しかし，難しいと思った事項についてはゆっくりと，そして注意深く，繰返し読むことによって，より理解を深めることができる．本書のすべての章にある例題とその解答法が学習を助け，本文中の設問によって理解したことを確認することができる．

　本書では，生命体を構成する重要な分子には，生体分子（biomolecule）という語を用いている．生命体で起こっている多くの化学反応は，pH 7.0付近という限られた環境下で起こっている．したがって，本書では，pH 7.0，25℃という状態を標準状態とみなしている．

　本書で学ぶ化学は，将来学ぶ多くの分野，たとえば生理学，薬理学，微生物学，生化

学などにおいて必要となってくる．より深く生物学を理解するためには，私たちの周りのさまざまな生物界を構成している分子の構造，反応性，物理的過程の理解が欠かせない．このことが生命科学において重要であることを，本書によってわかってもらえることと思う．

第2版について

　著者らは初版を注意深く検討して，いくつかの改訂を行った．大きな変更の一つは，生命現象を担う化学の重要な概念を追加したことである．そのため，新版では，以下の事項を改訂もしくは追加した．
・水の挙動や性質を独立した章として記載
・芳香族分子の構造，挙動，反応性
・生命体における金属
・気体，拡散，浸透

　化学に関する理解は変化しており，同様に，生物を理解する化学も変わっている．生物学の進歩に従って，本書で取扱う内容も新しくしていく必要がある．第2版では，注意深く検討することによって，最も重要な生命科学に関連した化学的トピックスを記載した．今後も，進歩に応じて本書を更新していくつもりである．

　最後に，第1章の周期表の掲載許可を下さった John Edlin 博士に深く感謝する．

Raul Sutton
Bernard Rockett
Peter Swindells

訳 者 序

　生命現象は，タンパク質，核酸，糖鎖などの巨大分子を中心としたさまざまな生体分子が相互に作用しあうことによって機能している．以前は，巨大分子を一つの記号のように扱い，その相互作用を理解することで生命現象を理解してきた．しかし現代では，巨大分子の詳細な構造やその変化，その中で起こっている反応，さらに巨大分子間での相互作用がそれぞれの化学的性質や物理的法則に基づいて起こっていることが明らかになっている．そのため生命科学を学ぶ学生にとって，化学や物理学は身近なものになっただけでなく，実際に生命現象を理解する上では必須の学問になっている．

　こうした観点から，生命科学を志す大学生向けの有機化学や物理化学に関する書籍がこれまで多数出版されてきた．本書"Chemistry for the Life Sciences（邦題：ライフサイエンスのための基礎化学）"もその範疇に入る．ただし，著者の序文でも記されているように，本書は有機化学や物理化学の内容を網羅したものではない．生体内での化学反応や生体分子の相互作用を理解する上で必要な化学の概念を選んで章立てをし，各章では本来1冊の成書となるような膨大な内容を10ページ程度にまとめ，必要最低限の知識を学ぶことを意図している．さらに入門書として，初めて化学を学ぶ学生のために，多くの例題とその丁寧な解説を記述することにより，化学の概念をどのように生体分子に応用すればよいかを理解することができる．また，応用問題や章末問題によって，その理解度を確認し，深めていくことができる．

　翻訳の過程において，各ページの欄外に記載されていた解説図や重要ポイントを示す文章を本文中に組込むなど，日本語版では，原本の構成の変更を行った．また原本において，初学の学生向けに化学的，物理学的に厳密な表現を避け，あえて簡略に表記したと思われる箇所に関しては，著者の意図をくみ取り，ほぼ原文のままとした．

　21世紀になり，真核生物の転写，タンパク質の分解機構などの生命科学の研究対象ともいえる分野の研究が，ノーベル"化学"賞の受賞対象となっている．"化学的手法を基に生物学の問題の解決を目指す"ケミカルバイオロジーなどの複合分野の研究も国内外で盛んに行われるようになった．本書はこうした時代において，学問，研究を志す学生の道標になる書と考えている．

　最後に，日本語版の出版にあたり，東京化学同人編集部の田井宏和氏には細部にわたって点検，アドバイスをいただいた．ここにお礼申し上げる．

訳　者

目 次

1章　元素，原子，電子 ……………………………………………………………………… 1
- 1・1　序 ……………………………………… 1
- 1・2　物質と元素 …………………………… 1
- 1・3　原子 …………………………………… 2
- 1・4　原子の構造 …………………………… 2
- 1・5　同位体 ………………………………… 4
- 1・6　周期表 ………………………………… 4
- 1・7　原子の電子構造 ……………………… 5
- まとめ ………………………………………… 8
- もっと深く学ぶための参考書 ……………… 8
- 章末問題 ……………………………………… 8

2章　共有結合と分子 ………………………………………………………………………… 9
- 2・1　序 ……………………………………… 9
- 2・2　原子間の相互作用 …………………… 9
- 2・3　共有結合は，外殻の電子を共有することで形成される ………………… 9
- 2・4　化合物の化学式 ……………………… 11
- 2・5　原子軌道の結合による共有結合の形成 …… 13
- 2・6　単一の重なり：σ結合 ……………… 14
- 2・7　2個の重なり：π結合 ……………… 15
- 2・8　σ結合とπ結合をもつ分子 ………… 15
- 2・9　混成分子軌道 ………………………… 17
- まとめ ………………………………………… 18
- 章末問題 ……………………………………… 18

3章　分子内および分子間に働く力 ………………………………………………………… 19
- 3・1　序 ……………………………………… 19
- 3・2　イオン結合 …………………………… 19
- 3・3　極性共有結合 ………………………… 20
- 3・4　双極子-双極子間の相互作用 ………… 21
- 3・5　水素結合 ……………………………… 22
- 3・6　ファンデルワールス力 ……………… 23
- 3・7　疎水効果 ……………………………… 24
- 3・8　配位結合 ……………………………… 24
- まとめ ………………………………………… 25
- 章末問題 ……………………………………… 25

4章　化学反応 ………………………………………………………………………………… 26
- 4・1　序 ……………………………………… 26
- 4・2　反応速度 ……………………………… 26
- 4・3　反応速度に影響する要因 …………… 26
- 4・4　反応速度式 …………………………… 26
- 4・5　積分形式の反応速度式 ……………… 27
- 4・6　ゼロ次反応 …………………………… 27
- 4・7　積分形式のゼロ次反応速度式 ……… 27
- 4・8　一次反応 ……………………………… 27
- 4・9　積分形式の一次反応速度式 ………… 28
- 4・10　二次反応 …………………………… 28
- 4・11　積分形式の二次反応速度式 ……… 28
- 4・12　擬一次反応 ………………………… 29
- 4・13　可逆反応 …………………………… 29
- 4・14　平衡 ………………………………… 30
- まとめ ………………………………………… 31
- もっと深く学ぶための参考書 ……………… 31
- 章末問題 ……………………………………… 31

5章　水 ………………………………………………………………………………………… 32
- 5・1　序 ……………………………………… 32
- 5・2　水分子 ………………………………… 32
- 5・3　氷 ……………………………………… 32
- 5・4　水 ……………………………………… 32

5・5　溶　液……33	5・10　拡散と浸透……35
5・6　モルの概念……33	まとめ……36
5・7　モル質量の計算……33	もっと深く学ぶための参考書……36
5・8　モル濃度……34	章末問題……36
5・9　コロイド溶液……35	

6章　酸・塩基と緩衝液……37

6・1　序……37	6・10　弱酸と弱塩基の溶液……40
6・2　水のイオン化……37	6・11　塩と塩の加水分解……40
6・3　水素イオン……37	6・12　緩衝液……42
6・4　酸と塩基……37	6・13　緩衝液のpHの計算……42
6・5　強酸と強塩基……37	6・14　指示薬……43
6・6　弱酸と弱塩基……38	6・15　滴　定……44
6・7　K_aとK_b……38	まとめ……44
6・8　K_aとK_bの関係……38	もっと深く学ぶための参考書……45
6・9　pH, pOH, pK_w, pK_a, pK_b……39	章末問題……45

7章　気　体……46

7・1　序……46	7・6　気体の溶解度……49
7・2　圧　力……46	7・7　気体の拡散……50
7・3　圧力の測定……46	まとめ……51
7・4　理想気体の法則……47	もっと深く学ぶための参考書……51
7・5　分　圧……49	章末問題……51

8章　脂肪族炭素化合物……52

8・1　序……52	8・7　チオール……58
8・2　炭素を含む単純な分子……52	8・8　アルデヒド, ケトン……59
8・3　有機化合物……53	8・9　カルボン酸……60
8・4　アルカンとアルキル基……54	8・10　アミン……62
8・5　アルケン……56	まとめ……63
8・6　アルコール……57	章末問題……63

9章　脂質と糖……65

9・1　序……65	9・8　直鎖状の糖は自発的に環状構造を形成する……72
9・2　脂肪酸……65	9・9　糖のヒドロキシ基は化学的に修飾される……73
9・3　エステル……67	9・10　糖はグリコシド結合によってつながる……74
9・4　グリセロールエステル……68	まとめ……75
9・5　ヘミアセタールとヘミケタール……69	もっと深く学ぶための参考書……75
9・6　単　糖……69	章末問題……75
9・7　単糖のキラリティー……71	

10章　芳香族化合物と異性……76

10・1　序……76	10・4　異　性……80
10・2　ベンゼン……76	10・5　構造異性……80
10・3　生理活性をもつ芳香族化合物……78	10・6　骨格異性, 位置異性, 官能基異性……80

10・7	互変異性 ………………………………82	10・10	光学異性体…………………………83
10・8	立体異性体 ……………………………83		まとめ ………………………………85
10・9	幾何異性体 ……………………………83		章末問題 ……………………………86

Box 10・1	環状異性体と直鎖状異性体 …………82	Box 10・2	絶対配置 ……………………………84

11章　有機化学・生物化学反応機構 ……………………………………………………87

11・1	序 ………………………………………87	11・7	分極した二重結合への求核付加反応 …94
11・2	反応性部位と官能基 …………………87	11・8	フリーラジカルの反応 ……………95
11・3	反応機構の記述 ………………………89	11・9	生合成における炭素-炭素結合形成…98
11・4	2分子間の求核置換反応 ……………90		まとめ ………………………………99
11・5	非極性二重結合への求電子付加反応 …90		もっと深く学ぶための参考書 ……100
11・6	脱離によるアルケンの生成 …………92		章末問題 ……………………………100

Box 11・1	グリコーゲンの加水分解機構 ………91	Box 11・4	芳香族アミノ酸残基に隣接する部位 　　　　におけるペプチドの加水分解反応 　　　　の反応機構 ………………………96
Box 11・2	cis-アコニット酸への 　　　　水の付加反応の反応機構 …………92	Box 11・5	システインプロテアーゼによる 　　　　タンパク質加水分解反応の反応機構…96
Box 11・3	シキミ酸経路の反応の一つである 　　　　水の脱離反応の反応機構 …………94		

12章　硫黄とリン …………………………………………………………………………101

12・1	序………………………………………101	12・6	リン酸エステル……………………107
12・2	リン原子と硫黄原子の電子殻と原子価…101	12・7	細胞のエネルギー代謝におけるリン 　　　　酸エステルとATPの機能 ………109
12・3	硫黄原子 ………………………………102		まとめ ………………………………110
12・4	チオール基とチオエステル…………105		もっと深く学ぶための参考書 ……110
12・5	リン酸塩，ピロリン酸塩， 　　　　ポリリン酸塩…………………106		章末問題 ……………………………110

13章　酸化反応と還元反応 ………………………………………………………………111

13・1	序 ……………………………………111	13・7	自由エネルギーと標準還元電位 …115
13・2	酸化は還元と連動している …………111	13・8	標準でない条件下での酸化還元反応…115
13・3	酸化還元過程における化学変化……111		まとめ ………………………………116
13・4	酸化還元反応を分解する……………112		もっと深く学ぶための参考書 ……116
13・5	酸化還元半反応を標準化する………113		章末問題 ……………………………116
13・6	電子の流れを予測する………………113		

14章　生体と金属 …………………………………………………………………………117

14・1	序 ……………………………………117	14・7	生体触媒を補助する金属…………121
14・2	生体内の金属の一般的性質 ………117	14・8	電荷輸送における金属の役割……122
14・3	アルカリ金属の性質…………………119	14・9	金属の毒性…………………………123
14・4	アルカリ土類金属……………………120		まとめ ………………………………124
14・5	遷移金属………………………………120		もっと深く学ぶための参考書 ……124
14・6	酸素キャリヤーとしての金属の役割…120		章末問題 ……………………………124

Box 14・1	カルボキシペプチダーゼ中での亜鉛の役割 ……………………………………………121

15章　エネルギー ……125

- 15・1　序 ……125
- 15・2　熱力学第一法則 ……125
- 15・3　エネルギーの単位 ……125
- 15・4　エネルギーの測定 ……125
- 15・5　内部エネルギー U とエンタルピー H …126
- 15・6　熱量測定 ……126
- 15・7　ヘスの法則 ……126
- 15・8　生成エンタルピー ……128
- 15・9　熱力学第二法則 ……129
- 15・10　自由エネルギー ……130
- 15・11　ΔH と $T\Delta S$ との関係 ……130
- まとめ ……131
- もっと深く学ぶための参考書 ……131
- 章末問題 ……131

16章　反応と平衡 ……132

- 16・1　序 ……132
- 16・2　ΔG と平衡 ……132
- 16・3　活性化エネルギー ……133
- 16・4　反応速度に対する温度効果 ……134
- 16・5　アレニウスの式 ……134
- 16・6　触媒 ……135
- 16・7　酵素触媒 ……135
- 16・8　酵素反応の速度論 ……136
- 16・9　V_{max} と K_M の決定 ……136
- まとめ ……137
- もっと深く学ぶための参考書 ……137
- 章末問題 ……137

17章　光 ……138

- 17・1　序 ……138
- 17・2　光とは電磁波の一種である ……138
- 17・3　波長と周波数 ……138
- 17・4　光の量子論 ……139
- 17・5　光の吸収 ……140
- 17・6　光の吸収と濃度の関係 ……142
- 17・7　分光光度計 ……143
- 17・8　吸収された光の行方 ……143
- まとめ ……144
- もっと深く学ぶための参考書 ……145
- 章末問題 ……145

付録　式の導出 ……147
索引 ……151

1 元素，原子，電子

1・1 序

生体分子は巨大で複雑な構造であることが多い．その性質や反応を理解するには，物質を最も基本的な単位で考えるとよい．そこで，この章では，陽子，中性子，電子という粒子がどのように各元素の原子を構築しているのか，電子が原子の中でどのように配置されているのかを述べる．電子の配置が原子の性質を決め，各元素が生体内でどのように組合わされるのかを決めている．

1・2 物質と元素

美しい光沢をもったトンボが素早く飛び回っている様と，山盛りになった土を思い描いてみよう．前者は色鮮やかで動きがあり，形も整っているが，後者は色もさえず動きもなく地味である．これら二つのものが親類のようなものだ，とはどう考えても思えないかもしれないが，実はともに**元素**（element）とよばれる基本的な成分で構成されているという共通点がある．天然に存在する92種類の元素がさまざまな方法で組合わさって，われわれが生きている世界のすべての物質，そして生物をつくり上げている．

元素は，化学的な方法ではそれ以上分割できない基本的な成分である．炭素は生物を構築する基本的な元素であり，化学的な方法ではそれ以上分割できない．天然に存在する多くの元素の中で，生物界において重要な元素は数えるほどである．そのうちのいくつかは，多量に必要とされる栄養素，すなわち主要栄養素として非常に重要であり，他のいくつかは少量しか必要としないが重要な元素である．これらの元素を表1・1，表1・2にまとめた．

> おのおのの元素は，単一かつ基本的な成分であり，化学的な方法では分解しない．

生体分子を可能な限り正確に描くためには，元素や原子を**元素記号**（symbol of element）とよばれる簡単な形で書き表す．おのおのの元素は，アルファベットの大文字1字がその記号となっている．たとえば，炭素（carbon）はCで表され，水素（hydrogen）はHである．英文表記で同じアルファベットの文字で始まる元素が二つ以上ある場合には，混乱を避けるために2文字目に小文字のアルファベットを追加する．たとえば，カルシウム（calcium）はCa，塩素（chlorine）はClと表記する．元素記号で表記する場合，常にこの慣例的方法に従う．たとえば，塩素はCLやclと表記してはならない．生物学的に重要な元

> 元素記号は，元素の簡略な表現として用いられる．

表 1・1 植物，動物に重要な元素

元素名	記号	生物における役割	ヒトにとっての供給源
炭　　素	C	タンパク質，炭水化物，脂質の成分	肉，果物，野菜
水　　素	H	体液，タンパク質，炭水化物，脂質に必須	水
酸　　素	O	呼吸，体液，タンパク質，炭水化物，脂質に必須	空気，水
窒　　素	N	タンパク質，核酸，葉緑素の成分	肉，魚
リ　　ン	P	ATP，リン脂質，核酸に必須	肉，ミルク
硫　　黄	S	タンパク質，補酵素Aの成分	肉，魚，卵
塩　　素	Cl	生体膜を介したイオンの平衡，胃酸	食塩，塩味の食物
ナトリウム	Na	生体膜を介したイオンの平衡	食塩，塩味の食物
カリウム	K	生体膜を介した陰イオン-陽イオンの平衡，神経伝達	肉，緑野菜
マグネシウム	Mg	クロロフィルの中心金属	大豆，魚介類
カルシウム	Ca	骨，歯，無脊椎動物の殻，植物の細胞壁，血液凝固に必須	硬水，ミルク

表 1・2 植物, 動物に重要な微量元素

元素名	記号	生物における役割	ヒトにとっての供給源
ホウ素	B	植物の成長点における正常な細胞分裂	
フッ素	F	歯, 骨の成分	硬水, ミルク
ヨウ素	I	甲状腺のチロキシンに必須	飲料水, 海藻, ヨウ素添加食塩
セレン	Se	グルタチオンペルオキシダーゼによる活性酸素の除去	果物, 野菜
マンガン	Mn	骨の成長	さまざまな食物に含有
鉄	Fe	ミオグロビンとヘモグロビン中の酸素運搬体, 多くの還元/酸化反応の補酵素	レバー, 赤身肉, ホウレンソウ
コバルト	Co	赤血球の発生・分化を促進するビタミンB_{12}に必須	レバー, 赤身肉
銅	Cu	ある種の無脊椎動物がもつヘモシアニン中の酸素運搬体, ほとんどすべての真核生物の呼吸鎖で働く酵素であるシトクロムcオキシダーゼの成分	さまざまな食物に含有
亜鉛	Zn	血中で二酸化炭素を運搬する炭酸デヒドラターゼに必須	さまざまな食物に含有
モリブデン	Mo	窒素固定やアミノ酸合成に関与する植物の酵素	
ケイ素	Si	植物の細胞壁, 海中の無脊椎動物の外骨格	

素の元素記号は表1・1と表1・2に, さらに天然の元素を表1・5に示す.

1・3 原子

元素は, **原子**(atom)とよばれる非常に小さな同一の微粒子が多く集まってできている. すなわち, 炭素は炭素原子のみからなり, 酸素は酸素原子のみからなる. 原子は, 元素が元素としての性質を保持できる最小の粒子であるといえる. 炭素原子の大きさは, 12gの炭素に$6×10^{23}$(この数がアボガドロ数である)個の原子が含まれていることからもわかるように, 非常に小さい. 異なる元素の重さを比較することは重要だが, 一つの原子の重さを測るには小さすぎる. そのため, $6×10^{23}$個の原子からなる元素の質量を用いることが多い. 炭素(厳密には質量数(後述)12の炭素の同位体)では12gとなる. ある元素の重さを議論する際には, 炭素原子の質量の12分の1と比較した値で表すと便利である. これは**相対原子質量**(relative atomic mass, A_r)とよばれる. 炭素の相対原子質量は12(単位はない)であり, 水素では1, 酸素では16である.

1・4 原子の構造

原子は, 元素の化学的な性質を保持できる最も小さな粒子であるが, それはさらに小さな単位, **亜原子粒子**(subatomic particle)によって構成されている. 原子の中には, **陽子**(proton), **中性子**(neutron), **電子**(electron)という, 三つの亜原子粒子がある. 原子内のこれら粒子の数と配置によって, その元素が何なのか, 生物学的・化学的な過程においてどのような反応をするのかが決まる. 陽子は正の電荷を帯びており, 中性子は電気的に中性である. これら2種の粒子はほぼ同じ質量であり, 強固に結合して原子の中心である**原子核**(nucleus)を形成している. 電子は, 陽子の正の電荷とちょうど釣合う, 負の電荷を帯びている. 電子の重さは, 陽子, 中性子と比べてずっと小さい. 電子は, 不連続なエネルギーをもつおのおのの**軌道**(orbital), すなわち**エネルギー準位**(energy level)に応じて, 原子核の周りに分布にしている. 三つの亜原子粒子の比較を表1・3に示す. すべての元素の原子には, これら3種類の亜原子粒子が存在しているが, 異なる元素では, 数や割合が異なる.

> 原子は, 陽子と中性子からなる原子核と, それを取巻く電子で構成されている.
> 原子内の電子は, 高速で動いている.

原子核内の陽子の数によって, 原子がどの元素に属

表 1・3 亜原子粒子

粒子名	おおよその相対質量	相対的な電荷
陽子	1.0	+1
中性子	1.0	0
電子	0.002	-1

表 1・4 生物学的に重要な元素の同位体の原子構造および電子構造

元素名	元素記号	陽子数（原子番号）	中性子数	電子数	元素記号の完全な表記
水　　　素	H	1	0	1	^1_1H
重 水 素	H	1	1	1	^2_1H
ホ ウ 素	B	5	6	5	$^{11}_{5}B$
炭　　　素	C	6	6	6	$^{12}_{6}C$
炭　　　素	C	6	7	6	$^{13}_{6}C$
炭　　　素	C	6	8	6	$^{14}_{6}C$
窒　　　素	N	7	7	7	$^{14}_{7}N$
酸　　　素	O	8	8	8	$^{16}_{8}O$
ナトリウム	Na	11	12	11	$^{23}_{11}Na$
マグネシウム	Mg	12	12	12	$^{24}_{12}Mg$
リ　　ン	P	15	16	15	$^{31}_{15}P$
硫　　　黄	S	16	16	16	$^{32}_{16}S$
塩　　　素	Cl	17	18	17	$^{35}_{17}Cl$
塩　　　素	Cl	17	20	17	$^{37}_{17}Cl$

するかが決まる．たとえば，水素では常に 1 原子当たり 1 個の陽子があり，炭素では 6 個の陽子，酸素では 8 個の陽子がある．ある元素の原子核内の陽子の数は，**原子番号**（atomic number）または**陽子数**（proton number）とよばれている．原子が電気的に中性であることは，陽子の数と電子の数が等しいことを示している．水素は陽子を 1 個もつので電子を 1 個もたなければならず，窒素は 7 個の陽子をもつので電子を 7 個もたなければならない．比較的軽い元素の原子核では，陽子数と中性子数が同じであることが多い．たとえば，炭素は 6 個の陽子と 6 個の中性子をもち，酸素は 8 個の陽子と 8 個の中性子をもつ．重い元素では，中性子の数が陽子よりも多くなる傾向がある（表 1・5 参照）．水素原子は，唯一，原子核内に中性子をもたないという特徴がある．生物的に重要な元素について，原子内の亜原子粒子の数を表 1・4 に示す．

▶ ある元素の原子内の陽子数は，その元素の原子番号である．

原子核内の陽子と中性子の数，そして電子の数を元素記号上に示すこともある．陽子数は元素記号の左下（下付）に示し，これが**原子番号**となる．陽子と中性子の数の合計は元素記号の左上（上付）に示し，これが**質量数**（mass number）となる．

▶ 質量数は，その元素の陽子数と中性子数の合計である．

例題 1・1

アミノ酸で重要な窒素は，原子核内に 7 個の陽子と 7 個の中性子をもつ．
1) 元素記号を示せ．
2) この原子にはいくつの電子が存在するか．

◆ 解　答 ◆
1) 窒素の元素記号を書く．　　　　　N
　陽子の数（7）を左下に加える．　　$_7N$
　陽子（7）と中性子（7）の合計
　数を左上に加える．　　　　　　$^{14}_{7}N$
2) 窒素原子は 7 個の陽子をもつ．原子では陽子の数は電子の数と等しい．よって，窒素原子は 7 個の電子をもつ．
　上記の元素記号が与えられれば，中性子と電子の数を知ることができる．

例題 1・2

ホウ素は植物の正常な細胞分裂を促進している微量元素である．その元素記号は $^{11}_{5}B$ である．いくつの中性子といくつの電子が原子内に存在するか．

◆ 解　答 ◆
中性子の数は，質量数（11）から原子番号（5）を引くことで得られる．

11 − 5 ＝ 6 個の中性子

電子の数は 5 である．電子の数は，陽子の数（原子番号）と等しいからである．

問 1・1

ナトリウムは生体膜を介したイオンの平衡に関与している元素である．
1）この原子内にはいくつの電子と，いくつの中性子が存在しているか．
2）表 1・4 のように，元素記号を書き，質量数と原子番号を示せ．

1・5 同位体

これまでに，特定の元素は決まった数の陽子と電子をもつことを示してきた（たとえば，水素は常に 1 個の陽子と 1 個の電子をもち，炭素は 6 個の陽子と 6 個の電子をもつ）．しかし，元素の原子核内の中性子の数はさまざまである．

大部分の水素原子は中性子をもたず，わずかな割合の水素原子が 1 個の中性子をもつ．一般的には炭素原子は 6 個の中性子をもつのに対して，いくらかの割合の炭素原子は 7 個または 8 個の中性子をもつ．同じ元素で中性子数の異なるこれらの種は，**同位体** (isotope) とよばれる．同位体はほぼ同様の化学的性質を示すが，中性子数が異なるために質量数は異なる．

▶ ある元素の異なる同位体は，異なる質量数をもつ．

生物の体内においては，ある元素の同位体を別の同位体に置き換えると，重い同位体ほど反応速度が遅くなるという特徴がある．二つの同位体間での反応速度の違いは質量の違いによる．通常の水素 (^{1}H) は，重水素 (^{2}H) の半分の質量しかないため，はるかに速く反応する．^{2}H は，しばしば D という元素記号で表記される．生化学反応の機構は，通常の水 (H_2O) を重水 (D_2O) に代えるなどの方法によって，系中の水素を重水素に置換して，解析することがある．反応経路での重水素の挙動は，所定の解析法によって追跡できる．それゆえに，重水素のような同位体はしばしば"トレーサー"とよばれる．

元素の同位体には，安定なものも不安定なものもある．$^{12}_6$C や $^{13}_6$C などの安定な同位体は，時間が経過しても原子核に何の変化も起こらないが，$^{14}_6$C などの不安定な同位体は決まった速度で自然に分解していく．これが不安定な同位体での原子核の崩壊である．崩壊が起こると，多くの場合，核内の中性子は陽子になる．不安定な同位体の核内の中性子は崩壊して，陽子と電子を生成する．陽子は核内にとどまる一方で，電子は高いエネルギーをもって放出されるので，適切な機器によって検出できる．この高いエネルギーをもった電子は **β 粒子** (β-particle) とよばれ，このような崩壊は **β 崩壊** (β-decay) とよばれる．

$^{14}_6$C の中性子が陽子と電子に変換されると，核内には 7 個の中性子と 7 個の陽子が残るので，窒素の同位体となる．この反応は以下の式で表される．

$$^{14}_6C \longrightarrow {}^{14}_7N + \beta 粒子$$

この反応はきわめてゆっくりと起こり，もともとの量の半分が崩壊するためには，5760 年以上の時間がかかる．不安定な同位体の崩壊は一般には，**放射性崩壊** (radioactive decay) として知られている．放射性崩壊は常に β 粒子を放出するわけではない．α 粒子（ヘリウムの原子核，$^4_2$He）を放出する同位体もあるし，高エネルギーの電磁波（γ 線）を崩壊の過程で放出する同位体もある．

問 1・2

放射性同位体 $^{35}_{16}$S の β 崩壊を示す反応式を書け．

1・6 周期表

元素を原子番号が増えていく順番で並べることが多い．並べてみると，リチウムからネオンまでの八つの軽い元素のおのおのの性質は，次の八つの元素，ナトリウムからアルゴン，のおのおのの性質と似ていることがわかる．縦の列に類似の性質をもつ元素を並べた表は，**周期表** (periodic table) とよばれる（表 1・5）．

生命科学においては少数の元素だけが重要であり，これらを表 1・5 では強調している．これらの元素はおもに，左側（金属）と右側（非金属）および 3 番目として真ん中（遷移金属）にグループ分けされる．周期表からは元素のさまざまな性質がわかり，そのいくつかは生化学において重要である．元素の原子核が電子を引きつける力を示す **電気陰性度** (electronegativity) は，周期表上の各元素においてさまざまな値を示す．電気陰性度は，周期表の左より右の，下より上の元素であるほど大きな値となる．すなわち，

表 1・5 天然の元素の周期表
58番〜71番, および90番以降は省略してある.

₁¹H 1.01																	₂⁴He 4.00
₃⁷Li 6.94	₄⁹Be 9.01											₅¹¹B 10.8	₆¹²C 12.0	₇¹⁴N 14.0	₈¹⁶O 16.0	₉¹⁹F 19.0	₁₀²⁰Ne 20.2
₁₁²³Na 24.3	₁₂²⁴Mg 24.3											₁₃²⁷Al 27.0	₁₄²⁸Si 28.1	₁₅³¹P 31.0	₁₆³²S 32.1	₁₇³⁵Cl 35.0	₁₈⁴⁰Ar 39.9
₁₉³⁹K 39.1	₂₀⁴⁰Ca 40.1	₂₁⁴⁵Sc 45.0	₂₂⁴⁸Ti 47.9	₂₃⁵¹V 50.9	₂₄⁵²Cr 52.0	₂₅⁵⁵Mn 54.9	₂₆⁵⁶Fe 55.8	₂₇⁵⁹Co 58.9	₂₈⁵⁹Ni 58.7	₂₉⁶⁴Cu 63.5	₃₀⁶⁵Zn 65.4	₃₁⁷⁰Ga 69.7	₃₂⁷²Ge 72.6	₃₃⁷⁵As 74.9	₃₄⁷⁹Se 79.0	₃₅⁸⁰Br 79.9	₃₆⁸⁴Kr 83.8
₃₇⁸⁶Rb 85.5	₃₈⁸⁸Sr 87.6	₃₉⁸⁹Y 88.9	₄₀⁹¹Zr 91.2	₄₁⁹³Nb 92.9	₄₂⁹⁶Mo 95.9	₄₃⁹⁸Tc 98	₄₄¹⁰¹Ru 101	₄₅¹⁰³Rh 103	₄₆¹⁰⁶Pd 106	₄₇¹⁰⁸Ag 108	₄₈¹¹²Cd 112	₄₉¹¹⁶In 115	₅₀¹¹⁹Sn 119	₅₁¹²²Sb 122	₅₂¹²⁸Te 128	₅₃¹²⁷I 127	₅₄¹³¹Xe 131
₅₅¹³³Cs 133	₅₆¹³⁷Ba 137	₅₇¹³⁹La 139	₇₂¹⁷⁸Hf 178	₇₃¹⁸¹Ta 181	₇₄¹⁸⁴W 184	₇₅¹⁸⁶Re 186	₇₆¹⁹⁰Os 190	₇₇¹⁹²Ir 192	₇₈¹⁹⁵Pt 195	₇₉¹⁹⁷Au 197	₈₀²⁰¹Hg 201	₈₁²⁰⁴Ti 204	₈₂²⁰⁷Pb 207	₈₃²⁰⁹Bi 209	₈₄²⁰⁹Po 209	₈₅²¹⁰At 210	₈₆²²²Rn 222
₈₇²²³Fr 223	₈₈²²⁶Ra 226	₈₉²²⁷Ac 227															

₁¹H 1.01	生物圏の主要な元素	₂₃⁵¹V 50.9	生物圏の微量な元素	₂₁⁴⁵Sc 45.0	生物圏で重要でない元素

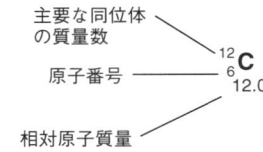

地球の生物圏において重要な元素である窒素, 酸素, それに次いで重要な元素である硫黄, 塩素は電気陰性度が大きい. このことは, 生体分子の反応性 (9章, 11章, 12章) と, タンパク質の形をつくり出す水素結合の形成 (12章) に重要となっている.

> 電気陰性度の大きな原子は電子を強く引きつける.

各元素の原子の大きさは, 周期表の左より右の, 下より上の元素ほど小さくなる. このことは, 水素, 炭素, 窒素, 酸素, 硫黄は, どれも小さな元素であることを意味している. 炭素, 窒素, 酸素はほぼ同じ大きさであり, 生体内ではより小さな水素原子と結合していることが多い.

1・7 原子の電子構造

1・4節では原子が, 陽子と中性子からなる小さくて重い原子核の周りを微小で軽い電子が囲んでいる構造をとっていることを述べた. 電子がどのように配置されるかによって, 原子の性質, すなわち元素の性質が決まる. 電子はエネルギー準位, および, その挙動を支配するいくつかの簡単な規則によって配置されている. まず電子は, **電子殻** (electron shell) とよばれる段階的にエネルギーが増加する準位に従って順々に配置される. 最も低いエネルギー準位の電子殻に1個もしくは2個の電子がまず入り, 2番目の電子殻には1個から8個の電子が入る. 3番目の電子殻には18個までの電子が入るが, 通常は, まず8個まで入る. 原子は, 外殻を電子で完全に満たすために, 他の原子と電子を交換したり, 共有する. これは, 電子殻が完全に電子で満たされると非常に安定になるためである. 高いエネルギー準位の外殻の電子ほど反応性が高くなり, 生化学反応または化学反応に関与する.

> 原子の中の電子は, エネルギーが段階的に増大していく電子殻に配置される.

このような考え方に基づいて, それぞれの元素の原子構造図を電子の構造で表すことができる. 最もエネルギーが低い電子殻から始まって, おのおのの電子殻の電子の数を表記したものは, 元素の**電子構造** (electron structure) とよばれている.

例題 1・3

酸素は, タンパク質, 炭水化物, 脂質に含まれる. 酸素の原子構造図を描き, 電子構造を示せ.

◆ 解答 ◆

表 1・4 から, 酸素の原子番号は 8 で, 質量数は 16 である.

すなわち, 酸素は 8 個の電子と, 16−8＝8 個

の中性子をもつ.

核内に陽子と中性子の数を示し,最初の電子殻には2個の電子,2番目の電子殻には6個の電子があることを示すと,原子構造図は図1・1のようになる.

電子構造は,O 2.6 である.

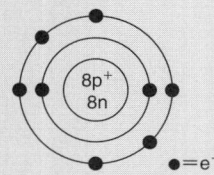

図1・1 酸素の原子構造図

例題1・4

カルシウムは多くの脊椎動物の骨に含まれている.カルシウムの電子構造を示し,原子構造図を描け.

◆ 解 答 ◆

カルシウムの原子番号は20で,質量数は40である(表1・5).すなわち,20個の電子と,40−20=20個の中性子をもつ.

電子構造は,Ca 2.8.8.2 である.

原子構造図は図1・2のようになる.20個の陽子,20個の中性子が核にあり,4個の電子殻に,20個の電子が図のように配置される.

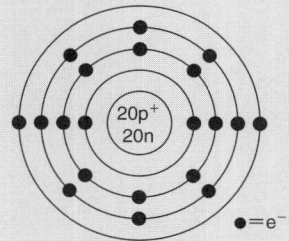

図1・2 カルシウムの原子構造図

原子構造図は,原子核と,内側の完全に電子が満たされた電子殻を元素記号で表し,その周りに外殻の電子のみを示した形に単純化することもある.このよう

にすると,酸素の図(図1・1)とカルシウムの図(図1・2)は,図1・3のように単純化される.

問1・3

塩素は,神経伝達に関与している元素である.塩素の完全な原子構造図と,単純化した原子構造図を描き,電子構造を示せ.

原子構造図とそれに関連した電子構造図を用いることによって,異なる元素の原子間の相互作用を説明することができる(2章).しかし,こうした考え方によって得られる推測は,実際の実験から得られる事象と必ずしも一致するわけではない.量子力学とよばれる理論は,より正確に原子内の電子の挙動を説明することができるが,この本では詳しくは立ち入らない.この理論に関しては,Cotton らの "*Advanced Inorganic Chemistry*"(章末参照)に詳細に記されている.核の周りの空間の各地点に電子が存在する確率は異なっている.存在確率の高い領域は,**電子軌道**(electron orbital)とよばれている.量子力学によって,軌道の数と,おのおのの軌道内で電子がどのようなエネルギー準位になるかを予測することができる.

▶ 軌道とは,電子が存在する確率が高い領域である.

軌道の存在に加えて,以下に示す四つの重要な特徴も,量子力学によって予測できる.

1) いくつかの異なった種類の軌道があり,おのおのは特徴的な形をしている.その中でも重要な三つの軌道は,**s, p, d** と名付けられている(図1・4).**s軌道**(s-orbital)は,原子核を中心とした球状である.**p軌道**(p-orbital)は,二つのローブ(葉の形をした軌道)が結びついている地点に原子核があるダンベル状の構造をしている.**d軌道**(d-orbital)は,中心に原子核がある四つのローブをもった構造である.

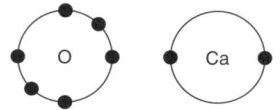

図1・3 酸素とカルシウムの単純化した原子構造図

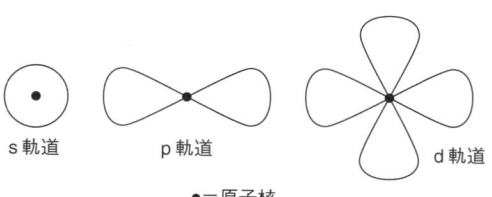

図1・4 原子軌道

> s 軌道と p 軌道は，生物圏の元素にとって重要である．

2) おのおのの軌道には最大で 2 個の電子が収納される．この性質はパウリの排他原理として知られている．おのおのの電子は，"時計回り"もしくは"反時計回り"に回転しているスピンをもっていると見なされる．一つの軌道に 2 個の電子が存在するときには，それらのスピンは，一方の電子が時計回りで，もう一方の電子が反時計回りという"対"になっている（図 1・5）．

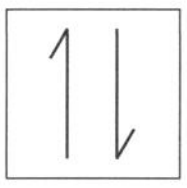

図 1・5　一つの軌道内のスピンが対になった 2 個の電子

3) 軌道は電子殻内に配置される．電子殻は 1, 2, 3, ……と番号付けされ，その順に大きさが大きくなり，原子核から広がっていく．各電子殻のエネルギー準位もその順に従って増加していく．

> 原子の電子殻内に軌道は配置される．

4) 電子殻が保持する軌道の数は，表 1・6 に示すように決められたパターンで増えていく．n 番目の電子殻には合計 n^2 個の軌道があり，s, p, d というおのおのの軌道の数は奇数で，順々に増えていく．

$$\text{s, p, d, ……} \qquad 1, 3, 5, ……$$

三つの p 軌道は，x, y, z の三つの軸に沿って配置され，それぞれ p_x, p_y, p_z 軌道とよばれる（図 1・6）．一つの電子殻内において，同じエネルギーの軌道で構成される**副殻**（subshell）がある．すなわち，三つの p 軌道は一つの副殻を形成する．五つの d 軌道も

表 1・6　原子の電子殻内の軌道の種類と数

殻	軌道の合計数	軌道の種類と数		
		s	p	d
1	1	1	0	0
2	4	1	3	0
3	9	1	3	5

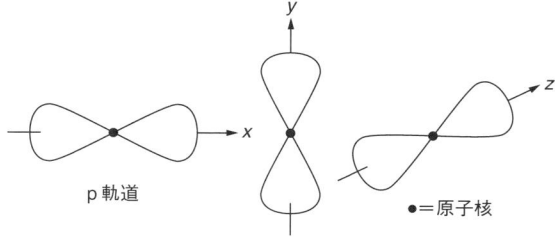

図 1・6　三つの p 軌道

同様である．

> 等しいエネルギーの軌道が副殻を形成する．

2 番目の電子殻では，一つの s 軌道が低エネルギーの副殻として，三つの p 軌道が高エネルギーの副殻として存在しており，合計四つの軌道がある．3 番目の殻には，三つの副殻に九つの軌道があり，最もエネルギーが低い s 副殻には一つの軌道が，それよりエネルギーが高い p 副殻にはエネルギーが等しい三つの軌道が，最もエネルギーが高い d 副殻にはエネルギーが等しい五つの軌道がある（図 1・7）．

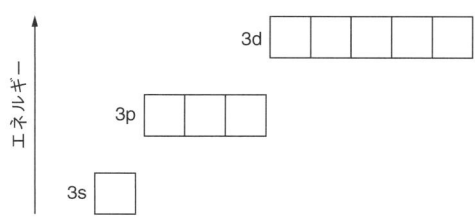

図 1・7　3 番目の電子殻の軌道の配置

電子は原子内の軌道に決まった順番で入る．最初に最もエネルギーが低い軌道が埋まる．エネルギーが等しい軌道がある副殻では一つの軌道内で対を形成する前におのおのの軌道に入る．この現象はフントの規則として知られており，電子が p 軌道や d 軌道に入るときに適用される．最もエネルギーが低い二つの電子殻に電子が埋まる順番を図 1・8 に示す．この図を簡略化して表すと以下のようになる

$$1s^2 2s^2 2p_x^2 2p_y^2 2p_z^2$$

> 電子は常に最もエネルギーが低い軌道から入る．

軌道内の電子の数は，軌道の記号の後に上付で示

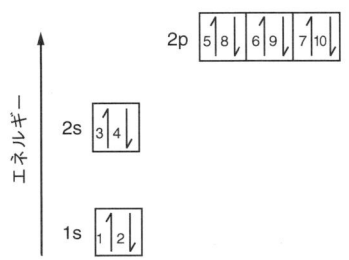

図 1・8 1番目と2番目の電子殻に電子が入る順番

す．2番目の電子殻は，8個の電子を収納することができ，完全に埋まるとその構造は非常に安定になる．外殻である2番目の電子殻に1〜7個の電子をもつ元素では，他の元素から電子を得たり，失ったり，共有したりする反応が起こり，電子殻を完全に満たすか空になることが多い．この性質は**オクテット則**（octet rule）とよばれる．

▶ 炭素などの原子は，外殻に8個の電子を共有しようとする．

この節で述べた1）から4）までの原則を用いると，あらゆる元素の，電子配置とよばれる電子の構造を描くことができる．

例題 1・5

炭素の電子配置を示す図を描け．

◆ 解 答 ◆

表1・4から，炭素は原子番号が6であるため6個の電子をもつ．最初の2個の電子は1s軌道を占有し，次の2個の電子は2s軌道を占有し，次の電子は$2p_x$，最後の電子が$2p_y$に入る．エネルギー準位を図1・9に示す．6番目の電子が，$2p_x$ではなく$2p_y$にいくことに注意してほしい．簡略化した表現は，

$$C\ 1s^2 2s^2 2p_x^1 2p_y^1$$

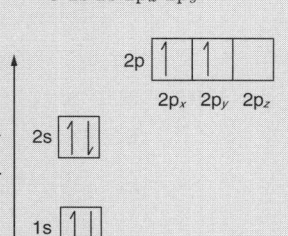

図 1・9 炭素原子内の電子配置を示すエネルギー準位図

問 1・4

酸素原子の電子配置を示すために最適なエネルギー準位図を描け．

まとめ

生物を含むすべての物質は，元素によって構成されている．生物圏では少数の天然由来の元素が重要となる．

おのおのの元素は元素記号によって表され，多くの微小な原子によって構成されている．そして，その原子は陽子，中性子，電子によって構築されている．ある元素の原子内の中性子の数は変わることがあり，その数が異なるものは同位体とよばれる．原子内の電子の配置は，電子が軌道へ入る際に適用される規則によって決められ，軌道はエネルギーが順に増大していく電子殻内に配置される．

もっと深く学ぶための参考書

Atkins, P.W., and de Paula, J. (2006) *Physical Chemistry*, 8th ed., Oxford University Press, Oxford. ［邦訳：千原秀昭，中村亘男 訳，"アトキンス 物理化学 第8版"，東京化学同人 (2009)］

Cotton, F.A., Wilkinson, G., Murillo, C.A., and Bochmann, M. (1999) *Advanced Inorganic Chemistry*, Wiley-Blackwell, Oxford.

章末問題

問 1・5 ホウ素，カリウム，コバルト，ヨウ素，カルシウム，モリブデンの元素記号を書け．

問 1・6 以下の同位体，^1_1H，^2_1H，$^{12}_6C$，$^{31}_{15}P$，$^{37}_{17}Cl$ に関して，

　a）相対原子質量（A_r）　　b）原子番号
　c）中性子の数　　d）電子の数
を書け．

問 1・7 以下の元素の電子配置を示す電子構造図を描け．

　a）ナトリウム　　b）ホウ素　　c）リン

問 1・8 以下の元素，a）水素，b）窒素，c）ナトリウムに関して，

（ⅰ）原子内の軌道および電子殻の順を示す，エネルギー準位図を描け．
（ⅱ）おのおのの電子配置を簡略化して表記せよ．

2 共有結合と分子

2・1 序

生物のもつ特徴はほとんどが，その体内に含まれる膨大な数の分子に由来する．体の形や，酵素の機能，血液の凝固，細胞の呼吸など，数えきれないほどの生物の特徴を決めているのは，さまざまな分子なのである．分子の構造を理解し，それらが発揮する機能を学ぶことは，生物の中で分子が果たしている役割を理解するのに役立つ．

2・2 原子間の相互作用

タンパク質や糖などの重要な生体分子は，**共有結合** (covalent bond) とよばれる引力によって結合した原子の集まりである．共有結合は，原子同士が，おのおのの外殻（一番外側の電子殻）を完全に電子で満たすように，電子を共有することで形成される．電子が完全に満たされた電子殻は非常に安定な構造になる．二つの原子を互いに近づけていくと，おのおのの最外殻の電子は再配置されて，その配置に対応した物質全体のエネルギー，すなわちポテンシャルエネルギー（位置エネルギー）が減少する．原子間が特定の距離になったときに，ポテンシャルエネルギーは最小値となる．このときの二つの核間の距離は**結合長** (bond length) とよばれ，減少したエネルギーは**結合エネルギー** (bond energy) とよばれる（図2・1）．

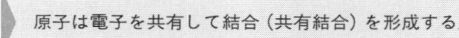
原子は電子を共有して結合（共有結合）を形成する．

2・3 共有結合は，外殻の電子を共有することで形成される

共有結合は，"2個の原子が互いに近づくとき，おのおのの外殻の電子間で起こる相互作用"と表現することができる．電子が入った外殻は原子価殻ともよばれ，共有結合は**原子価結合法** (valence-bond theory) とよばれる方法によって説明できる．共有結合では，外殻の電子を共有する形で原子同士が相互作用し，外殻が電子で満たされる．たとえば，水素は電子を1個しかもっていないので，2電子で満たされた電子殻を形成するためには，2個目の電子が必要である．生物にとって重要な元素である炭素，窒素，酸素，リン，硫黄，塩素は，すべて外殻を満たすために，合計8個の電子が必要である．水素分子を例にして結合が形成される過程を説明しよう．水素は1個の電子を1番目の電子殻にもっている（電子構造 H 1, 表2・1）

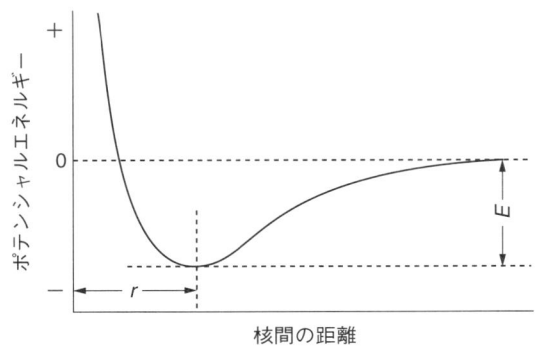

図 2・1 二つの原子が近づいて化学結合を形成したときに起こるポテンシャルエネルギーの変化 エネルギーの減少 E は，化学結合のエネルギーである．核間の距離 r は，ポテンシャルエネルギーが最小になる距離であり，それが結合長である．

表 2・1 生物にとって重要な元素の名称，元素記号，原子価（酸化数）

元素名	元素記号	電子構造	原子価
水素	H	1	1
炭素	C	2.4	4
窒素	N	2.5	3 または 5
酸素	O	2.6	2
ナトリウム	Na	2.8.1	1
マグネシウム	Mg	2.8.2	2
リン	P	2.8.5	3 または 5
硫黄	S	2.8.6	2, 4, 6
塩素	Cl	2.8.7	1
カリウム	K	2.8.8.1	1
カルシウム	Ca	2.8.8.2	2

水素原子2個が近づくと，電子殻が重なり合い，おのおのの電子殻は2個の電子を共有して満たされ（図2・2），2個の原子は強固につながって水素分子を形成する．共有された2個の電子は，2個の水素原子核の間の空間に局在し，共有結合を形成する．分子は，結合を示す線で二つの元素記号を結んだ H–H，またはもっと単純に H_2 と表される．簡単な構造の生体分子の共有結合の形成も同様にして表すことができる．

図2・2　水素分子での共有結合の形成

> 外殻，すなわち原子価殻の電子が結合形成で共有される．
> 結合を形成する電子は原子間の空間に局在している．

例題2・1

生細胞の生存に必須な媒体は水である．水分子 H_2O の共有結合について述べよ．

◆解　答◆

表2・1のデータを用いて，水素と酸素の電子構造を書く．

　　　　　H 1　　　O 2.6

酸素は6個の電子を外殻にもつので，電子8個で満たされた電子殻を形成するためには，さらに2個の電子を共有する必要がある．

2個の水素原子が，この2個の電子を提供する．

1個の酸素原子と，2個の水素原子の外殻の電子構造を示す図を描き，外殻の電子を重ね合わせる（図2・3）．

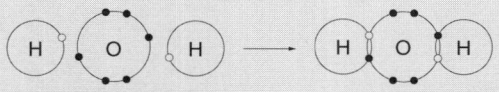

図2・3　水分子での2個の共有結合の形成

例題2・2

メタン（CH_4）は最も単純な有機化合物であり，複雑な生体分子を理解するための出発点でもある．図を使ってメタンの共有結合の形成を示せ．

◆解　答◆

表2・1のデータを用いて，炭素と水素の電子構造を書く．

　　　　　C 2.4　　　H 1

炭素は4個の電子を外殻にもつ．8個の電子で満たされた電子殻を形成して安定な構造となるためには，4個の電子を共有する必要がある．

4個の水素原子が，これらの電子を提供する．すなわち，化学式は CH_4 となる．

次に，外殻の電子のみを示した炭素原子と4個の水素原子の図を描く．原子を近づけて，外殻の電子を重ね合わせると，分子の図となる（図2・4）．

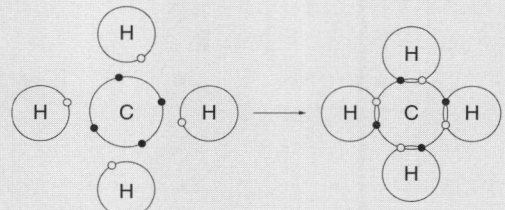

図2・4　4個の共有結合によるメタン分子の形成

結合を示す線を用いて水素分子を描いたように，メタン分子も，簡略化して描くことができる．

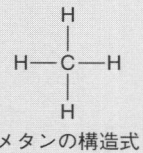

メタンの構造式

問2・1

アミノ酸は，アンモニア分子（NH_3）から誘導される．分子内で共有結合がどのように形成されているかを示す図を描け．また，結合を線で示した単純化した図も描け．

> **問 2・2**
>
> 硫黄細菌では,糖生成に必要な二酸化炭素を還元するための水素源として,硫化水素(H₂S)を用いる.硫化水素分子内で共有結合がどのように形成されているかを示す図を描け.

メタン分子や水分子は,原子が電子を共有して共有結合を形成してできる.1 対の原子は,1 対以上の電子を共有して,2 個または 3 個の共有結合を形成することも可能である.

呼吸で必須な酸素(O₂)は,2 原子間で 2 対の電子を共有する分子の重要な例である.酸素原子の電子構造は,O 2.6 である(表 2・1).したがって,外殻が満たされるためには,さらに 2 個の電子を共有する必要がある.これらの電子は,二つ目の酸素原子から供給される一方で,一つ目の酸素原子も 2 個の電子を与える.この過程を,酸素原子と酸素分子の形成を表した図に示す(図 2・5).酸素分子を簡略化した形で表すと,2 個の元素記号が 2 本の線で結ばれた O=O になる.

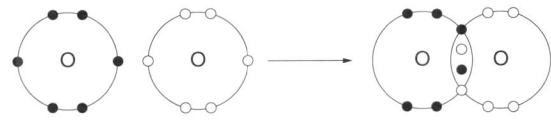

図 2・5 酸素分子における二重結合の形成

> **例題 2・3**
>
> 呼吸による気体生成物,二酸化炭素(CO₂)は共有結合をもった分子である.二酸化炭素分子の結合形成を示す図を描け.
>
> ◆ **解 答** ◆
>
> まず,炭素と酸素の電子構造を書く.
>
>   C 2.4 O 2.6 (表 2・1)
>
> 次に,1 個の炭素原子と 2 個の酸素原子の外殻電子を示した図を描く.
> 炭素は 4 個の外殻電子をもつので,8 電子で満たされた外殻となるためにはさらに 4 個の電子を共有する必要がある.これらの電子は,2 個の酸素原子によっておのおの 2 電子ずつ与えられる.同時に酸素原子は,外殻の 6 電子を満たされた

8 電子へと増やすために,2 個の電子を共有する.すなわち,3 個の原子が集まって外殻の電子が重なり合う(図 2・6).

二酸化炭素分子を簡略化して示すと O=C=O となる.

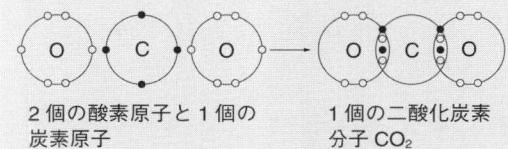

図 2・6 二酸化炭素分子での二重結合の形成

> 外殻の電子の重なりを示す図は,共有結合を説明するために用いられる.

> **問 2・3**
>
> 窒素(N₂)ガスは,地球の大気の主要成分であり,アミノ酸やタンパク質の最大の窒素供給源となっている.窒素分子が形成される際には,どんな多重結合が形成されているかを示す図を描け.

2・4 化合物の化学式

共有結合の形成を述べるとき,元素記号を用いて分子の化学式を書くと便利である.おのおのの原子が,その外殻の電子を満たすために必要な電子数は,分子内での原子数の割合を決める.異なる分子内の同じ元素に注目すると,常に同じ数の電子を共有する必要があることがわかる.すなわち,水素は常に 1 電子を共有する必要があり,炭素は 4 電子必要であり,酸素は 2 電子必要である.これらの電子数は,元素の**原子価**(valency),あるいは**結合力**(combining power)とよばれる.一般的には,**酸化数**(oxidation number)として知られている.原子価を用いると,外殻の電子構造を考慮する必要がなく,化学式を定めることができるため有用である.

> 元素が結合を形成する際に共有する,外殻の電子の数が原子価である.
> 原子価を用いると化学式を簡単に定めることができる.

水の化学式を書くためには,元素記号とおのおのの元素の原子価が用いられる.

例題 2・4

水の化学式を書け．

◆ 解 答 ◆

水は水素原子と酸素原子を含む．
元素記号を書く． H　O

おのおのの元素の原子価を書く（表2・1）． 1　2

おのおのの元素の原子価を入れ替えて，その数を元素記号の後方の下側に書く． H₂　O₁

数字と元素記号を近づけて，数字の1を省略すると，化学式となる． H₂O

例題 2・5

メタンの化学式を書け．

◆ 解 答 ◆

メタンは炭素原子と水素原子を含む．
おのおのの元素の元素記号と原子価を書く（表2・1）． C　H
4　1

おのおのの元素の原子価を入れ替えて，その数を元素記号の後方の下側に書く． C₁　H₄

数字と元素記号を近づけて，数字の1を省略すると，化学式となる． CH₄

例題 2・6

二酸化炭素の化学式を書け．

◆ 解 答 ◆

二酸化炭素は炭素原子と酸素原子を含む．
おのおのの元素の元素記号と原子価を書く． C　O
4　2

おのおのの元素の原子価を入れ替えて，その数を元素記号の後方の下側に書く． C₂　O₄

今回は，数字と元素記号を近づける前に，各数字を2で割って単純にすることができる．共通の数で割り切れるときには，通常はこうした作業を行う． CO₂

問 2・4

原子価を使って，窒素と水素を含むアンモニアの化学式を書け．

問 2・5

原子価を使って，水素と硫黄を含む硫化水素の化学式を書け．

2種類以上の元素を含んでいる化合物でも，同様の考え方で化学式を決めることができる．さらに，化合物内では特定の数の原子が集まって原子団（基）を形成することが多い．すなわち，1個の炭素原子と3個の酸素原子を含む炭酸基 CO_3 は，炭酸カルシウム $CaCO_3$，炭酸ナトリウム Na_2CO_3，炭酸マグネシウム $MgCO_3$ など多くの化合物に含まれる．どの化合物でも，炭酸基の原子価は2とすることができ，この基準に従って化学式を定めることができる．代表的な原子団（基）とその原子価を表2・2に示す．

> 原子団（基）は，単原子と同様に原子価をもつ．

表 2・2 生物にとって重要な原子団（基）の名称，化学式，原子価

原子団（基）	化学式	原子価
アミド	$CONH_2$	1
アミン	NH_2	1
アンモニウム	NH_4	1
炭酸	CO_3	2
カルボン酸	$COOH$	1
炭酸水素（重炭酸）	HCO_3	1
ヒドロキシ	OH	1
アルコール	OH	1
ケトン	CO	2
硫酸	SO_4	2
リン酸	PO_4	3

例題 2・7

炭酸カルシウムは，植物プランクトンの外骨格の主要成分である．原子価を用いて，炭酸カルシ

ウムの化学式を書け．

◆ 解 答 ◆

炭酸カルシウムはカルシウムと炭酸基を含む（表2・2）．

おのおのの原子価を書く（表2・1，表2・2）． Ca　CO₃
　　　　　　　　　　　　　　2　　2

カルシウムと炭酸基の原子価を入れ替えて，その数を元素記号の後方の下側に書く． Ca₂　CO₃ ₂

各数字を2で割り，数字の1は省略して元素記号を近づけると化学式となる． CaCO₃

例題 2・8

炭酸アンモニムは，タンパク質が腐敗した際に生じるアンモニアと二酸化炭素が水に溶けたときに生成する．炭酸アンモニウムの化学式を書け．

◆ 解 答 ◆

炭酸アンモニウムは，アンモニウム基と炭酸基を含む（表2・2）． NH₄　CO₃
　　　　　　　　　　　　　　1　　2

おのおのの原子価を入れ替えて，元素記号の後方の下側に書く． NH₄ ₂　CO₃ ₁

基の化学式を近づけて，1は省略する．"4 2"を"42"と読ませず，またH₄ではなく，NH₄基が2個あることを示すため，NH₄の周りに括弧を付ける． (NH₄)₂CO₃

例題 2・9

リン酸カルシウムは，骨を構成する重要な無機質である．リン酸カルシウムの化学式を書け．

◆ 解 答 ◆

リン酸カルシウムは，カルシウムとリン酸基を含む（表2・2）． Ca　PO₄
　　　　　　　　　　　　　　2　　3

互いの原子価を入れ替えて，その数を元素記号の後方の下側に書く． Ca₂　PO₄ ₂

リン酸基を括弧の中に入れて近づけると化合物の化学式となる． Ca₃(PO₄)₂

問 2・6

硫酸カリウムは生物圏の主要な溶存カリウム源である．その化学式を書け．この化合物は硫酸基を含む（表2・2）．

問 2・7

原子価を用いて，肥料のリン酸アンモニウムの化学式を書け．この化合物はアンモニウム基とリン酸基をもつ（表2・2）．

2・5 原子軌道の結合による共有結合の形成

原子間で電子を共有することによって共有結合が形成されることは，2・3節で述べた．分子をこのように説明すると，わずかな数の電子しか関与しないため，分子の構造を理解しやすい．しかし実際は原子価による説明だけでは予測できない性質をもつ分子も多い．たとえば酸素分子は，呼吸における役割から明らかなように反応性が高い．この反応性は，共有されていない2個の電子の存在による．外殻の電子が重なり合う過程からは，この2個の電子は電子対を形成することが予測されるが，実際には電子対を形成していない．こうした事実は，酸素や，その他の多くの分子において，原子価だけでは予測できない性質を説明するためには，より正確な理論が必要であることを意味している．

> 原子価殻の電子の共有によって共有結合が形成されるという説明は，必ずしも十分ではない．

分子の電子構造をこれから述べる新たな理論で論じる際にも，原子価結合論の考え方を無視できない．分子を論じるいかなる場合でも，原子価結合論を引き続き利用することができる．通常は，用いる用途に応じて最適な理論を選ぶ．

原子軌道の考え方は1・7節で述べた．ここではこれを分子内の軌道まで拡張する．原子軌道を述べるために用いた規則のいくつかは分子軌道にも適用できる．

> 分子軌道は原子軌道が結合することによって形成される．

・エネルギー準位の低い分子軌道から順に電子が満

- おのおのの分子軌道は電子を2個まで満たすことができる.
- 同じエネルギー準位の分子軌道が2個以上あるとき,電子は一つの軌道内で電子対を形成する前に,おのおのの軌道に1個ずつ入っていく.

> 分子軌道は,原子軌道と同様の規則によって電子が満たされていく.

分子軌道は,離れている原子がその原子軌道同士が重なり合うまで近づいたときに起こる相互作用によって形成される.水素分子の場合,1s軌道をもつ2個の水素原子が近づき,2個の新たな分子軌道が形成される(図2・7).2個の原子軌道は同じだが,2個の分子軌道は完全に異なる.それらは異なった形をしている.すなわち,一つはおもに2個の原子核の間の空間に集中しており,もう一つは原子核の間の空間から離れる方向に広がる二つの部分,**ローブ**(lobe,葉の形をした軌道)からなる.一つ目の軌道はもともとの原子軌道よりもエネルギー準位が低く,もう一つの軌道はもともとの原子軌道よりもエネルギー準位が高い.2個の分子軌道のエネルギーの平均は,2個の原子軌道のエネルギーの平均と等しい.

上の例では,2個の電子が分子軌道を満たすために使える.おのおのの水素原子が1電子ずつ供給している.2個の電子は低いエネルギー準位の分子軌道に入り,対を形成して軌道を満たす.この過程を**分子軌道エネルギー準位図**(molecular orbital energy level diagram)で示すことができる(図2・8).

低いエネルギー準位の分子軌道に電子が入ると,2個の原子核の間の空間に電子が集中することになる.こうして共有結合が形成される.この軌道は**結合性軌道**(bonding molecular orbital)とよばれる.二つ目の高いエネルギー準位の分子軌道は,もしも電子が入った場合,電子は原子核の間の空間から離れた場所に

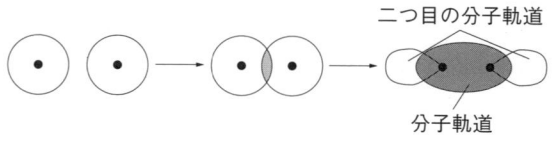

図2・7 2個の水素原子軌道が重なることによる2個の水素分子軌道および共有結合の形成

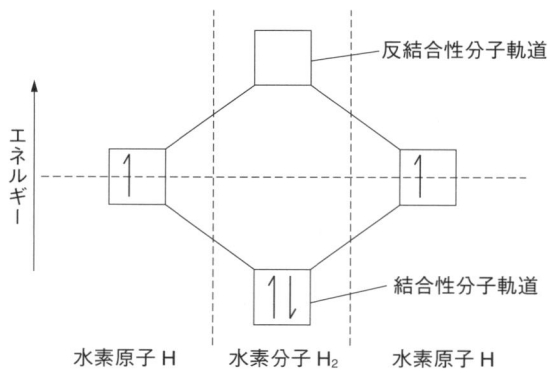

図2・8 2個の水素原子から水素分子が形成されるときの分子軌道エネルギー準位図

局在することになる.原子核は互いに遮蔽されなくなるため,反発し合い,結合は形成されない.この分子軌道は**反結合性軌道**(antibonding molecular orbital)とよばれる.

> 分子軌道は,低いエネルギーをもった軌道(結合性)か,高いエネルギーをもった軌道(反結合性)になる.

ここで述べたような原子軌道から形成される分子軌道を用いて分子の共有結合形成を論じる方法は,**分子軌道法**(molecular orbital theory)とよばれている.原子価結合法と分子軌道法は,2個の原子の間の電子密度を高くすることにより共有結合を形成するという,同じ結論を導き出したことがわかるであろう.しかし,二つの方法は,異なったやり方でこの結論に至っている.

2・6 単一の重なり:σ結合

水素分子では,分子軌道は2個の球状の原子軌道,すなわち1s軌道が重なることにより形成された.図2・7から,2個の原子軌道が2個の原子の中心を結ぶ線に沿って互いに近づき,単一の重なった領域を形成することがわかるであろう.同様にしてs軌道は,p_x軌道とも単一の領域で重なり,2個の分子軌道を形成することができる(図2・9).2個のp_x軌道もまた同様にして相互作用し,単一の重なりを形成する(図2・9).

単一の重なりによって形成される結合性分子軌道と反結合性分子軌道は,軌道の名前の前にギリシャ文字のσ(シグマ)を付けて表される.図2・9で形成さ

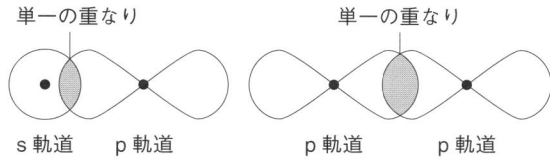

図 2・9 共有結合形成における s 軌道と p 軌道，および p 軌道と p 軌道の単一の重なり

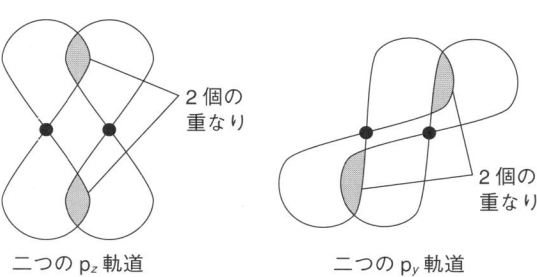

図 2・10 2 個の重なりを生じる p_y 軌道と p_y 軌道，および p_z 軌道と p_z 軌道の側面での相互作用

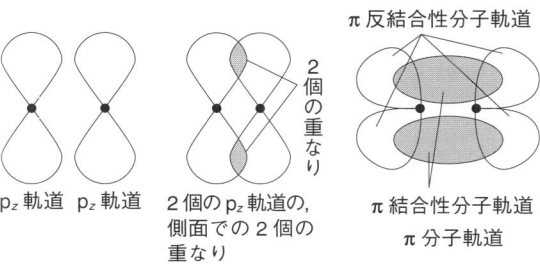

図 2・11 2 個の p 軌道の側面での重なりによる 2 個の π 分子軌道と共有結合の形成

れる二つの分子軌道は，**σ 結合性分子軌道** (σ-bonding molecular orbital) および **σ 反結合性分子軌道** (σ-antibonding molecular orbital) となる．また，"結合性"には何も付けず，反結合性にアスタリスク (＊) を付ける表記法もある．

これに従うと，2 個の分子軌道は，**σ 分子軌道** (σ-molecular orbital)，**σ* 分子軌道** (σ*-molecular orbital) と簡略化される．一般に，単一の重なりによって形成される共有結合は σ 結合とよばれる．

> 原子軌道の単一の重なりは，1 個の σ 結合となる．

2・7 2 個の重なり: π 結合

三つの p 軌道は，x, y, z 軸に沿って配置されている (1・7 節).

2 個の原子の中心を結ぶ線である x 軸に沿って 2 個の p_x 軌道が近づいたときは，単一の重なりが生じる．x 軸に沿って 2 個の p_y 軌道，または p_z 軌道が互いに近づいたときには，違ったタイプの重なりが生じる．p 軌道のローブは一つではなく，側面で 2 個の重なりを形成する．重なりは，2 個の原子の中心を結ぶ線の上側と下側で起こる (図 2・10)．2 個の p 軌道の重なりは，エネルギーが低い結合性軌道とエネルギーが高い反結合性軌道という，2 個の分子軌道を形成する．結合性分子軌道は二つのローブからなり，一つは新たな分子の中心線より上に，もう一つは下に位置する．反結合性軌道は四つの部分からなり，原子の間からは離れていく方向にある (図 2・11)．なお，このような 2 個の重なりによる分子軌道は，単一の重なりによる分子軌道形成がすでに起こっている場合に形成されることを覚えておいてほしい．

2 個の原子軌道が 2 個の重なりを形成してできる分子軌道は，軌道の名前の前にギリシャ文字の π (パイ) を付けて表される．すなわち図 2・11 の分子軌道は **π 結合性分子軌道** (π-bonding molecular orbital)

および **π 反結合性分子軌道** (π-antibonding molecular orbital)，より簡略化して書くと，**π 分子軌道** (π-molecular orbital)，**π* 分子軌道** (π*-molecular orbital) となる．原子軌道の 2 個の重なりによって形成される共有結合は **π 結合** (π-bord) とよばれる．ここで，π 結合が形成される前には必ず σ 結合が形成されることを明記しておく．分子軌道には，エネルギー準位が高くなっていく順番に (すなわちエネルギーの低い準位から順番に) 電子が満たされていく．その順番は，次の通りである．

$$\sigma < \pi < \pi^* < \sigma^*$$

> 原子軌道の 2 個の重なりは π 結合となる．

同じエネルギー準位の分子軌道が 2 個あるときは，電子は一つの軌道の中で対を形成する前におのおのの軌道に 1 個ずつ入っていく．

2・8 σ 結合と π 結合をもつ分子

水素分子 H_2 は，2 個の s 原子軌道の重なりによって形成された 1 個の σ 単結合をもつ (2・5 節)．水分

子では，酸素の2個のp原子軌道のおのおのが水素のs原子軌道と重なり，2個のσ単結合を形成する．これを図2・12に示す．

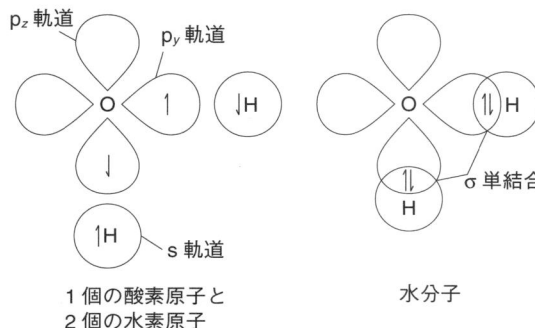

図 2・12 水素と酸素の原子軌道の重なりによって形成される水分子のσ結合

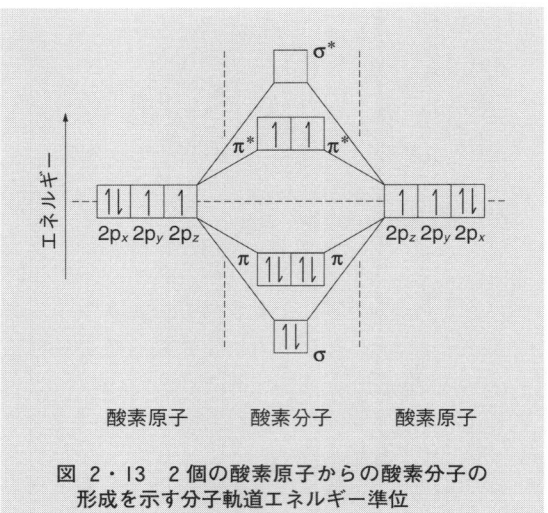

図 2・13 2個の酸素原子からの酸素分子の形成を示す分子軌道エネルギー準位

酸素分子O_2は，σ結合とπ結合の両方をもっている．これらの結合の形成は，エネルギー準位図を描くとよく理解できる．

> エネルギー準位図を用いると，σ結合とπ結合の形成を示すことができる．

例題 2・10

酸素分子O_2の結合の形成を示す分子軌道図を描け．

◆ 解 答 ◆

酸素原子の電子配置を書く（1章）．

$$O \quad (1s)^2(2s)^2(2p_x)^2(2p_y)^1(2p_z)^1$$

二つの酸素原子と酸素分子の，分子軌道エネルギー準位図を描く．

形成された分子軌道に電子が入る際には，エネルギー準位が低い軌道から満たされる．同じエネルギー準位の軌道が複数ある場合には，一つの軌道内で電子が対を形成する前に各軌道に電子が1個ずつ入っていく（図2・13）．

図2・13からわかるように，8個の2p電子は，1個のσ結合性軌道と2個のπ結合性軌道を満たしたのち，2個のπ反結合性軌道（おのおのに1電子）にも入る．すなわち，6個の電子が結合性軌道に入り，反結合性軌道には2電子が入る．

結合性分子軌道に電子があると，原子は互いに引きつけ合う．しかし，電子が反結合性分子軌道に存在すると原子は反発する．したがって，酸素分子の結合の数は，結合性軌道に入っている電子の数から，反結合性軌道に入っている電子の数を引くことで算出することができる．6電子から2電子を引くと4電子になる．おのおのの結合には2電子が必要なので，4を2で割った数が酸素分子の結合の数で，2となる．

これをまとめると以下のようになる．

結合性分子軌道の電子数　　　　　　＝6
反結合性分子軌道の電子数　　　　　＝2
結合性電子数－反結合性電子数　　　6－2＝4
結合の数（各結合に2電子）　　　　4÷2＝2

二つのπ*分子軌道にそれぞれ1個ずつ入っている電子（すなわち，対を形成していない電子）は，酸素分子の反応性を高めている．

問 2・8

窒素分子N_2のσ結合，π結合を示す分子軌道エネルギー準位図を描け．

共有結合を形成するとき，水素は1s軌道のみを他の原子とのσ単結合の形成に用いる．炭素原子や窒素原子，酸素原子は，2s軌道と2p軌道をσ単結合とπ結合を含んだ二重結合，三重結合の形成に用いる．もっと重い元素であるリン，塩素は，3s軌道，3p軌

道をおもにσ結合形成に用いるが、リンは特に酸素との間でπ結合を含んだ二重結合も形成する。

2・9 混成分子軌道

分子軌道を用いて分子内での結合の形成を理解すると、化合物のいくつかの性質を解釈することができる。しかしそれでも、分子の性質の多くを解釈することは難しい。たとえば、水のH–O–H結合が形成する角度は105°であることが知られている。しかし、2・8節での解釈によると角度は90°となり矛盾する。この矛盾をはじめとするさまざまな分子の性質は、**混成**（hybridization）とよばれる分子軌道論を用いて解釈できる。

水素の1s軌道と酸素の2p軌道の重なりを示した図2・12から、混成を考えてみる。2p軌道はおのおのの一つのローブでのみ重なり合い、もう一つのローブは利用されないままである。結合の強さは重なりの度合に比例するため、この図は弱い結合しか形成されないことを示唆している。しかし実際には、酸素上の軌道は変更され、混成することにより重なりは大きくなり、結合も強くなる。すなわち、1個の2s軌道が3個の2p軌道と組合わさり、**sp³混成**（sp³ hybrid）とよばれる新たな四つの軌道が形成される。

> 1個の2s軌道と、3個の2p軌道が組合わさって、四つの等価なsp³混成軌道を形成し、強い共有結合を形成する。

これら四つの混成軌道は等価であり、大きなローブと小さなローブによって形成されている（図2・14）。sp³混成軌道は、酸素原子を中心に正四面体方向に配置される。混成軌道は大きなローブを使って重なり合い、強い結合を形成する。水分子が構築される際、エネルギー的には、酸素が混成軌道を用いたほうが望ましい。酸素の6電子は4個のsp³軌道に入るが、そのうちの2個の軌道では電子対が形成されず、電子が1個ずつ入る。水分子形成の際の軌道の重なりを図2・15に示す。わかりやすくするためにsp³軌道の小さなローブは省いてある。この理論から予測される

図2・14　sp³混成軌道

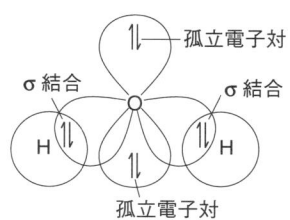

図2・15　2個の水素原子のs軌道と、酸素原子のsp³混成軌道のうちの2個が、2個のσ結合を形成するsp³混成軌道の残りの2個はおのおの、共有されていない電子対を含み、孤立電子対となっている。

H–O–Hの角度は正四面体の109°であり、実際の分子で測定される105°よりもわずかに大きい。この違いは、二つの非共有電子対の間で強い反発が生じ、H–O–Hの角度を105°まで縮めるという機構で解釈できる。

sp³混成軌道のうちの二つの共有されていない電子対は、重要な空間に存在している。この電子対は**孤立電子対**（lone pair）とよばれ、酸素から突き出している。混成軌道の形成は、酸素と同様に、炭素や窒素の結合を語る場合においても重要である。酸素や窒素の孤立電子対は、水の溶解力を定める際にも重要となる（5章）。

> 共有結合形成に用いられない混成軌道は、孤立電子対とよばれる電子対をもつ。

例題2・11

メタン分子（CH₄）において、4個のσ結合形成を示す混成軌道を描け。

◆ **解　答** ◆

炭素の電子構造を書く。

$$\text{C} \quad (2s)^2(2p_x)^1(2p_y)^1$$

2s, 2p_x, 2p_y, そして電子が満たされていない2p_z軌道は、4個の等価なsp³混成軌道を形成する。

炭素の4個の電子（1s軌道の電子は使われない）は、おのおのの混成軌道に1個ずつ入る。

4個の水素原子がそれぞれ1s軌道を1個の電子とともに供給し、sp³混成軌道と重なり合って等価な4個のσ結合を形成する。

軌道と結合を示す図を描く（図2・16）。

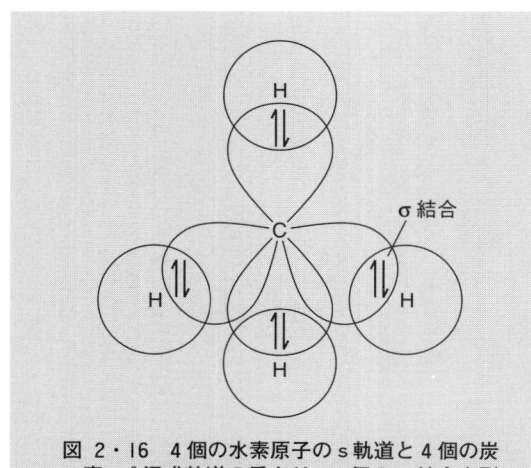

図 2・16 4個の水素原子のs軌道と4個の炭素sp³混成軌道の重なり，4個のσ結合を形成する

の変化を示している．原子軌道の単一の重なりはσ結合となり，2個の重なりはπ結合となる．結合性と非結合性の分子軌道は，原子軌道の重なりによって形成される．多くの分子において，s軌道とp軌道が組合わさって混成軌道ができる．混成軌道は強固な結合を形成し，孤立電子対も形成する．

まとめ

2個の原子が1対の電子を共有したとき，共有結合が形成される．原子は安定な満たされた外殻を構築するために電子を共有する．水素は2個の電子を共有する必要があり，炭素，窒素，酸素は8個の電子を共有する必要がある．2対もしくは3対の電子を共有することによって，外殻が満たされることもある．ある元素が共有できる電子の数が原子価である．原子価は，化合物の化学式を決める際に用いることができる．

共有結合の形成は，原子軌道の重なりによって形成される分子軌道によって解釈することができる．エネルギー準位図は，結合が形成されたときのエネルギー

章末問題

問 2・9 ホスフィン（PH_3）ガスは，嫌気性分解の生成物である．
 1) 原子の外殻電子のみを使って，分子の共有結合を示す図を描け．
 2) 分子の結合を簡略化した図を描け．

問 2・10 胃の中の塩酸は，塩化水素（HCl）に由来する．
 1) 水素原子と塩素原子の外殻電子を示した図を描け．
 2) これらの図を組合わせて，塩化水素の共有結合の形成を説明せよ．

問 2・11 硫酸マグネシウムは，多くの生物にとって溶存マグネシウムの供給源である．原子価を使って，この塩の化学式を書け．

問 2・12 石灰石が雨で溶けると，炭酸水素カルシウムができる．原子価を用いて，この化合物の化学式を定めよ．

問 2・13 アンモニア（NH_3）は，3個のσ結合と1個の孤立電子対をもつ．混成軌道を示す図を用いて，アンモニアの結合を示せ．

3 分子内および分子間に働く力

3・1 序

　分子間および分子内の部分構造の間には，さまざまな相互作用が働く．これらの相互作用の例を，タンパク質分子を用いて説明しよう．タンパク質分子は，共有結合で結ばれた炭素，窒素，酸素の長い鎖によって構築されている．この鎖はコイル状になったり，折りたたまれたりして，そのタンパク質特有の形となる．生物内におけるタンパク質の機能は，分子の形と，表面の原子もしくは原子団（基）の配置に由来する．タンパク質の形を決めている相互作用は4種類ある．イオン結合は，鎖状構造の正電荷を帯びた部分と負電荷を帯びた部分との間で形成される．また，タンパク質構造内のいくつかの場所で，新たな共有結合が形成される．弱い水素結合は多くのタンパク質において重要である．疎水性相互作用は，形を形成するために一役買っている．鉄などの金属と，酸素，窒素を含む置換基との間での配位結合も，いくつかのタンパク質や生体分子では重要である．この章では，これらさまざまな相互作用について比較しながら説明する．

3・2 イオン結合

　原子間で電子対が共有され，結合性分子軌道に電子が分布することによって，原子が共有結合でつながり，中性の分子となる（2・3節，2・5節）．これに対して，1個ないしは複数の電子が完全に一方の原子からもう一方の原子へ移るという方法でも，強固な化学結合が形成される．この結合は，多くの場合，電子を供与する金属と受取る非金属との間で形成される．電子を供与する金属は外殻の電子をわずかな数しかもっていないことが多い．金属はこの電子をすべて非金属元素に与え，非金属は電子を受取り，ほぼ満たされていた電子殻を完全に満たす．すなわち，金属には空の外殻と満たされた内殻の電子殻が残り，非金属元素の外殻は満たされた電子殻となる．

　電子は電荷をもっているため，原子間での電子の移動は，各原子の電荷を変化させる．1個の電子を失った原子は，電子の数よりも1個多い陽子をもつことになる（もともとの原子では，電子と陽子の数は等しい）．余分な陽子は正電荷をもっているため，生成したイオンは全体で正電荷をもつことになり，**陽イオン**（カチオン，cation）とよばれる．電子を受取った原子は余分な電子の負電荷をもつことになり，**陰イオン**（アニオン，anion）とよばれる．

> ある原子からもう一つの原子へ電子が移動すると，正電荷をもつ陽イオン（カチオン）と，負電荷をもつ陰イオン（アニオン）が生成する．

　塩化ナトリウム（NaCl）は生体膜を介したイオンの平衡に関与している．塩化ナトリウムは電子移動によって形成されるイオン化合物である．2個の原子の電子配置は，

$$\text{Na } 2.8.1 \quad \text{Cl } 2.8.7$$

である．ナトリウムの外殻の電子1個が，塩素のほぼ完全に埋まっている外殻に移動する．その結果，電子配置は，

$$\text{Na}^+ \text{ } 2.8 \quad \text{Cl}^- \text{ } 2.8.8$$

となる．おのおののイオンであるナトリウムイオン（Na^+）と塩化物イオン（Cl^-）は，満たされた電子殻をもつことになる．ナトリウムの元素記号の後方上部に書かれた"＋"は，この陽イオンが正電荷を一つもっていることを示している．同様に，元素記号Clの後に書かれた"－"は，この陰イオンが負電荷を一つもつことを示している．正（＋）と負（－）の電荷はちょうど釣り合っているため，塩化ナトリウムは化合物全体としては中性になる．

> 陽イオンと陰イオンはたいてい満たされた電子殻をもつ．

　原子間で移動するのは電子だけだということを覚えておかなければならない．おのおのの原子の陽子と中性子の数は変化しない．電子移動とイオンの生成は外殻の電子構造図（図3・1）を用いて表すことができ

表 3・1 ナトリウム, 塩素, 塩化ナトリウムの陽子, 電子, 電荷の比較

	ナトリウム原子 Na	塩素原子 Cl	ナトリウムイオン Na$^+$	塩化物イオン Cl$^-$
陽子数	11	17	11	17
電子数	11	17	10	18
電　荷	0	0	+1	-1

　る．
　共有結合形成の場合と異なり，2個のイオンの外殻の電子殻は重なり合わない．正反対の電荷をもつイオンは互いに強く引き合うため，化合物の中で二つのイオンは接近する．これが**イオン結合**（ionic bond）である．塩化ナトリウムの生成に関与している原子とイオンの陽子，電子の数を表3・1に示す．

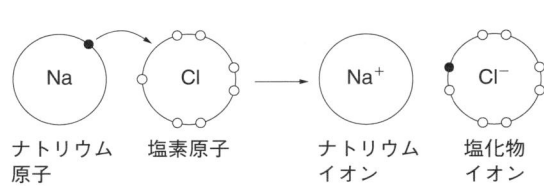

図 3・1 ナトリウムから塩素への電子移動と，塩化ナトリウムにおけるイオン結合の形成

例題 3・1

塩化カルシウム（CaCl$_2$）は海洋生物の溶存カルシウム源である．電子構造図を用いて，この化合物のイオン結合形成を示せ．

◆ 解　答 ◆
原子の電子構造を書く（表2・1）．

　　　Ca 2.8.8.2　　　Cl 2.8.7

原子の電子構造および化学式CaCl$_2$から，カルシウムから2個の塩素原子へ，1電子ずつ移動し，満たされた外殻をもつカルシウム陽イオンと，2個の塩素陰イオン（塩化物イオン）ができる．

　　　Ca^{2+} 2.8.8　　　2×Cl$^-$ 2.8.8

原子とイオンの外殻電子図を描く（図3・2）．
イオン結合は，カルシウム陽イオンと，2個の塩素陰イオンとの間の引力によって形成される．

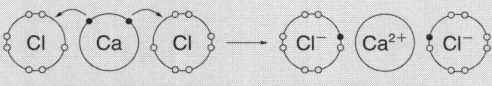

2個の塩素原子と1個のカルシウム原子　　2個の塩素陰イオンと1個のカルシウム陽イオン

図 3・2 カルシウムから塩素への電子移動と，塩化カルシウムにおける2個のイオン結合の形成

> イオンの生成では，2個以上の電子が移動することもある．

問 3・1

塩化カリウム（KCl）は，神経細胞膜を介した陰イオンと陽イオンの平衡に関与している．KClにおけるイオンの生成とイオン結合の形成を電子配置（表2・1）および電子構造図を用いて示せ．

問 3・2

クロロフィルの構成成分であるマグネシウムは，化学式MgOで与えられる酸化物を形成する．この化合物における電子の移動とイオンの生成を，電子配置（表2・1）を用いて示せ．

3・3　極性共有結合

　原子間での化学結合の形成は，以下の二つの方法で記述できる．すなわち，共有結合の形成では，1対の電子が2個の原子間で等しく共有される．外殻の電子殻は重なり合い，電子対は二つの原子の間に局在する．
　一方，イオン結合が形成されるときには，電子は完全に一方の原子からもう一方の原子へ移動して，正電荷をもつ陽イオンと負電荷をもつ陰イオンが生成し，静電力により互いに強く引き合う．
　共有結合とイオン結合はまったく別のものにみえるかもしれない．しかし，厳密にはそうではない．共有結合では，電子対が一方の原子に半分以上偏り，等しく共有されないことも起こりうる．またイオン化合物では，電子が完全に一方の原子からもう一方の原子へ移動しないこともある．多くの生体分子を解析する

表 3・2 生物に重要な元素の電気陰性度

水素	炭素	窒素	塩素	リン	硫黄	酸素
2.1	2.5	3.0	3.0	2.1	2.5	3.5

と，それらの多くが完全な共有結合やイオン結合を形成しておらず，中間の性質をもっていることがわかる．

> 共有結合では，電子は等しく共有されないこともある．

2個の電子が等しく共有される共有結合は，結ばれた2個の原子が同じ元素である場合だけである．たとえば，水素分子 H_2 の結合は完全な共有結合である．元素が異なるときは，電子対は均等に共有されない．電子対がどれだけ不均等に原子間で分布しているかは，元素の電気陰性度の違いによって決まる（1・6節）．電気陰性度が大きな元素は，共有する電子を占有する度合が大きくなる．

電気陰性度は各元素で決まった数値である．生物学で有用なものを表3・2にまとめる．各元素の値の差を比較すると，各結合での相対的な電子の不均等さがわかる．炭素-水素結合（C–H）においては，電気陰性度の差は 2.5−2.1=0.4 であり（表3・2），この結合での電子の偏りは小さい．電子は電気陰性度の大きな元素の方向へと動く．すなわちごく小さな割合で電子対が炭素側に偏っている．結合において電子が不均等に共有されている現象は，**分極**（polarization）とよばれる．炭素-水素結合はわずかに分極している．

> 極性共有結合の電子は，均等に共有されていない．

酸素-水素結合（O–H）では，電気陰性度の違いは 3.5−2.1=1.4 となり（表3・2），炭素-水素結合よりも3倍以上大きい．すなわち，酸素-水素結合の電子は，酸素に強く引きつけられ，この結合は大きく分極している．同様に窒素-水素結合も，電気陰性度の差が 3.0−2.1=0.9 となり，強く分極していることがわかる．

一般的に，結合の分極およびその方向は，結合を形成している元素記号の近くに部分的な電荷を描くことによって表される．部分的な電荷はギリシャ文字の δ（デルタ）で表記される．この方法で酸素-水素結合，窒素-水素結合を書き表すと，

$$\overset{\delta -}{O}-\overset{\delta +}{H} \qquad \overset{\delta -}{N}-\overset{\delta +}{H}$$

となる．

例題 3・2

炭素-窒素結合（C–N）の電気陰性度の数値の違いを算出せよ．この電気陰性度の差から結合の分極に関して論ぜよ．

◆ 解 答 ◆

電気陰性度の値（表3・2）を書き，引き算をして電気陰性度の違いを算出する．

 C 2.5　　　N 3.0　　　3.0−2.5=0.5

炭素-窒素結合の電気陰性度の違いは小さいため，結合はわずかに分極している．

問 3・3

a）硫黄-酸素結合が形成されたとき，元素間の電気陰性度の違いを述べよ．
b）どちらの元素が正に，どちらの元素が負に分極しているか．

問 3・4

炭素-硫黄結合における電気陰性度の差を算出し，その値について論ぜよ．

結合の極性は，生物にとって重要な分子の反応性（9章，11章，12章）や構造（12章）で重要となる．

3・4 双極子−双極子間の相互作用

3・3節では，電気陰性度の違いに基づき，共有結合を形成する電子対が不均等に共有されることを述べた．たとえば，水分子内の酸素-水素結合（O–H）は正と負が両端にある分極を形成している．こうした結合は同じ大きさの電荷が両端にある状態，すなわち，双極子となる．双極性の結合をもつ分子は互いに引き合う．ある分子の正の末端が，もう一つの分子の逆側の負の末端を引きつけるのである．二酸化炭素は，極性がある炭素-酸素結合をもつ．分子は互いに引き合っているため，固体の二酸化炭素は予想よりもずっと高い温度で融解する．双極子−双極子間の相互作用は，電気陰性度の大きな元素が水素と結合しているような小さな原子団（基）で強くなる．このことについては

3・5節で述べる．

> 双極性の結合をもつ分子は，互いに引き合う．

例題 3・3

トリクロロメタン（クロロホルム，CHCl₃）は極性の炭素-塩素結合をもつ正四面体の分子である．分子間での双極子-双極子相互作用を示す図を描け．

◆ 解 答 ◆
(a) 分子の構造式を書く．
(b) 電気陰性度の値（表3・2）をもとに，部分的な電荷を書き加える．
(c) 双極子の逆側の末端が相互作用できるように，2個の分子を並べる．相互作用を点線で表す（図3・3）．

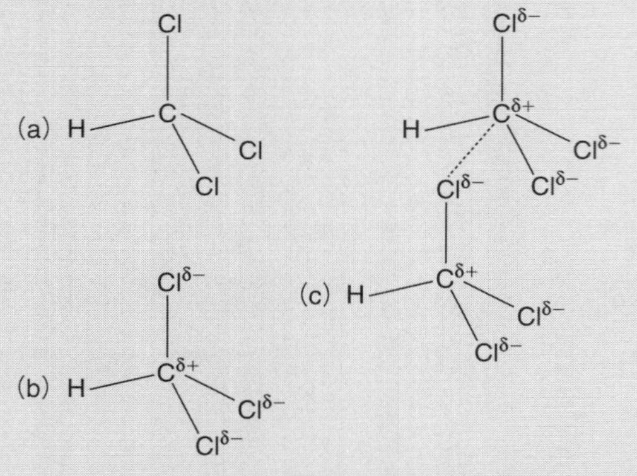

図 3・3 トリクロロメタン（クロロホルム）の双極子-双極子相互作用

問 3・5

呼吸による生成物である二酸化炭素（CO₂）2分子間での双極子-双極子間の相互作用を示した図を描け．

3・5 水素結合

水素原子は，陽子1個の原子核と1個の電子からなる特殊な原子である．水素が酸素などの電気陰性度が高い元素と結合すると（3・3節），結合内の電子は酸素に引きつけられる．その結果，水素の原子核（陽子）は，わずかな密度の電子にしか覆われていない状態となり，双極子の正の末端となる．

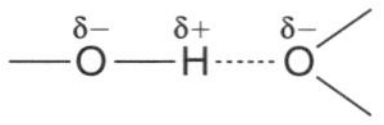

図 3・4 酸素と，酸素と共有結合している水素との間で形成された水素結合

水素の原子核がもつ正の電荷は，近傍の分子がもつ酸素原子上の孤立電子対（2・9節）の負電荷によって強く引きつけられる（図3・4）．孤立電子対は双極子の負の末端となっている．酸素-水素結合をもち，こうした現象を示す代表的な分子は，水（H₂O）である．また，この引力は**水素結合**（hydrogen bond）とよばれている．水素結合は，双極子-双極子間の結合の特殊な例である．水分子は，2個の水素原子と2個の孤立電子対をもつ酸素原子からなるので，液体状態では，おのおのの水分子が，水素結合によって三次元的に連なっている．

他の電気的に陰性の元素，特に窒素は，N-H 結合をもつ分子，O-H 結合をもつ分子の両方と水素結合を形成する．

N–H······N   N–H······O   O–H······N

水溶液中の陽イオンは，水分子の酸素の孤立電子対を介した水素結合によって強く溶媒和している（図3・5）．陰イオンの溶媒和は，電気的に正である水分

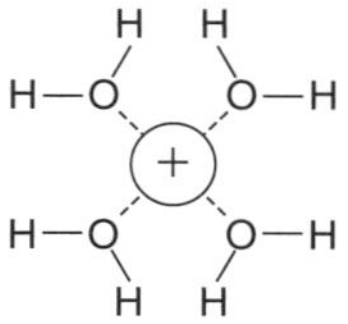

図 3・5 水による陽イオンの溶媒和

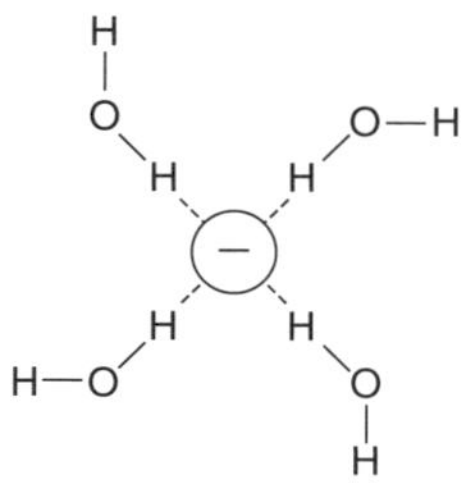

図 3・6 水による陰イオンの溶媒和

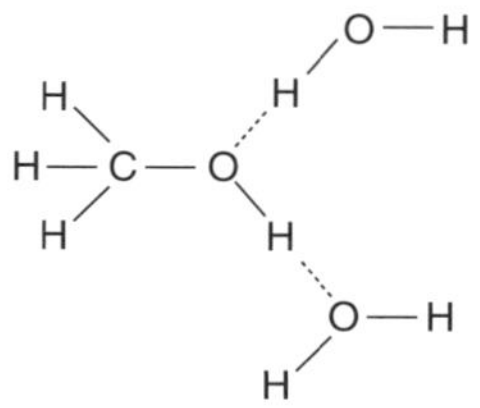

図 3・7 アルコール分子と水との間の水素結合

子の水素原子を介して起こる（図3・6）．極性の有機化合物も，メタノールの例（図3・7）のように，水素結合によって水分子に溶媒和される．

　水素結合は，アミンにおいても重要である（8章）．水の重要な性質の多くは，この水素結合の存在による．水の比較的小さな分子量（18）からは，室温では気体であると予想される．もちろん実際には，水は液体である．これは水素結合によって水が，予想されるよりもはるかに揮発しにくくなっているためである（5章）．タンパク質の α ヘリックス（らせん），β シート構造も，数多くの水素結合によって形づくられている．DNAのヘリックスの塩基対の形成も水素結合が必要である．

▶ 水素結合は，タンパク質の構造を安定化する．

問 3・6

アミノ酸のグリシン（H₂N–CH₂–COOH）は分子間で水素結合を形成する．2分子間で，以下の水素結合形成を示す図を描け．また，関与している孤立電子対も示せ．
　　a）N–H…O　　b）O–H…O

3・6　ファンデルワールス力

　酸素のような元素も，酸素-酸素結合を形成しているときは双極子としての性質をもたないが，実はこうした分子でも互いに弱く引き合っている．これは分子内の電子が速く動いているためである．ある瞬間において，電子は不均等に分布し，分子の一方の末端がごくわずかに正に分極し，もう一方の末端がわずかに負に分極する．アルキル鎖の炭素-炭素結合における例を図3・8に示す．瞬間的な双極子は，別の分子の同様な双極子と引き合う．この非常に弱い力を考慮するときには，その力が常に一時的なものであり永久なも

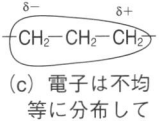

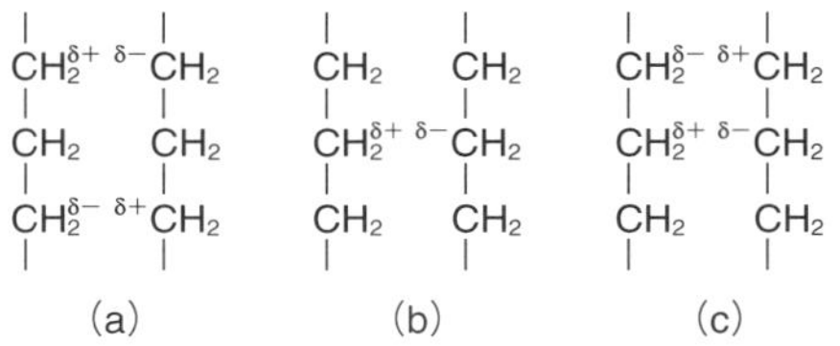

図 3・9　脂質分子内における，2個の隣接する–CH₂–基の一時的な分極　(a), (b), (c)は，異なる瞬間における分極を示している．

のでないこと，きわめて近い距離でしか働かないことに留意する必要がある．わずかな数の電子しかもたない小さな分子と比べて，多数の電子をもつ大きな分子ほど容易に電子を不均等に分布させることができる．したがって，ファンデルワールス力は，小さな分子よりも大きな分子で重要となる．折りたたまれたタンパク質分子内では，電荷をもたない非極性基が近接している．これらの非極性基間のファンデルワールス力は，構造の安定化に寄与している．脂質分子は長い非極性の鎖をもつ．これらの鎖は，適切な隙間をもって近傍に配置されると，互いに引き合う．脂質分子をもつ二重膜やミセルの構造は，この現象により安定化している．その様子を図3・9に示す．

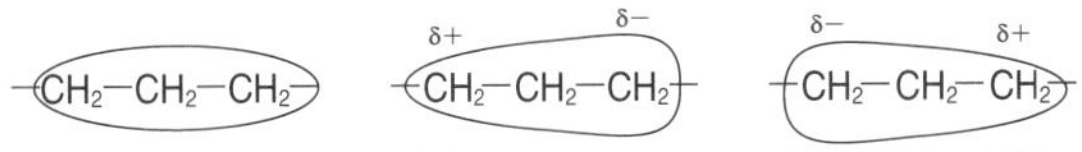

▶ 弱いファンデルワールス力は，非極性基が密集した構造を安定化している．

例題 3・4

　窒素分子は非極性である．構造式を用いて，どのようにして分子内で瞬間的な分極が起こっているのか，ファンデルワールス力により2分子がどのように互いに引き合っているかを示せ．

◆ 解　答 ◆

構造式を描く．

$$N≡N$$

ある瞬間において電子は右側の原子に移動する．

$$\overset{δ+}{N}≡\overset{δ-}{N}$$

もう一つの瞬間的に分極した窒素原子が，その瞬間において弱く引き合う．この相互作用を点線で描く．

$$\overset{δ+}{N}≡\overset{δ-}{N}\cdots\overset{δ+}{N}≡\overset{δ-}{N}$$

問 3・7

酸素分子は弱いファンデルワールス力を示す．

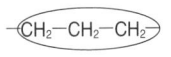

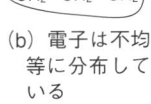

（a）電子は3個のCH₂基に均等に分布している

（b）電子は不均等に分布している

（c）電子は不均等に分布している

図 3・8　アルキル鎖の電子の一時的な分極　(a), (b), (c)は異なる瞬間における電子分布を示している．

構造式を書き，どのようにして2分子が瞬間的な分極によって相互作用しているかを示せ．

3・7 疎水効果

ヘモグロビンタンパク質のような巨大な生体分子は，分子内にいくつかの非極性領域がある．分子が折りたたまれずに水中に溶けると，非極性領域は水と接触する．非極性領域は水を反発するため，水分子は個々の非極性領域の周りでかたまり，かご状の構造を構築する．こうした水分子の整然とした構造は，乱雑さの減少，すなわちエントロピーの減少につながるため，エネルギー的に不利である（10・3節）．そのため，非極性領域は構造の内部に埋もれ，極性基のみが水分子と直接接触する構造に折りたたまれる．非極性領域を囲んでいた水分子の整然とした構造は解かれ，乱雑な状態となる．その結果，タンパク質と水分子全体では乱雑さが増す，すなわちエントロピーが増大する．つまり，乱雑さの増大が構造を安定化させることになる．これが疎水効果である．疎水効果は結合を形成する相互作用ではないが，生体分子の安定化に重要な要素となる．脂質二重膜の構造も，疎水効果により同様に安定化される．

> 巨大分子の非極性領域は，エントロピーが要因となる疎水効果によって安定化される．

共有結合，イオン結合，非共有結合の相対的な強さを図3・10に示す．共有結合と比較して，非共有結合は約1桁弱い．

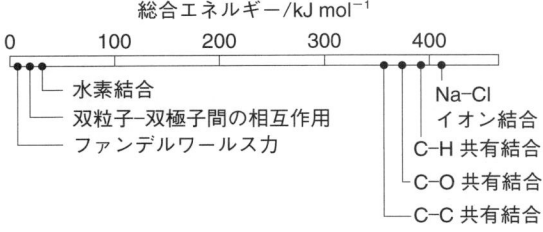

図3・10 共有結合，イオン結合，非共有結合の結合エネルギーの比較

3・8 配 位 結 合

金属は，非金属とは異なる形で共有結合を形成することができる．非金属の水素原子2個が共有結合を形成するときには，おのおのの原子が電子を1個ずつ提供する．金属，特に遷移金属イオンは，適当な非金属から2個の電子を受取ることによって，共有結合を形成する．提供される電子は，窒素，酸素，硫黄などの元素の孤立電子対である．電子対を提供する化合物は，**配位子**（リガンド，ligand）とよばれる．生体内の配位子は，ヒスチジンなどの五員環に含まれる窒素原子（14・2節），グルタミン酸のカルボン酸の酸素原子などである．遷移金属イオンは原子価殻内に利用することができる空の軌道をもっているため，電子対を受取ることができる．通常は，配位子から4個または6個の電子対が提供される．これらの電子によって原子価殻の軌道が完全に満たされることも多く，金属イオンは満たされた外殻と電子配置をもった安定な構造となる．このようにして形成された共有結合は**配位結合**（coordination bond）とよばれる（14・2節も参照）．

> 金属は空の軌道に非金属からの電子を受取り，配位結合を形成する．

膨大な数の生体分子の中で少数の分子だけが金属を含有しているが，それらは生物の生存に必須であることが多い．構造内に存在する金属イオンの役割と重要性を，ヘモグロビンと，その関連タンパク質であるミオグロビンを例に説明しよう．高等動物では，酸素は細胞の呼吸のために運搬されなければならない．ヘモグロビン中の鉄原子は，遊離の酸素と結合し，酸素を変化させることなく必要な場所に運搬し，要求に応じて提供する機能を担っている．ヘモグロビンの構造内では，2価の鉄イオン（鉄(II)，Fe^{2+}）が，堅固な平面構造をもつポルフィリン環の4個の窒素原子が配位子となって環内に固定されている．平面構造の下側に5番目の窒素配位子であるヒスチジンがあり，酸素分子は6番目の配位子として結合する（図3・11）．ヘモグロビン分子内では疎水性環境によって保護される

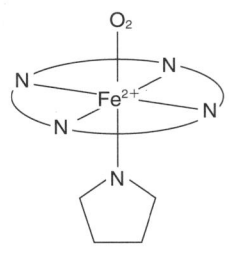

図3・11 酸素が，ヘモグロビン分子中の2価の鉄イオンに配位し八面体構造となる

ため，2価の鉄イオンはそれ自体が酸化されることなく酸素と結合し，保持することができる．ヘム構造の鉄に対する酸素の結合に関しては，14・6節で詳しく述べる．

ヘモグロビン内での鉄の役割は，細胞内の過酸化水素を分解する酵素であるカタラーゼにおける鉄の役割とまったく異なる．カタラーゼでは，3価の鉄イオン（鉄(III)，Fe^{3+}）が2価の鉄イオン（鉄(II)，Fe^{2+}）に還元されているが，過酸化水素を水と酸素に変換する間に瞬時に3価の鉄イオンに再酸化される．

まとめ

イオン結合は，1個または複数の電子が金属から非金属へ完全に移動したときに形成される．金属は正電荷をもつ陽イオンとなり，非金属は負電荷をもつ陰イオンとなる．正反対の電荷をもった二つの粒子は，静電力によって強く引き合い，イオン結合を形成する．双方のイオンはともに満たされた電子殻をもち，安定である．完全な共有結合，完全なイオン結合は特殊である．共有結合を構築している電子対が，二原子間で不均等に分布しているほうが一般的である．イオン結合でも完全な電子移動は起こらないことが多い．その結果，結合を介した電荷分離が生じ，極性をもった結合となる．電気陰性度の違いが分極の方向を決める．水素原子が電気陰性度の大きな他の元素と結合すると，特殊な性質をもつ．水素原子はわずかに正の電荷を帯び，他の分子の電気陰性度が高い原子と引きつけ合い，弱い水素結合を形成する．極性結合をもつ他の分子も，ごく弱い静電力で互いに引き合う．これが双極子-双極子間の相互作用である．分子内の非極性基は，ファンデルワールス力によって非常に弱く引き合う．疎水性基は，巨大な分子の中で疎水効果によって集まる．疎水効果は，溶液中，特に水中で，分子が折りたたまれたり，整然とした構造になるときに生じる乱雑さの変化によって生ずる．遷移金属は，いくつかの生物活性がある分子に含まれる．遷移金属はいくつかの配位結合によって固定され，代謝過程で特別な役割を担っている．

章末問題

問 3・8 塩化マグネシウム（$MgCl_2$）は生物にとっての溶存マグネシウム源である．
 a）外殻の電子構造図を使って，この化合物のイオン結合がどのように形成されるかを示せ．
 b）マグネシウムと塩素のおのおのについて，原子，イオンにおける陽子と電子の数を書け．

問 3・9 極性結合，a）リン-酸素，b）炭素-酸素，c）炭素-塩素，において，
 （i）電気陰性度の違いを求めよ（表3・2）．
 （ii）どの結合が最も極性か．
 （iii）結合の分子式上に部分正電荷，部分負電荷を書き，分極の方向を示せ．

問 3・10 アミノ酸のセリンは，さまざまな水素結合を形成しうる．

$$H_2NCHCOOH$$
$$|$$
$$CH_2OH$$

構造式を用いてセリン2分子間で起こる以下の水素結合を示せ．
 a）C=O···H−O
 b）O−H···O−H
 c）C=O···H−N
 d）N−H···N

問 3・11 水素結合を形成している生体巨大分子の例を二つあげ，水素結合がこれらの分子の構造構築にどのように重要かを述べよ．

問 3・12 炭素-水素結合では，原子間での電気陰性度の違いがわずか0.4であり，ほぼ非極性である．アルキル基（炭素と水素だけを含む基）間の引力を説明するために，どのような弱い力が考えられるか．その力がどのようにアルキル基を互いに引き合わせているかを説明せよ．

問 3・13 次の記述を説明せよ．
"疎水効果は結合性の効果ではないが，タンパク質分子の非結合性の領域を集合させて，構造を安定化している．"

問 3・14 a）どのような種類の元素が配位結合に関与するか．
 b）普通の共有結合と比べて，配位結合はどう異なるのか．
 c）ヘモグロビン分子における，配位結合の機能と重要性について述べよ．

4 化学反応

4・1 序

　生化学反応および化学反応は生物に必須である．たとえば，デンプンやタンパク質などの複雑な分子は，より単純な分子に分解される．単純な分子は，さらなる生化学反応によって消費されて，エネルギーを産生するか，生物の成長，修復，生殖に必要な複雑な分子を構築するための構造単位として用いられる．実際，すべての代謝過程に生化学反応や化学反応が関与しているので，生物を理解するためには，これらの反応がどのように進行するかを理解する必要がある．

4・2 反応速度

　生化学反応の速度はさまざまである．筋肉の収縮などの生化学反応は数千分の1秒で起こるが，木材の酵素による分解は完了するまでに数年から数十年もかかる．生物にとって，反応速度は非常に重要である．生物の代謝過程が順調に進行するためには，反応が常に最適な速度で進行する必要がある．

> 化学反応の速度はさまざまである．
> 生物では酵素が反応速度を制御している．

4・3 反応速度に影響する要因

　分子間の反応は，分子が衝突したときに起こる．衝突のエネルギーが十分に大きいと，結合が開裂し，異なる配置へと変換される．もともと存在し，反応に参加する分子は**反応物**（reactant）とよばれる．反応が起こった後に生成する分子は，**生成物**（product）とよばれる．

> 化学反応は分子が衝突したときに起こる．

　反応速度の制御には，以下の三つの因子が重要である．

  1) **温　度**　温度は分子が動く速度に影響する．温度が高くなると分子の平均速度は速くなる．すなわち温度が上がるにつれて，分子はより激しく衝突する．その結果，反応が起こる可能性が増大する．これらに関しては16章で詳しく述べる．

> 温度が上がると，反応速度も常に速くなる．

  2) **触　媒**　触媒とは，反応後にそれ自体は化学的に変化することはないが，反応速度を上げる（ときには下げる）物質である．生体系における触媒は**酵素**（enzyme）である．生体におけるすべての反応は酵素によって制御される．これらに関しては16章で詳しく述べる．

  3) **濃　度**　混合物の中で反応物の濃度が増大すると，特定の時間内に衝突する分子の数は増える．衝突回数の増加は，反応速度の上昇をもたらす．この章では，反応速度を決めている濃度の役割について学ぶ．

> 反応物の濃度が上がると，反応速度も上がる．

4・4 反応速度式

　以下に示す反応がある．

$$A + B \longrightarrow C + D$$

AとBを**反応物**とよび，CとDを**生成物**とよぶ．一定の温度で，決まった量の触媒が存在するとき，反応の最初の速度は以下の式となる．

$$\text{反応速度} = -k[A]^x[B]^y \quad (4 \cdot 1)$$

ここで，kは**速度定数**（rate constant）とよばれる定数であり，$[A]$，$[B]$は反応物AとBの濃度（mol dm^{-3}）である．濃度上昇に伴う反応速度の変化から，xとyの値が定まる．累乗の指数xとyは反応物AとBおのおのの**反応次数**（order of reaction）とよばれる．反応次数はたいてい0, 1, 2などの整数になる．**全反応次数**（overall order of reaction）は$x+y$で与えられる．(4・1)式の"反応速度"は反応物（A，

B）の濃度が変化していく速度を表しており，時間が経過するのに伴ってこれらの濃度は減少するため，マイナスの符号がつく．

> 反応速度式は，反応速度が反応物の濃度にどのように依存するかを示している．

4・5 積分形式の反応速度式

速度定数とある時間における反応物の濃度が与えられると，反応速度式（(4・1)式，微分形式による反応速度式とよばれる）を用いて，その時間における反応速度を計算することができる．しかし，反応物の濃度は簡単に測定することができるが，速度定数を知ることはできないことが多いため，このままでは反応速度を算出できない．ところが微積分法を用いると，速度定数の算出が可能な積分形式の反応速度式に変換できる．こうした知識を生かせば，反応物の濃度が既知であるときの反応速度を算出したり，ある程度反応が進行した後に残った反応物の濃度を算出することができる．

積分式の形は反応の次数によって変わる．次節からは，積分形式の反応速度式からグラフを用いて速度定数を算出する方法を説明する．

> グラフを利用すると反応次数を決めることができる．

4・6 ゼロ次反応

(4・1)式で，反応物の濃度にかかる指数（x, y）がともにゼロの場合，ゼロ次反応という．指数がゼロの数はすべて1である．すなわちこの場合，反応速度は反応物の濃度にまったく依存しない．このような反応の速度式は，以下のようになる．

$$\text{反応速度} = -k \quad (4・2)$$

> ゼロ次反応の速度は，反応物の濃度に依存しない．

ゼロ次反応は一般に触媒が関与している反応においてみられる．反応物の濃度が大きい場合，触媒は可能な最大速度で反応させる，すなわち反応物1分子と触媒が相互作用して反応するとすぐに，別の分子が入れ替わる．しかし触媒は最大速度で反応しているため，反応物の濃度を増大させても反応速度は速くならない．

このような状態の触媒は飽和している（saturated），という．

4・7 積分形式のゼロ次反応速度式

反応物が一つの場合のゼロ次反応速度式（4・2）を積分すると，

$$[A]_t = [A]_0 - kt \quad (4・3)$$

となる．ここで $[A]_0, [A]_t$ はそれぞれ，反応開始時および，時間 t が経過した時点での A の濃度である．

積分形式の反応速度式は通常，反応の速度定数を算出する際に用いる．もしも何かしらの方法（たとえば特定の時間ごとに試料を解析する）で A の濃度を追跡できるのなら，時間 t に対する $[A]_t$ をプロットできる．グラフは，傾きが $-k$，y 切片が $[A]_0$ の直線となる（図4・1）．

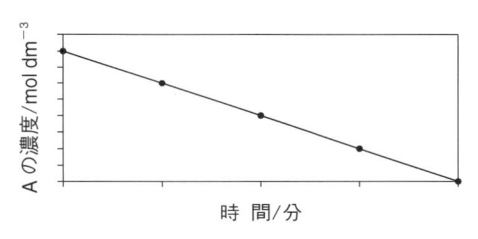

図 4・1 ゼロ次反応の，時間に対する[A]のグラフ

> 反応速度式を積分することにより，速度定数が決まる．

4・8 一次反応

(4・1)式で $x=1$, $y=0$ の場合，$x+y=1$ となり，これを一次反応という．この反応では，反応速度は1種類の反応物の濃度だけに依存する．複数の反応物が反応に関与していても，1種類のみが反応速度に影響する．このような反応の速度式は，

$$\text{反応速度} = -k[A] \quad (4・4)$$

となる．

> 一次反応の速度は，1種類の反応物の濃度にのみ依存する．

反応は A に関しては一次であり，他の反応物に対してはゼロ次である．すなわち，反応全体でも一次である．

A の濃度が変化するのに伴って反応速度も変化す

る．たとえば，Aの濃度 $[A]_1$ を2倍にした $[A]_2$，すなわち，

$$[A]_2 = 2[A]_1$$

では，反応速度は，

$$\begin{aligned}反応速度 &= k[A]_2 \\ &= 2k[A]_1\end{aligned}$$

となる．すなわち，Aの濃度を2倍にすると反応速度も2倍となる．

4・9 積分形式の一次反応速度式

反応が進行していくと，Aは消費され，濃度は減少していく．すなわち，反応が進行するのに伴って反応速度は遅くなる．反応が進行している間のある時間におけるAの濃度は，以下の積分形式の速度式によって表される．

$$\ln[A]_t = \ln[A]_0 - kt \quad (4 \cdot 5)$$

ここで ln は自然対数を表し，$[A]_0$, $[A]_t$ はそれぞれ反応開始時，および時間 t が経過した時点でのAの濃度である．

この場合，時間 t に対して $\ln[A]_t$ をプロットすると，傾き $-k$，切片 $\ln[A]_0$ の直線となる（図4・2）．

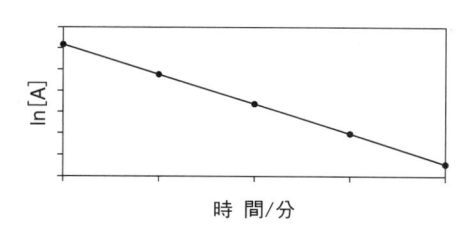

図4・2 一次反応の，時間に対する ln[A] のグラフ

4・10 二次反応

二次反応には以下に記すように二つのタイプがある．

> 二次反応の速度は，1種類または2種類の反応物の濃度に依存する．

4・10・1 タイプ1

反応速度が1種類の反応物質の濃度だけに依存する場合，速度式は，

$$反応速度 = -k[A]^2 \quad (4 \cdot 6)$$

となる．Aの濃度が変わると反応速度が変わるが，一次反応のときとは異なった形となる．たとえば，Aの濃度 $[A]_1$ を2倍にした $[A]_2$，すなわち，

$$[A]_2 = 2[A]_1$$

では，反応速度は，

$$\begin{aligned}反応速度 &= -k[A]_2^2 \\ &= -k(2[A]_1)^2 \\ &= -4k[A]_1\end{aligned}$$

となる．すなわち，Aの濃度を2倍にすると反応速度は4倍となる．

4・10・2 タイプ2

反応速度が2種類の反応物の濃度に依存する場合，速度式は，

$$反応速度 = -k[A][B] \quad (4 \cdot 7)$$

となる．この場合，AもしくはBの濃度が2倍になると，反応速度も2倍となる．両方の濃度が2倍になると，反応速度は4倍となる．

4・11 積分形式の二次反応速度式
4・11・1 タイプ1の場合

(4・6)式を積分すると，

$$\frac{1}{[A]_t} = \frac{1}{[A]_0} + kt \quad (4 \cdot 8)$$

ここで $[A]_0$, $[A]_t$ はそれぞれ，反応開始時および時間 t が経過した時点でのAの濃度である．

時間 t に対して $1/[A]_t$ をプロットすると，傾き k，切片 $1/[A]_0$ の直線となる（図4・3）．

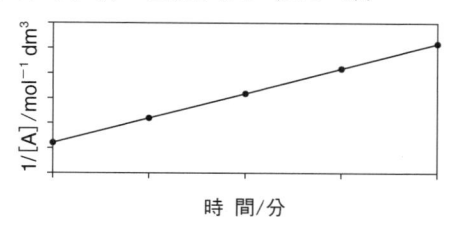

図4・3 二次反応（タイプ1）の，時間に対する 1/[A] のグラフ

4・11・2 タイプ2の場合

(4・7)式を積分すると，

$$\frac{1}{[A]_0-[B]_0}\ln\frac{[B]_0[A]_t}{[A]_0[B]_t} = kt \quad (4\cdot 9)$$

となる．ここで $[A]_0$, $[B]_0$ は反応開始時の A と B の濃度，$[A]_t$, $[B]_t$ はそれぞれ時間 t が経過した時点での濃度である．この式から傾き k の直線を得るためには，式の左辺を時間 t に対してプロットしなければならない（図 4・3）．そのためには $[A]_t$ と $[B]_t$ の両方を知る必要がある．しかし 2 種類の反応物の濃度を同時に測定することは難しいため，別の方法がとられる．

4・12 擬一次反応

速度が複数の反応物に依存する反応では，擬一次反応を用いて，反応速度を算出することがある．これは，タイプ 2 の二次反応において，1 種類の反応物の濃度を過剰量用いた場合である．反応物 B の濃度が，反応物 A の濃度よりもずっと高いとする．このような場合，A のすべてが反応しても B の濃度はほとんど変化しない．

> 二次反応は，1 種類の反応物の濃度を過剰にして擬一次反応とすることができる．

(4・7)式において，

$$反応速度 = -k[A][B]$$

B が大過剰であり，反応が進行している間，その濃度がほとんど変化しないと，$[B]$ は基本的に一定である（すなわち，$[B]_0 = [B]_t$）．反応速度は以下のように書ける．

$$反応速度 = -C[A]$$

ここで新たな定数 C は $C=k[B]$ である．式は一次反応の式と同じ形となる．同様に積分できて，

$$\ln[A]_t = \ln[A]_0 - Ct \quad (4\cdot 10)$$

となり，時間 t に対する $\ln[A]_t$ のグラフは，傾き $-C=-k[B]_0$ の直線となるので，B のもともとの濃度から k を算出することができる．

例題 4・1

一定の温度，酵素濃度での反応物 A と B の反応で，表の結果が得られた．
a) おのおのの反応物の次数を述べよ．
b) 反応全体での次数を述べよ．

$[A]/$ mmol dm^{-3}	$[B]/$ mmol dm^{-3}	反応速度/ mmol dm^{-3} min^{-1}
0.2	0.2	1.0×10^{-3}
0.4	0.2	2.0×10^{-3}
0.4	0.4	8.0×10^{-3}

◆ 解 答 ◆
a) B の濃度を固定して，A の濃度を 2 倍にすると反応速度は 2 倍となることから，速度は A の濃度に比例する（すなわち速度は $[A]^1$ により変化する）．したがって，A に関して反応は一次である．A の濃度を固定して，B の濃度を 2 倍にすると反応速度には 4 倍の増大がみられる．よって速度は B の濃度の 2 乗に比例する（すなわち速度は $[B]^2$ により変化する）．したがって，B に関して反応は二次である．
b) 1+2=3 であるため，反応は全体では三次である．

問 4・1

補酵素 A (CoA) は，チオール誘導体 CoASH と塩化アセチルとの反応によって生成する．特定の条件下では，以下の結果が得られた．

[CoASH]/ mmol dm^{-3}	[塩化アセチル]/ mmol dm^{-3}	反応速度/ mmol dm^{-3} min^{-1}
0.01	0.1	3.4×10^{-3}
0.03	0.1	10.2×10^{-3}
0.01	0.2	6.8×10^{-3}

a) おのおのの反応物の反応次数を述べよ．
b) 反応全体での次数を述べよ．

4・13 可逆反応

これまで述べてきた反応は一方向性（すなわち，反応物が生成物になるという方向のみ）であった．しかし多くの場合，反応の生成物も反応して再び反応物を生成する．このような反応は**可逆である**（reversible）といわれ，2 本の矢印で書き表される．

$$A + B \rightleftharpoons C + D$$

4・14 平　衡

反応物 A と反応物 B を混ぜて反応を始めると，C

とDが生成し始める．最初はCとDがまったく生成していないため，順方向の反応だけが起こるが，CとDが増えていくとそれらも反応し始め，AとBが生成する．AとBが反応するにつれて，それらの濃度は減少し，順方向の反応速度が遅くなる．逆にCとDが生成するとそれらの濃度は増大し，逆方向の反応速度が増大する．こうした過程は順方向と逆方向の反応速度が等しくなるまで続く．速度が等しくなった状態は，反応が**平衡**（equilibrium）である，といわれる．AとBは反応してCとDを生成し続けるが，CとDも同じ速度で反応してAとBを生成している．

順方向の反応速度(f)は，以下の速度式によって与えられる．

$$\text{反応速度(f)} = k_f[A][B]$$

ここで，k_f は順方向の反応速度定数，[A]と[B]はそれぞれAとBの濃度である．

逆方向の反応速度(b)は同様の速度式によって与えられる．

$$\text{反応速度(b)} = k_b[C][D]$$

ここで，k_b は逆方向の反応速度定数，[C]と[D]はそれぞれCとDおのおのの濃度である．

反応が平衡に達すると，順方向と逆方向の反応速度が等しくなる．

$$k_f[A][B] = k_b[C][D]$$

これを変形させると，

$$\frac{k_f}{k_b} = \frac{[C][D]}{[A][B]} \quad (4\cdot 11)$$

となる．この式の左辺は2個の速度定数，すなわち2個の定数からなるため一定である．この左辺の定数と右辺が等しいため，右辺も一定でなければならない．この定数は**平衡定数**（equilibrium constant）K_{eq} とよばれる．

$$K_{eq} = \frac{[k]_f}{[k]_b} = \frac{[C][D]}{[A][B]} \quad (4\cdot 12)$$

大文字 K は平衡定数に用いられ，小文字 k は速度定数に用いられることに注意しよう．

平衡定数が大きくなると反応は順方向側へ進む．平衡定数が50以上になると，平衡は大きく右側に傾き，反応は完了したといえる．平衡定数が0.02以下になると，平衡は大きく左側に傾き，反応は進行していないといえる．

例題 4・2

アデノシン二リン酸（ADP）は無機リン酸（P_i）と反応して，以下の式のようにアデノシン三リン酸（ATP）を生成する．

$$ADP + P_i \rightleftharpoons ATP$$

ある条件で，細胞質内でのADP, P_i, ATPの濃度がそれぞれ，4.2×10^{-3} mol dm^{-3}, 6.8×10^{-3} mol dm^{-3}, 1.85×10^{-11} mol dm^{-3} であった．
a) この反応の平衡定数 K_{eq} を表す式を書け．
b) 反応の平衡定数を計算せよ．

◆解答◆
a) 平衡定数 K_{eq} は，生成物の濃度を反応物の濃度で割った，以下の式で与えられる．

$$K_{eq} = \frac{[ATP]}{[ADP][P_i]}$$

b) 反応物および生成物の濃度の値を式に代入する．

$$K_{eq} = \frac{1.85\times 10^{-11}\ \text{mol dm}^{-3}}{4.2\times 10^{-3}\ \text{mol dm}^{-3}\times 6.8\times 10^{-3}\ \text{mol dm}^{-3}}$$
$$= 6.47\times 10^{-7}\ \text{mol}^{-1}\ \text{dm}^3$$

この数値は非常に小さいことから平衡は大きく左側に傾いており，実際にはATPはほとんど生成していない．

問 4・2

グルコース 1-リン酸（G1P）は，以下の式に示すように，酵素であるホスホグルコムターゼによってグルコース 6-リン酸（G6P）に変換される．

$$G1P \rightleftharpoons G6P$$

平衡状態ではG1Pの濃度は 3.0×10^{-3} mol dm^{-3}，G6Pの濃度は 5.8×10^{-2} mol dm^{-3} となる．
a) この反応の平衡定数を表す式を書け．
b) 反応の平衡定数を計算せよ．

例題 4・3

水の自己解離は，

$$H_2O \rightleftharpoons H^+ + OH^-$$

となる．順方向の反応の速度定数 k_f は 2.43×10^{-5} s^{-1} であり，逆方向の速度定数 k_b は 1.35×10^{11}

4. 化学反応

$mol^{-1}\,dm^3\,s^{-1}$ である.

a) 平衡定数 K_{eq} の式を書け.
b) この反応の平衡定数を計算せよ.

◆ 解答 ◆

a) 答は以下の式である.

$$K_{eq} = \frac{k_f}{k_b}$$

b) 速度定数の値を式に代入する.

$$K_{eq} = \frac{2.43 \times 10^{-5}\,s^{-1}}{1.35 \times 10^{11}\,mol^{-1}\,dm^3\,s^{-1}}$$
$$= 1.8 \times 10^{-16}\,mol\,dm^{-3}$$

この数字もまた非常に小さいことから，平衡は大きく左側に傾いている．平衡状態では，ほんのわずかの水素イオン，水酸化物イオンしか存在しない．

問 4・3

補酵素 NADH は，アルコールデヒドロゲナーゼ（alcohol dehydrogenase, ADH）と以下の式のように会合する．

$$NADH + ADH \rightleftharpoons NADH\text{-}ADH$$

この反応の順方向の速度定数 k_b は 1.3×10^7 $mol^{-1}\,dm^3\,s^{-1}$ であり，逆方向の速度定数 k_f は 3.2 s^{-1} である．

a) 平衡定数 K_{eq} の式を書け．
b) この会合反応の平衡定数を計算せよ．

まとめ

生化学反応の速度は，1種類もしくは複数の反応物の濃度に依存することが多い．微分形式の速度式はこの依存性を表現している．積分形式の速度式によって，速度定数，反応の次数を求めることができる．

反応が可逆なものもある．可逆反応は完了せず，順方向と逆方向の反応速度が等しくなった平衡に達する．反応が，どれだけ進行したかは平衡定数によって表される．

もっと深く学ぶための参考書

Price, N.C. et al. (2001) *Principles and Problems in Physical Chemistry for Biochemists*, Ch. 9, 3rd ed., Oxford University Press, Oxford.

章末問題

問 4・4 2種類の反応物，A と B が関与する反応で，以下の結果が得られた．

[A]/ mmol dm^{-3}	[B]/ mmol dm^{-3}	反応速度/ mmol dm^{-3} min^{-1}
0.01	0.1	2.86×10^{-5}
0.01	0.2	1.14×10^{-4}
0.02	0.1	2.86×10^{-5}

a) おのおのの反応物の次数を示せ．
b) 反応全体での次数を示せ．

問 4・5 植物はグルコースをビタミン C（アスコルビン酸）へと変換する．この機構のある過程においては，グルコン酸がイオン化する．

$$\underset{\text{グルコン酸}}{C_5H_{11}O_5COOH} \rightleftharpoons \underset{\substack{\text{グルコン酸}\\\text{陰イオン}}}{C_5H_{11}COO^-} + \underset{\substack{\text{水素}\\\text{イオン}}}{H^+}$$

平衡状態では以下の濃度になる．

$$[C_5H_{11}O_5COOH] = 3.2 \times 10^{-2}\,mol\,dm^{-3}$$
$$[C_5H_{11}O_5COO^-] = 6.6 \times 10^{-4}\,mol\,dm^{-3}$$
$$[H^+] = 6.6 \times 10^{-4}\,mol\,dm^{-3}$$

a) この反応の平衡定数 K_{eq} の式を書け．
b) 平衡定数を計算せよ．

問 4・6 以下の平衡反応，

$$A \rightleftharpoons B$$

で，順方向の反応速度定数は $7.2 \times 10^{-3}\,s^{-1}$，逆方向の反応速度定数は $2.2 \times 10^{-5}\,s^{-1}$ である．この反応の平衡定数を算出せよ．

5 水

5・1 序

水はすべての生物に必須である．通常の細胞の75〜95％は水である．水は，すべての生化学反応が起こる媒体であり，その独特な性質は生体機能において非常に大きな役割を果たしている．この章では，生命を維持させている水のさまざまな性質について学ぶ．

> 水がもつ独特な性質は生物に不可欠である．

5・2 水分子

水の性質を決めているのは，水分子の構造である．その構造を図5・1に示す．図に示したように，二つの水素原子のおのおのが，一つの酸素原子に共有結合した構造をもつ．酸素原子は水素原子との結合に関与していない2組の孤立電子対ももっている．水分子は折れ曲がった構造をとり，二つの水素原子がなす角度は約105°である．水の独特の性質は，電子と水素原子のこうした配置によって説明できる．

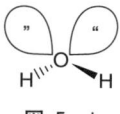

図 5・1

酸素原子と水素原子間の結合は，二つの原子の電気陰性度の違いにより，水素原子が正に，酸素原子が負に分極している．ある水分子の正に分極した水素原子は，別の水分子の負に分極した酸素原子を引きつける．こうして生じた強い双極子−双極子相互作用は，二つの水分子の間の**水素結合**（hydrogen bond）として知られている（図5・2）．水素結合は，氷および液体の水において，水分子同士を接近させた状態で固定している．

5・3 氷

氷の中の水分子は，隣り合う分子との間の水素結合により非常に規則正しい構造をとっている．図5・3に氷の結晶の部分構造を示す．八つの水分子がかご状の構造を形成している．氷は，この構造がすべての方向に何万何億も連なって形成されている．

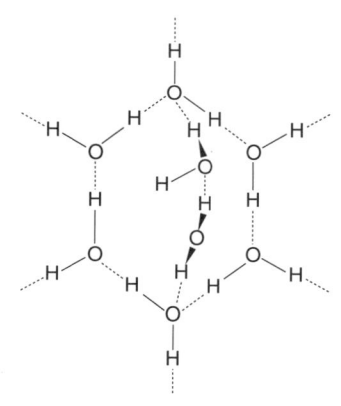

図 5・3 氷の構造

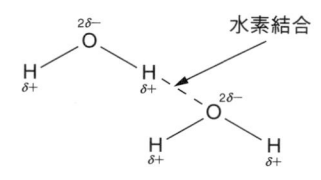

図 5・2 二つの水分子間の水素結合

5・4 水

氷は溶けると水になり，規則正しいかご状の氷の構造は壊れる．そのため，水分子は，固体よりも液体のほうがより近くに集まることができ，その結果，水は氷より密度が大きくなる．ほとんどの元素や化合物では，液体での密度が固体状態よりも小さいので，これは非常に特異な性質である．このことは生物圏においても大きな意味をもつ．すなわち，固体の氷が液体の水の上に浮くことになるため，水は**上方**から凍ることになる．氷の層は，水がさらに冷やされることを防

ぎ，生物が液体の水中で生きる手助けになる．
　液体の水分子も互いに水素結合を形成しているが，氷では隣り合う水分子と堅固な構造を形成しているのに対して，水中では水素結合の相手を自由に変えている．どの瞬間でも，水分子は近傍に存在する最大4分子と水素結合を形成していて，次の瞬間には，別の4分子と水素結合を形成する．
　水がもつもう一つの特異な性質"高沸点"は，水分子が隣り合う分子と水素結合を形成する能力による．水はとても小さくて軽い分子である．類似の重さの分子やもっと重い分子は室温では気体である．たとえば，アンモニア（NH_3），硫化水素（H_2S）は，室温ではともに気体である．水分子間の強い水素結合は，互いをつなぎ止め，100 °Cまで液体状態を保たせる．

5・5 溶　液

　水分子の極性と，水素結合を形成する性質によって，さまざまな物質を溶液内に保持できる．このとき，溶けている物質は**溶質**（solute）とよばれ，溶かしている物質は**溶媒**（solvent）とよばれる．
　水はイオン性の固体を，極性が高い水分子が形成するかご内に閉じ込めることによって，溶解させる．図5・4にこの状態を示す．陽イオン（カチオン）は負に分極した酸素原子によって水分子と結合し，陰イオン（アニオン）は正に分極した水素原子と結合する．水分子はイオンと結合し，イオンを取囲み，隔離して，水中に分散させている．

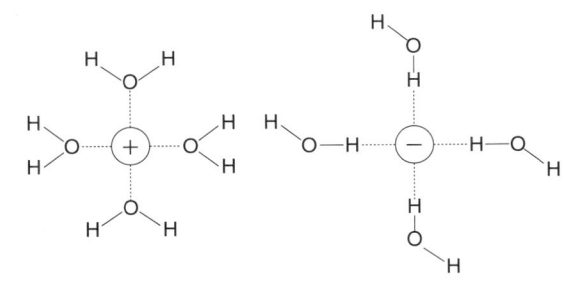

図5・4　水分子は陽イオン，陰イオンの両方を溶解する

　非イオン性の物質も水に溶け，水素結合の形成に関与する．アルコール，アミン，カルボン酸，糖などの多くの生体分子が，典型的な例である（7章参照）．これらの化合物はO–H結合もしくは，水のO–H結合と類似しているN–H結合をもっている．例としてアルコールと水分子の水素結合を図5・5に示す．

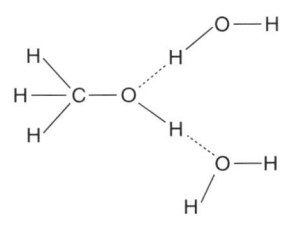

図5・5　アルコール分子と水分子との間の水素結合

　水分子がイオンもしくは極性物質のどちらと相互作用していようとも，結合に関与していない側の原子で他の水分子と水素結合することが可能である．その結果，水中に溶けている物質は水分子の殻に覆われ，その中で水分子は物質と直接結合するか，もしくは物質と結合している水分子と結合している．こうした水分子の殻は，物質の**水和層**（hydration sphere）とよばれる．個々の水分子は，この層に絶えず出入りしているが，イオンや物質は常に水分子に囲まれたままである．

5・6　モルの概念

　溶液の濃度は，1 L当たりの質量（g）や，1 m^3 当たりの質量（kg）などのさまざまな単位によって表される．しかし化学的な目的において，最も一般的かつ有用な単位は，1 L当たり，または1 cm^3 当たりの物質量（mol）である．なお，1 Lは1 dm^3 と等しい．
　molは物質の存在量を示す単位である．ある物質1 molの分子の数は，別の物質1 molの分子の数と等しい．1 molの分子の数は，この概念を最初に提唱した化学者の名をとり，**アボガドロ数**（Avogadro's number）とよばれる．アボガドロ数は，1 mol当たり6.022×10^{23}，すなわち，602,200,000,000,000,000,000,000であり，大変大きな数である．
　1 molの物質の質量は，グラムで表したモル質量となる．特定の質量のある物質の物質量は，次の式によって計算できる．

$$\text{物質量(mol)} = \frac{\text{物質の質量(g)}}{\text{モル質量}}$$

> 1 molの物質はアボガドロ数の分子を含む．
> 1 molの物質はモル質量をgで表した質量をもつ．

5・7　モル質量の計算

　物質のモル質量は，分子内に含まれる原子の原子量

（相対原子質量）を足し合わせることにより算出される．原子量は表1・5に記載されている．

例題5・1

水の分子式は H_2O である．モル質量を計算せよ．

◆解 答◆

分子式は水分子が2個の水素原子と，1個の酸素原子からなることを示している．おのおのの水素原子の原子量は1，酸素原子の原子量は16である．

すなわち水のモル質量は，$1+1+16=18\,g\,mol^{-1}$ と算出される．

例題5・2

水のモル質量は $18\,g\,mol^{-1}$ である．
a) 100 g の水は何 mol になるか．
b) それは何個の水分子になるか．

◆解 答◆

a) 答は以下の式で得られる．

$$物質量(mol) = \frac{物質の質量(g)}{モル質量}$$

$$= \frac{100}{18}$$

$$= 5.56\,mol$$

b) 1 mol の水はアボガドロ数の水分子を含む．すなわち 5.56 mol はアボガドロ数の 5.56 倍，つまり，$5.56 \times 6.022 \times 10^{23} = 3.35 \times 10^{24}$ 個の水分子となる．

問5・1

グルコースの分子式は $C_6H_{12}O_6$ である．モル質量を算出せよ．ただし，炭素，水素，酸素の原子量はおのおの，12，1，16 である．

問5・2

グルコースのモル質量は $180\,g\,mol^{-1}$ である．
a) 100 g のグルコースは何 mol になるか．
b) それは何個のグルコース分子になるか．

5・8 モル濃度

溶液の濃度は通常，1 L 当たりの物質量，$mol\,dm^{-3}$ で表される．この単位は通常，溶液のモル濃度（molarity）とよばれる．$1\,mol\,dm^{-3}$（1 M）の溶液は 1 L（$1\,dm^3$）の溶液に 1 mol の溶質を含む．このような濃度で表すと，異なる溶液の特定の体積中に含まれる分子の数を直接比較することが可能となる．

> 1 リットル (L) = 1 立方デシメートル (dm^3)

例題5・3

フルクトース 2.5 g を水 $100\,cm^3$ に溶かして溶液を調製する．調製した溶液のモル濃度を計算せよ．

◆解 答◆

フルクトースのモル質量 = $180\,g\,mol^{-1}$
溶液中のフルクトースの物質量

$$= \frac{2.5}{180} = 0.0139\,mol のフルクトース$$

この物質量が $100\,cm^3$ の溶液中に存在する．すなわち，

$1\,cm^3$ の溶液当たり $\frac{0.0139}{100}$

$= 0.000139\,mol$ のフルクトース

$1\,L = 1000\,cm^3$ なので，1 L の溶液には，

$0.000139 \times 1000\,mol$ のフルクトース

$= 0.139\,mol\,dm^{-3}$

溶液のモル濃度 = 0.139 M

例題5・4

ある実験を行うために，0.1 M 塩化ナトリウム（NaCl）溶液 $250\,cm^3$ を調製する必要がある．何 g の塩化ナトリウムを量り取る必要があるかを計算せよ．ナトリウムと塩素の原子量はおのおのの 23 と 35.5 である．

◆解 答◆

塩化ナトリウムのモル質量は，

$$23 + 35.5 = 58.5\,g\,mol^{-1}$$

1 M 塩化ナトリウム溶液 1 L に含まれるのは，

$$58.5\,g\,NaCl$$

0.1 M 塩化ナトリウム溶液 1 L に含まれるのは，

$$58.5 \times 0.1\,g\,NaCl = 5.85\,g\,NaCl$$

この溶液 1 cm³ に含まれるのは，

$$\frac{5.85}{1000} \text{ g NaCl} = 0.00585 \text{ g NaCl}$$

この溶液 250 cm³ に含まれるのは，

$$0.00585 \times 250 \text{ g NaCl} = 1.4625 \text{ g NaCl}$$

すなわち，0.1 M 塩化ナトリウム溶液 250 cm³ を調製するためには，塩化ナトリウム 1.4625 g を量り取る必要がある．

> **問 5・3**
>
> グリシン 2.75 g を 250 cm³ の水に溶かして，グリシン溶液を調製した．この溶液のモル濃度を計算せよ．グリシンのモル質量は 75.0 g mol⁻¹ である．

> **問 5・4**
>
> 100 cm³ の 0.5 M 酢酸ナトリウム（エタン酸ナトリウム）溶液を調製するとき，何 g の酢酸ナトリウムを量り取る必要があるかを計算せよ．酢酸ナトリウムのモル質量は 82 g mol⁻¹ である．

5・9 コロイド溶液

塩および小さな分子が水に溶けると，すべての粒子がだいたい原子サイズの寸法で存在する均一の溶液となる．これに対し，非常に大きな分子や小さな分子の凝集体が水中に溶けると，**コロイド溶液**（colloidal solution）とよばれる状態になる．典型的な例は，タンパク質などの生体高分子の溶液である．コロイド粒子は，水と溶媒和できる極性基を外側の表面に露出した状態で溶けている．粒子の内部には，水との相互作用から遮断された非極性基が存在する．

> コロイド溶液は，分子，もしくは分子の凝集体が原子サイズよりもはるかに大きいときに形成される．

同様の機構により，脂肪や油などの通常は水に溶けない物質でも，油滴の表面を極性基で覆うことによって水に溶かすことができる．このとき，極性基を提供する分子は，**界面活性剤**（surface active agent もしくは surfactant）とよばれ，セッケンや洗剤が例としてあげられる．界面活性剤は，末端に極性基をもち，もう一方の末端は炭化水素鎖である（図 5・6）．界面活性剤分子は，油滴の表面に集まり，そして極性基に

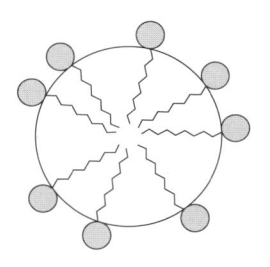

図 5・6 界面活性剤の炭化水素鎖（〰）は脂質の油滴と溶け合い，極性基（◯）は水と溶け合う

よって水に溶ける．そのため，油滴は水中に分散する．

コロイド溶液と通常の溶液とは異なった性質をもち，それは生体機構においても重要となる．これらのことは後の章で述べる．

5・10 拡散と浸透

過マンガン酸カリウムの結晶を水が入ったビーカーに加えると，撹拌しなくても溶け始め，次第に紫色の溶液となる．最初は，結晶の周辺のみが紫色になるが，時間が経つにつれて水全体が紫色に染まるまで広がっていく．こうした現象は**拡散**（diffusion）とよばれている．拡散は，結晶から生成する色をもったイオンが水中を自由に動き，互いに，もしくは水分子と衝突するために起こる．結晶の近くではイオンの濃度が最も高く，結晶から離れると最初はほとんどイオンが存在しない．これは**濃度勾配**（concentration gradient）とよばれる．濃度が高い領域には多くのイオンが存在し，そのイオンは濃度が低い領域に動く．すなわち，イオンが流出するにつれて濃度が高い領域の濃度は下がり，イオンが流入するにつれて濃度が低い領域の濃度は増大する．こうして，すべての場所での濃度が均一になる．

> 拡散によって分子は高濃度の領域から低濃度の領域に移動する．
> 分子は濃度勾配に沿って動く．

拡散は，生物がさまざまな分子を取込む過程で重要となる．二酸化炭素は，大気からの拡散によって植物の葉に供給される．二酸化炭素は葉における光合成に使われるので，葉の中の二酸化炭素濃度は大気の濃度よりも低下する．こうして濃度勾配ができると，二酸化炭素はその勾配に沿って流れていく．光合成の副生成物は酸素である．葉の中の酸素濃度は大気よりも高くなるため，葉から外に拡散し，放出される．同様に

植物の根は，土中の水を介して栄養素を拡散によって土から取込む．

しかし，生物は拡散を制御する機構も必要としている．生細胞は細胞内の分子の濃度を適切な範囲に維持しなければならない．その濃度範囲は細胞外よりも高いこともあれば，低いこともある．いずれの場合においても細胞は拡散を防ぐ機構を必要とする．

細胞が拡散を防ぐための手段の一つは，浸透を利用することである．これは，細胞膜に代表される**半透膜** (semipermeable membrane) で起こる現象である．半透膜は，特定の大きさよりも小さな分子は自由に透過することができる．半透膜に存在する穴の大きさは，酸素や水，グルコースなどの小さな分子が自由に通過できるくらいには十分に大きいが，タンパク質やデンプンが行き来するには小さすぎる．

細胞がその細胞内液よりも濃度が低い溶液内に置かれた場合，塩や小さな分子は濃度勾配に沿って細胞内から細胞外に放出される．その一方で，水分子の濃度は，含まれる物質の濃度が低い細胞外液のほうが細胞内液よりも高濃度になるため，水分子は細胞内に流入する．その結果，細胞内の水量は増加する．これは植物細胞が膨圧を保つうえで重要な機構である．

これに対して細胞がその内液よりも濃度が高い物質を含んだ溶液内に置かれた場合，細胞内液は水を失い，その結果，膨圧を失う．

どちらの場合においても，細胞膜の半透膜の性質によって，大きな分子は細胞内に流入することも，流出することもできない．

まとめ

水の独特の性質は生物が利用する媒体として最適である．氷の密度が水よりも小さいため，氷層は，水がさらに冷やされることを防ぎ，氷層の下で生物が生きることを可能にする．水はさまざまなイオン性物質や極性物質を溶かす．また，溶けない物質であってもコロイド溶液を形成することにより，取込むこともできる．

溶液の濃度は通常，$1\,dm^3$（L）当たりの物質量 (mol) で表す．

物質の拡散は，細胞が栄養素を取込み，不要物を排出するために重要な機構である．拡散は気体と液体のどちらでも起こる．しかし，細胞は細胞膜を介した物質の移動を制御する必要がある．そのための方法の一つは細胞膜を半透過性にして，浸透を利用することである．

もっと深く学ぶための参考書

Franks, F. (1994) *Water: A Matrix of Life*, 2nd ed., Royal Society of Chemistry, Cambridge.

章末問題

問 5・5 次の分子のモル質量を計算せよ．
a) 酸素（O_2）
b) 硝酸ナトリウム（$NaNO_3$）
c) 塩化アンモニウム（NH_4Cl）
d) エタノール（C_2H_5OH）
e) トリエチルアミン（$N(C_2H_5)_3$）
相対原子質量は，H=1, C=12, N=14, O=16, Na=23, Cl=35.5．

問 5・6 次の質量で与えられる各物質は何 mol か計算せよ．
a) 64 g の酸素ガス（O_2）
b) 8.5 g の硝酸ナトリウム（$NaNO_3$）
c) 160.5 g の塩化アンモニウム（NH_4Cl）
d) 460 g のエタノール（C_2H_5OH）
e) 5.05 g のトリエチルアミン（$N(C_2H_5)_3$）

問 5・7 次の溶液を調製するために，何 g の溶質が必要かを計算せよ．
a) 250 cm^3 の 0.1 M 硝酸ナトリウム（$NaNO_3$）
b) 50 cm^3 の 1.0 M 塩化アンモニウム（NH_4Cl）
c) 3.0 L の 0.05 M トリエチルアミン（$N(C_2H_5)_3$）
d) 500 cm^3 の 0.2 M 塩化ナトリウム（NaCl）
e) 25 cm^3 の 0.01 M プロピオン酸（C_2H_5COOH）

6 酸・塩基と緩衝液

6・1 序
生化学反応は水溶液中で起こる．多くの生体分子は水の酸性度や塩基性度に敏感である．この章では，酸や塩基という用語が何を意味しているのか，酸性度の度合はどのように測定するのか，緩衝液はどのようにして望ましい酸性度や塩基性度を保つのかについて学ぶ．

6・2 水のイオン化
水はすべてが，5章で述べたような H_2O という状態で存在しているわけではない．純粋な水では，分子約5億個当たり1個がイオン化している．

$$H_2O \rightleftharpoons H^+ + OH^-$$
　　水　　　水素イオン　水酸化物イオン

この自動イオン化の割合は小さいが，水の性質に大きな影響を与えている．

上記の反応の平衡定数は以下のようになる．

$$K_{eq} = \frac{[H^+][OH^-]}{[H_2O]}$$

水の濃度（$[H_2O]$）は大きくて純水中では一定であるため，上記の平衡定数を用いる代わりに水のイオン積 K_w を用いるのが一般的である．

$$K_w = [H^+][OH^-]$$

純水中では，

$$K_w = 10^{-14} \text{ mol}^2 \text{ dm}^{-6}$$

▶ $K_w = [H^+][OH^-] = 10^{-14}$

6・3 水素イオン
水素イオン（プロトン）はたいてい H^+ と書き表される．これは，プロトンが裸の陽子であることを示している．しかし裸の陽子は，電荷密度が高いので周りの物質から電子をすぐに奪ってしまい，通常の条件下では存在できない（裸の陽子は高真空下においてのみ存在できる）．

水中に存在するプロトンは，オキソニウムイオン H_3O^+ として表されるべきであり，水の自動イオン化は次の式で表される．

$$2\,H_2O \rightleftharpoons H_3O^+ + OH^- \quad (6 \cdot 1)$$
　　水　　　　　オキソニウム　水酸化物
　　　　　　　　イオン　　　　イオン

オキソニウムイオンは実際には，さらに水和している．

こうした事実はあるものの，通常の反応式においては H^+ と表記され，酸は"プロトン供与体"して表される（6・4節参照）．

6・4 酸と塩基
酸と塩基の定義にはさまざまなものがある．本書にとって最も有用な定義は，BrønstedとLowryによって提唱された以下の定義である．

・酸はプロトン（H^+）を与えるものである．
・塩基はプロトン（H^+）を受取るものである．

すなわち，酸は溶液中にプロトンを供給する物質であり，塩基は溶液からプロトンを受取る物質である．

6・5 強酸と強塩基
強酸および強塩基は，溶液中で完全にイオン化している．強酸は溶液中に溶けて，プロトン，すなわちオキソニウムインを生成する．

$$HCl + H_2O \longrightarrow H_3O^+ + Cl^-$$
　塩化水素　　水　　　　　オキソニウム　塩化物
　　　　　　　　　　　　　　イオン　　　　イオン

強塩基は溶液中に溶けて，水酸化物イオン（もしくは，他のプロトンを受取る種）を生み出す．

$$NaOH \longrightarrow Na^+ + OH^-$$
　水酸化　　　　ナトリウム　水酸化物
　ナトリウム　　イオン　　　イオン

OH^- はプロトン受容体として働くことができるため，有効な塩基である．

$$\text{OH}^- + \text{H}^+ \longrightarrow \text{H}_2\text{O}$$
水酸化物イオン　プロトン　水

> **問 6・1**
> 次の反応を示す式を書け.
> a) 硝酸と水の反応
> b) 水酸化カリウムと水の反応

6・6 弱酸と弱塩基

弱酸は溶液中で部分的にイオン化する.

$$\text{CH}_3\text{COOH} + \text{H}_2\text{O} \rightleftharpoons \text{H}_3\text{O}^+ + \text{CH}_3\text{COO}^- \quad (6\cdot 2)$$
酢酸　　水　　オキソニウムイオン　酢酸イオン

左から右に読むと，この式は酢酸（エタン酸）が酸であることを示している．右から左に読むと，この式は酢酸イオンが塩基であることを示している．このような相補的な酸と塩基の組合わせは，**共役** (conjugation) とよばれる．酢酸イオンは酢酸の共役塩基であり，酢酸は酢酸イオンの共役酸である．

アンモニア（NH_3）のような弱塩基においても同様である．

$$\text{NH}_3 + \text{H}_2\text{O} \rightleftharpoons \text{NH}_4^+ + \text{OH}^- \quad (6\cdot 3)$$
アンモニア　水　アンモニウムイオン　水酸化物イオン

左から右に読むと，アンモニアは水分子からプロトンを受取る塩基である．式を逆から読むと，アンモニウムイオンはプロトンを水酸化物イオンに与える酸である．すなわち，アンモニウムイオンはアンモニアの共役酸であり，アンモニアはアンモニウムイオンの共役塩基である．

(6・2)式と(6・3)式は，水が酸としても塩基としても働くことも示している．(6・2)式においては，水は酢酸からプロトンを受取る塩基である．(6・3)式においては，水はアンモニアにプロトンを与える酸である．

(6・1)式では一方の水分子が塩基として働き，もう一方が酸として働く，水の自動イオン化を示している．すなわち，水は水酸化物イオン（OH^-）の共役酸であり，オキソニウムイオン（H_3O^+）の共役塩基である．

6・7 K_a と K_b

弱酸のイオン化は次の式になる．

$$\text{HA} + \text{H}_2\text{O} \rightleftharpoons \text{H}_3\text{O}^+ + \text{A}^- \quad (6\cdot 4)$$
弱酸　水　オキソニウムイオン　共役塩基

平衡定数は以下の式となる．

$$K_{\text{eq}} = \frac{[\text{H}_3\text{O}^+][\text{A}^-]}{[\text{HA}][\text{H}_2\text{O}]}$$

しかし，水の自動イオン化の平衡式の場合と同じく，水自体の濃度は大きく，ほとんど一定であるため，除いて表現するのが一般的である．その結果，酸の解離定数 K_a は以下の式になる．

$$K_a = \frac{[\text{H}_3\text{O}^+][\text{A}^-]}{[\text{HA}]} \quad (6\cdot 5)$$

同様に弱塩基においても，

$$\text{B} + \text{H}_2\text{O} \rightleftharpoons \text{BH}^+ + \text{OH}^- \quad (6\cdot 6)$$
弱塩基　水　共役酸　水酸化物イオン

であり，塩基の解離定数 K_b は，以下の式が得られる．

$$K_b = \frac{[\text{OH}^-][\text{BH}^+]}{[\text{B}]} \quad (6\cdot 7)$$

6・8 K_a と K_b の関係

弱酸では以下の反応が起こる．

$$\text{HA} + \text{H}_2\text{O} \rightleftharpoons \text{H}_3\text{O}^+ + \text{A}^-$$
弱酸　水　オキソニウムイオン　共役塩基

K_a は以下の式になる．

$$K_a = \frac{[\text{H}_3\text{O}^+][\text{A}^-]}{[\text{HA}]}$$

酸の共役塩基は水からプロトンを受取ることができる．

$$\text{A}^- + \text{H}_2\text{O} \rightleftharpoons \text{HA} + \text{OH}^-$$
共役塩基　水　弱酸　水酸化物イオン

そして，この反応の K_b は以下の式になる．

$$K_b = \frac{[\text{HA}][\text{OH}^-]}{[\text{A}^-]}$$

弱酸とその共役塩基の解離定数を掛け合わせると，以下の式になる．

$$K_a K_b = \frac{[\text{H}_3\text{O}^+][\text{A}^-]}{[\text{HA}]} \times \frac{[\text{HA}][\text{OH}^-]}{[\text{A}^-]}$$
$$= [\text{H}_3\text{O}^+][\text{OH}^-]$$
$$= K_w \quad (6\cdot 8)$$

$$K_a K_b = K_w$$

二つの解離定数を掛け合わせると，水のイオン積 K_w（6・2節）となる．K_w は定数（$10^{-14}\,\mathrm{mol^2\,dm^{-6}}$）なので，$K_a$ が増大すると K_b は小さくなる．すなわち，酸としてより強くなると，その共役塩基は弱い塩基となる．

6・9 pH, pOH, pK_w, pK_a, pK_b

[H_3O^+] およびさまざまな平衡定数 K は，非常に幅広い値を示すため（たとえば [H_3O^+] は，一般に，10^0 から 10^{-14} になる），通常これらの値は対数で表記される．すなわち，pH は以下のように定義される．

$$\mathrm{pH} = -\log_{10}[H_3O^+] \quad (6\cdot9)$$

$$\mathrm{pH} = -\log_{10}[H_3O^+]$$

pOH は，(6・10)式のように定義される．

$$\mathrm{pOH} = -\log_{10}[OH^-] \quad (6\cdot10)$$

水のイオン積は，

$$K_w = [H_3O^+][OH^-]$$

各項を対数で表記して負の値にすると，

$$-\log_{10}K_w = -\log_{10}[H_3O^+] + (-\log_{10}[OH^-])$$

となり，以下の式が得られる．

$$\mathrm{p}K_w = \mathrm{pH} + \mathrm{pOH} = 14 \quad (6\cdot11)$$

pH は一般に 0 から 14 の範囲の値となる．同様に，pK_w，pK_a，pK_b は以下のように定義される．

$$\mathrm{p}K_w = -\log_{10}K_w = 14$$
$$\mathrm{p}K_a = -\log_{10}K_a$$
$$\mathrm{p}K_b = -\log_{10}K_b$$

また，以下の式が成り立っている．

$$K_a K_b = K_w$$

これらの関係から，次の式が導き出せる（巻末付録の導出6・1参照）．

$$\mathrm{p}K_a + \mathrm{p}K_b = \mathrm{p}K_w = 14 \quad (6\cdot12)$$

$$\mathrm{p}K_a + \mathrm{p}K_b = \mathrm{p}K_w$$

強酸は溶液中で完全にイオン化しているため，強酸溶液では，以下のようになる．

$$\mathrm{pH} = -\log_{10}C \quad (6\cdot13)$$

C は酸の濃度である．

$$\text{強酸溶液では } \mathrm{pH} = -\log_{10}C$$

強塩基溶液では以下のようになる．

$$\mathrm{pH} = \mathrm{p}K_w + \log_{10}C \quad (6\cdot14)$$

$$\text{強塩基溶液では } \mathrm{pH} = \mathrm{p}K_w + \log_{10}C$$

これらの式の導出は，巻末付録の導出6・2，導出6・3に掲載されている．

例題 6・1

$0.05\,\mathrm{mol\,dm^{-3}}$ の強酸である塩酸（HCl）の pH を求めよ．

◆ 解 答 ◆

$$\begin{aligned}\mathrm{pH} &= -\log_{10}C \\ &= -\log_{10}0.05 \\ &= 1.3\end{aligned}$$

例題 6・2

$0.02\,\mathrm{mol\,dm^{-3}}$ の強塩基である水酸化ナトリウム（NaOH）溶液の pH を求めよ．

◆ 解 答 ◆

$$\begin{aligned}\mathrm{pH} &= \mathrm{p}K_w + \log_{10}C \\ &= 14 + \log_{10}0.02 \\ &= 14 + (-1.70) \\ &= 12.3\end{aligned}$$

問 6・2

$0.1\,\mathrm{mol\,dm^{-3}}$ の HCl 溶液の pH を求めよ．

問 6・3

$0.015\ \mathrm{mol\ dm^{-3}}$ の NaOH 溶液の pH を求めよ．

6・10 弱酸と弱塩基の溶液

弱酸溶液では，(6・4)式に示した解離反応，

$$\mathrm{HA + H_2O \rightleftharpoons H_3O^+ + A^-}$$

および (6・5)式にそれに対応した酸解離定数がある．

$$K_\mathrm{a} = \frac{[\mathrm{H_3O^+}][\mathrm{A^-}]}{[\mathrm{HA}]}$$

この式から，以下の式が導かれる（巻末付録の導出 6・4 参照）．

$$\mathrm{pH} = \tfrac{1}{2}\,\mathrm{p}K_\mathrm{a} - \tfrac{1}{2}\log_{10} C \qquad (6\cdot 15)$$

> 弱酸溶液では　　$\mathrm{pH} = \tfrac{1}{2}\,\mathrm{p}K_\mathrm{a} - \tfrac{1}{2}\log_{10} C$

弱塩基溶液でも同様にして，以下の式へと導かれる（巻末付録の導出 6・5 参照）．

$$\mathrm{pH} = \mathrm{p}K_\mathrm{w} - \tfrac{1}{2}\,\mathrm{p}K_\mathrm{b} + \tfrac{1}{2}\log_{10} C \qquad (6\cdot 16)$$

塩基の場合では $\mathrm{p}K_\mathrm{b}$ ではなく，共役酸の $\mathrm{p}K_\mathrm{a}$ が一覧となっていることが多い．もしも $\mathrm{p}K_\mathrm{a}$ の値しか得ることができなかった場合には，(6・16)式を書き直した以下の式を用いる．

$$\mathrm{pH} = \tfrac{1}{2}\,\mathrm{p}K_\mathrm{w} + \tfrac{1}{2}\,\mathrm{p}K_\mathrm{a} + \tfrac{1}{2}\log_{10} C \qquad (6\cdot 17)$$

> 弱塩基溶液では　　$\mathrm{pH} = \tfrac{1}{2}\,\mathrm{p}K_\mathrm{w} + \tfrac{1}{2}\,\mathrm{p}K_\mathrm{a} + \tfrac{1}{2}\log_{10} C$

例題 6・3

$\mathrm{p}K_\mathrm{a}=4.75$ の弱酸である酢酸の $0.05\ \mathrm{mol\ dm^{-3}}$ 溶液の pH を求めよ．

◆ 解 答 ◆

(6・15)式から，

$$\begin{aligned}
\mathrm{pH} &= \tfrac{1}{2}\,\mathrm{p}K_\mathrm{a} - \tfrac{1}{2}\log_{10} C \\
&= \tfrac{1}{2}(4.75) - \tfrac{1}{2}\log_{10} 0.05 \\
&= 2.375 - (-0.65) \\
&= 3.03\ (\text{有効数字 3 桁})
\end{aligned}$$

例題 6・4

$\mathrm{p}K_\mathrm{b}=4.75$ の弱塩基であるアンモニアの $0.1\ \mathrm{mol\ dm^{-3}}$ 溶液の pH を求めよ．

◆ 解 答 ◆

(6・16)式から，

$$\begin{aligned}
\mathrm{pH} &= \mathrm{p}K_\mathrm{w} - \tfrac{1}{2}\,\mathrm{p}K_\mathrm{b} + \tfrac{1}{2}\log_{10} C \\
&= 14 - \tfrac{1}{2}(4.75) + \tfrac{1}{2}\log_{10} 0.1 \\
&= 14 - 2.375 + (-1.0) \\
&= 10.6\ (\text{有効数字 3 桁})
\end{aligned}$$

例題 6・5

弱塩基であるエチルアミンの $0.015\ \mathrm{mol\ dm^{-3}}$ 溶液の pH を求めよ．ただしエチルアミンの共役酸の $\mathrm{p}K_\mathrm{a}$ は 10.81 である．

◆ 解 答 ◆

(6・17)式から，

$$\begin{aligned}
\mathrm{pH} &= \tfrac{1}{2}\,\mathrm{p}K_\mathrm{w} + \tfrac{1}{2}\,\mathrm{p}K_\mathrm{a} + \tfrac{1}{2}\log_{10} C \\
&= \tfrac{1}{2}(14) + \tfrac{1}{2}(10.81) + \tfrac{1}{2}\log_{10} 0.015 \\
&= 7 + 5.405 + (-0.912) \\
&= 11.5\ (\text{有効数字 3 桁})
\end{aligned}$$

問 6・4

$\mathrm{p}K_\mathrm{a}=3.86$ の乳酸の $0.025\ \mathrm{mol\ dm^{-3}}$ 溶液の pH を求めよ．

問 6・5

$\mathrm{p}K_\mathrm{b}=3.34$ のメチルアミンの $0.005\ \mathrm{mol\ dm^{-3}}$ 溶液の pH を求めよ．

問 6・6

弱塩基であるトリメチルアミンの $0.015\ \mathrm{mol\ dm^{-3}}$ 溶液の pH を求めよ．ただしトリメチルアミンの共役酸の $\mathrm{p}K_\mathrm{a}$ は 9.81 である．

6・11 塩と塩の加水分解

塩は酸と塩基の反応によって生成する．すべての塩は，溶液中でイオンへと解離する．強酸と強塩基の塩

の場合,溶液中にはイオンと水分子しか存在しないことになる.たとえば,

$$Na^+Cl^-(s) + H_2O(l) \longrightarrow Na^+(aq) + Cl^-(aq)$$
塩化ナトリウム　水　　水和したナトリウムイオン　水和した塩化物イオン

この式では,水がナトリウムイオンと塩化物イオンを水和し,水和したイオン,$Na^+(aq)$ と $Cl^-(aq)$ を生成している.

しかし,弱酸が関与した塩の場合,その陰イオンは弱酸の共役塩基になる.水に溶解すると,まず加水分解が起こる.すなわち,酢酸ナトリウムが水に溶解すると,ナトリウム陽イオンと酢酸陰イオンが生成する.後者は,次の加水分解が起こる(水と反応する).

$$CH_3COO^- + H_2O \rightleftharpoons CH_3COOH + OH^- \quad (6\cdot18)$$
酢酸イオン　水　　酢酸　　水酸化物イオン

すなわち,溶液は塩基性になり,K_b は次式のようになる.

$$K_b = \frac{[CH_3COOH][OH^-]}{[CH_3COO^-]} \quad (6\cdot19)$$

この式から,弱酸塩の溶液のpHは以下の式になる(巻末付録の導出6・6参照).

$$pH = pK_w - \tfrac{1}{2}pK_b + \tfrac{1}{2}\log_{10}C \quad (6\cdot20)$$

もとの酸の pK_a の値のみが得られることが多いため,その場合には,以下のようになる.

$$pH = \tfrac{1}{2}pK_w + \tfrac{1}{2}pK_a + \tfrac{1}{2}\log_{10}C \quad (6\cdot21)$$

> 強塩基と弱酸の塩の溶液では　$pH = \tfrac{1}{2}pK_w + \tfrac{1}{2}pK_a + \tfrac{1}{2}\log_{10}C$

弱塩基が関与する塩の場合は,塩の陽イオンは弱塩基の共役酸になる.水に溶解すると,まず加水分解が起こる.すなわち,塩化アンモニウムが水に溶解すると,アンモニウム陽イオンと塩化物陰イオンが生成する.前者は,次の加水分解を受ける.

$$NH_4^+ + 2H_2O \rightleftharpoons NH_4OH + H_3O^+ \quad (6\cdot22)$$
アンモニウムイオン　水　　水酸化アンモニウム　オキソニウムイオン

すなわち,溶液は酸性になり,K_a は次式のようになる.

$$K_a = \frac{[NH_4OH][H_3O^+]}{[NH_4^+]} \quad (6\cdot23)$$

この式から,弱塩基塩の溶液のpHは以下の式になる(巻末付録の導出6・7参照).

$$pH = \tfrac{1}{2}pK_a - \tfrac{1}{2}\log_{10}C \quad (6\cdot24)$$

> 弱塩基と強酸の塩の溶液では　$pH = \tfrac{1}{2}pK_a - \tfrac{1}{2}\log_{10}C$

pK_b の値のみが与えられた場合,もとの塩基の値を用いて,以下の式によって算出する.

$$pH = \tfrac{1}{2}pK_w - \tfrac{1}{2}pK_b - \tfrac{1}{2}\log_{10}C \quad (6\cdot25)$$

例題 6・6

$0.1\,mol\,dm^{-3}$ のプロピオン酸ナトリウム(プロパン酸ナトリウム)溶液のpHを求めよ.ただし,プロピオン酸の pK_a は4.87である.

◆解 答◆

(6・21)式を用いて,

$$\begin{aligned}pH &= \tfrac{1}{2}pK_w + \tfrac{1}{2}pK_a + \tfrac{1}{2}\log_{10}C \\ &= \tfrac{1}{2}(14) + \tfrac{1}{2}(4.87) + \tfrac{1}{2}\log_{10}0.1 \\ &= 7 + 2.435 + (-0.5) \\ &= 8.935\end{aligned}$$

例題 6・7

$0.002\,mol\,dm^{-3}$ のトリエチルアンモニウムクロリド溶液のpHを求めよ.ただし,トリエチルアンモニウムイオンの pK_a は10.76である.

◆解 答◆

(6・24)式を用いて,

$$\begin{aligned}pH &= \tfrac{1}{2}pK_a - \tfrac{1}{2}\log_{10}C \\ &= \tfrac{1}{2}(10.76) - \tfrac{1}{2}\log_{10}0.002 \\ &= 5.38 - (-1.35) \\ &= 6.73\end{aligned}$$

問 6・7

$0.02\,mol\,dm^{-3}$ のギ酸ナトリウム(メタン酸ナトリウム)の溶液のpHを求めよ.ただし,ギ酸の pK_a は3.75である.

問 6・8

$0.01\,mol\,dm^{-3}$ のジエチルアンモニウムクロリ

ドの溶液のpHを求めよ．ただし，ジエチルアンモニウムイオンのpK_aは10.99である．

6・12 緩衝液

多くの生化学反応は，反応が起こる溶液のpHに依存する．特に酵素が関与する反応では顕著である．酵素の活性は触媒過程に関与するアミノ酸側鎖のプロトン化の度合に依存し，それがpHの変化によって影響を受けるからである（11章）．したがって，生細胞においても実験室においても，pHを厳密に制御することが重要である．pHの制御は緩衝液を使って行う．

緩衝液は，少量の酸または塩基の添加によるpHの変化を防ぐ．すなわち，緩衝液はpHを一定に保つことが不可欠なときに用いられる．

緩衝液は，ある弱酸（もしくは弱塩基）と，その弱酸（もしくは弱塩基）と強塩基（もしくは強酸）の塩で構成される溶液である．代表的な緩衝液が，酢酸（弱酸）と酢酸ナトリウム（酢酸と強塩基である水酸化ナトリウムの塩）の混合溶液である．この溶液における各成分のイオン化状態は以下の式で表される．

酢　酸：

$$CH_3COOH + H_2O \rightleftharpoons CH_3COO^- + H_3O^+$$
酢酸　　　水　　　酢酸イオン　オキソニウムイオン

酢酸ナトリウム：

$$CH_3COO^- + Na^+$$

上記の溶液では，酢酸のイオン化は酢酸ナトリウムから生成する酢酸イオンの存在により制限される．

水素イオン（プロトン，すなわち，酸）が溶液に加えられたときに，何が起こるかを考えてみよう．プロトンは酢酸イオンと結合し，解離していない酢酸を生成する．そのため，溶液内のプロトンの濃度は変化しない．

水酸化物イオン（すなわち，塩基）が溶液に加えられたときは，溶液中にわずかに存在するプロトンと結合する．プロトンが減少すると，酢酸はさらに解離してプロトンを生成する．このようにして緩衝液はプロトン濃度変化を防ぐ．

6・13 緩衝液のpHの計算

前節で述べたように，酢酸イオンの存在が酢酸のイオン化を制限する．すなわち，緩衝液中の酢酸の濃度は，もともと溶液中にある酢酸の濃度と等しくなる．

$$[CH_3COOH] = [酸]_0$$

$[酸]_0$は，溶液に加えた酸の濃度である．

同じ理由で，存在する酢酸イオンの濃度は，もともと溶液中に存在する塩の濃度と等しくなる．

$$[CH_3COO^-] = [塩]_0$$

$[塩]_0$は，溶液に存在する塩の濃度である．

緩衝液のpHは，ヘンダーソン-ハッセルバルヒの式によって表すことができる（巻末付録の導出6・8参照）．

$$pH = pK_a + \log_{10}\frac{[プロトン化していない種]}{[プロトン化した種]}$$

酸の緩衝液では　　$pH = pK_a + \log_{10}\dfrac{[塩]_0}{[酸]_0}$

塩基の緩衝液では　$pH = pK_a - \log_{10}\dfrac{[塩]_0}{[塩基]_0}$

例題 6・8

0.15 mol dm^{-3}の酢酸溶液200 cm^{3}と，0.15 mol dm^{-3}の酢酸ナトリウム溶液100 cm^{3}を混合して緩衝液をつくる．混合した溶液のpHを求めよ．酢酸のpK_aは4.75である．

◆ 解　答 ◆

二つの溶液を混合すると，両方とも希釈されることが重要である．

$$最終的な体積 = 300 \text{ cm}^3$$

この溶液の酢酸濃度

$$= \frac{200}{300} \times 0.15 = 0.10 \text{ mol dm}^{-3}$$

この溶液の酢酸ナトリウム濃度

$$= \frac{100}{300} \times 0.15 = 0.05 \text{ mol dm}^{-3}$$

ここで，ヘンダーソン-ハッセルバルヒの式に適用して，

$$pH = pK_a + \log_{10}\frac{[塩]_0}{[酸]_0}$$

$$pH = 4.75 + \log_{10}\frac{0.05}{0.10}$$
$$= 4.75 + (-0.30)$$
$$= 4.45$$

例題 6・9

トリス (Tris) は，生化学の実験で緩衝液を調製する際に頻繁に用いられる弱塩基である．正式名称は，トリス(ヒドロキシメチル)アミノメタンであり，$pK_a = 8.08$ である．pH 8.2 の緩衝液が 500 cm³ 必要で，0.2 mol dm⁻³ のトリス溶液を用いるとする．この緩衝液を調製するために，どれだけの体積のトリス溶液に，どれだけの体積の 2.0 mol dm⁻³ の塩酸を加えなければならないか計算せよ．

◆ 解 答 ◆

最初の段階は，塩基に対してどれだけの割合の塩が必要かを決めることである．ヘンダーソン-ハッセルバルヒの式を適切な形に変換して，

$$pH = pK_a - \log_{10} \frac{[塩]_0}{[塩基]_0}$$

$$8.2 = 8.08 - \log_{10} \frac{[塩]_0}{[塩基]_0}$$

$$\log_{10} \frac{[塩]_0}{[塩基]_0} = 8.08 - 8.2$$

$$= -0.12$$

$$\frac{[塩]_0}{[塩基]_0} = 0.76$$

必要な 0.2 mol dm⁻³ のトリス溶液の体積を V cm³ とすると，必要な酸の体積は $500 - V$ cm³ となる．

500 cm³ に希釈されたトリスの濃度
$$= \frac{0.2 \times V}{500} \text{ mol dm}^{-3}$$

500 cm³ に希釈された酸の濃度
$$= \frac{2.0 \times (500 - V)}{500} \text{ mol dm}^{-3}$$

溶液に加えられた酸 1 mol が 1 mol の塩を生成するため，加えられた酸の濃度が最終的な塩の濃度となる．すなわち，

$$\frac{2.0 \times (500 - V)}{500} \div \frac{0.2 \times V}{500}$$

$$= \frac{2.0 \times (500 - V)}{500} \times \frac{500}{0.2 \times V}$$

$$= \frac{2.0 \times (500 - V)}{0.2 \times V} = 0.76$$

$$2.0 \times (500 - V) = 0.2 \times V \times 0.76$$

$$1000 - 2V = 0.152 V$$

$$1000 = 2.152 V$$

$$V = 464.7 \text{ cm}^3$$

つまり，必要な緩衝液を調製するためには，0.2 mol dm⁻³ のトリス 464.7 cm³ を，2.0 mol dm⁻³ の塩酸 35.3 cm³ と混合する．

問 6・9

0.2 mol dm⁻³ の酢酸溶液 200 cm³ と，0.15 mol dm⁻³ の酢酸ナトリウム溶液 300 cm³ を混合して緩衝液をつくる．最終的な pH を計算せよ．酢酸の pK_a は 4.75 である．

問 6・10

0.5 mol dm⁻³ のトリス溶液と，1.0 mol dm⁻³ の塩酸を用いて pH 8.0 のトリス緩衝液 1000 cm³ を調製するとき，二つの溶液はそれぞれどれだけの体積が必要か計算せよ．トリスの pK_a は 8.08 である．

6・14 指 示 薬

ある種の色素は，プロトン化しているか否かによって色が変わる性質をもっている．このような色素は，**指示薬** (indicator) とよばれ，酸や塩基を検出するために用いられる．表 6・1 に，代表的な指示薬と，その酸性，中性，塩基性の色，中性色を示す pH の範囲を示す．

たとえば，メチルオレンジは pH 2.1 以下では赤であり，pH 2.1 から 4.4 ではオレンジ，pH 4.4 以上では黄色になる．

これらの指示薬が異なる pH の範囲で色が変化することがわかるであろう．

ユニバーサル指示薬 (universal indicator) とよばれるものは，いくつかの色素の混合物である．pH がだいたい 1 から 12 の範囲で色が連続的に変化し，溶

表 6・1 一般的な指示薬とその発色

名 称	酸	中性	塩基	中性色を示す pH の範囲
メチルオレンジ	赤	オレンジ	黄	2.1〜4.4
メチルレッド	赤	オレンジ	黄	4.1〜6.3
ブロモチモールブルー	黄	緑	青	6.0〜7.6
クレゾールレッド	黄	オレンジ	赤	7.2〜8.8
フェノールフタレイン	無色	ピンク	赤	8.3〜10.0
アリザリンレッド	黄	オレンジ	赤	10.1〜12.0

液によって変化した色と，印刷された標準色見本とを照らし合わせることによって，pHを見積もることができる．

6・15 滴　定

溶液中の酸の濃度は，体積が既知の酸の溶液と，濃度が既知の塩基の溶液を混合することによって決めることができる．すべての酸が塩基と反応したことを示すために指示薬が用いられ，指示薬の色の変化がちょうど起こったときに必要だった塩基の体積がわかる．

体積が既知の塩基の濃度も，同様に，濃度が既知の酸の溶液によって決めることができる．

例題 6・10

25.00 cm^3 の塩酸溶液を中性にするためには，0.1000 mol dm^{-3} の水酸化ナトリウム溶液 31.60 cm^3 が必要であった．塩酸溶液の濃度を求めよ．

◆ 解 答 ◆

塩酸と水酸化ナトリウムの反応式は，

$$\text{HCl} + \text{NaOH} \longrightarrow \text{NaCl} + \text{H}_2\text{O}$$

この式は，1 mol の塩酸が 1 mol の水酸化ナトリウムと反応することを示している．

0.1000 mol dm^{-3} の水酸化ナトリウム溶液 31.60 cm^3 中の物質量は，

$$\frac{0.1000}{1000} \times 31.60 = 0.00316 \text{ mol}$$

反応式から，この水酸化ナトリウム溶液は 0.00316 mol の塩酸と反応する．

この物質量の塩酸が 25.00 cm^3 の溶液中に存在する．すなわち，1 dm^3 の溶液中には，

$$\frac{0.00316}{25.00} \times 1000 \text{ mol} = 0.1264 \text{ mol}$$

の塩酸が含まれる．

塩酸濃度は 0.1264 mol dm^{-3} となる．

例題 6・11

25.00 cm^3 のアンモニア溶液を中性にするためには，0.2000 mol dm^{-3} の硫酸溶液 21.30 cm^3 が必要であった．アンモニア溶液の濃度を求めよ．

◆ 解 答 ◆

アンモニアと硫酸の反応式は，

$$2\text{NH}_3 + \text{H}_2\text{SO}_4 \longrightarrow (\text{NH}_4)_2\text{SO}_4$$

この式は，2 mol のアンモニアが 1 mol の硫酸と反応することを示している．

0.2000 mol dm^{-3} の硫酸溶液 21.30 cm^3 中の物質量は，

$$\frac{0.2000}{1000} \times 21.30 = 0.00426 \text{ mol}$$

反応式から，この物質量の硫酸は 2 倍の物質量のアンモニアと反応する．

アンモニアの物質量は，

$$2 \times 0.00426 = 0.000852 \text{ mol}$$

この物質量のアンモニアが 25.00 cm^3 の溶液中に存在する．すなわち，1 dm^{-3} の溶液中には，

$$\frac{0.00852}{25.00} \times 1000 \text{ mol}$$

が含まれ，アンモニア濃度は 0.3408 mol dm^{-3} となる．

問 6・11

25.00 cm^3 の酢酸溶液を中性にするためには，0.1000 mol dm^{-3} の水酸化ナトリウム溶液 18.70 cm^3 が必要であった．酢酸溶液の濃度を求めよ．

反応式は，

$$\text{CH}_3\text{COOH} + \text{NaOH} \longrightarrow \text{CH}_3\text{COONa} + \text{H}_2\text{O}$$

である．

問 6・12

25.00 cm^3 の水酸化ナトリウム溶液を中性にするためには，0.05 mol dm^{-3} の硫酸溶液 15.25 cm^3 が必要であった．水酸化ナトリウム溶液の濃度を求めよ．

まとめ

溶液中の酸性度は水素イオン（オキソニウムイオン）の濃度で決まる．これは pH として表記される．酸，塩基，弱酸と強塩基の塩，もしくは強酸と弱塩基の塩の濃度はすべて pH に影響を与える．緩衝液を使用することにより，生細胞においても実験室においても，pH を望ましい値に保つことができる．酸もしくは塩基の濃度は，指示薬を用いた滴定により決めることができる．

もっと深く学ぶための参考書

Lehninger, A.L., Cox, M.M., and Nelson, D.L. (2004) *Principles of Biochemistry*, Ch. 4, 4th ed., Palgrave MacMillan, New York. [邦訳：山科郁男, 川嵜敏祐, 中山和久 訳, "レーニンジャーの新生化学", 広川書店 (2007)]

Atkins, P.W., and de Paula, J. (2006) *Physical Chemistry*, Ch. 9, 8th ed., Oxford University Press, Oxford. [邦訳：千原秀昭, 中村亘男 訳, "アトキンス 物理化学 第8版", 東京化学同人 (2009)]

章末問題

問 6・13 a) 弱酸であるギ酸（メタン酸, HCOOH）と水との反応式を書け．

b) 弱塩基であるトリメチルアミン（$N(CH_3)_3$）と水との反応式を書け．

問 6・14 a) 0.15 mol dm^{-3} の塩酸（HCl）溶液のpHを計算せよ．

b) 0.01 mol dm^{-3} の水酸化カリウム（KOH）溶液のpHを計算せよ．

問 6・15 a) 弱酸である 0.05 mol dm^{-3} のフェノール溶液のpHを計算せよ．pK_a は 9.89 である．

b) 弱塩基である 0.1 mol dm^{-3} のトリエチルアミン溶液のpHを計算せよ．トリエチルアンモニウムイオンの pK_a は 10.76 である．

問 6・16 a) 0.25 mol dm^{-3} のプロピオン酸ナトリウム溶液のpHを計算せよ．プロピオン酸の pK_a は 4.87 である．

b) $0.025 \text{ mol dm}^{-3}$ の塩化メチルアンモニウム溶液のpHを計算せよ．メチルアンモニウムイオンの pK_a は 10.66 である．

問 6・17 0.2 mol dm^{-3} の酢酸を用いてpH 4.5の緩衝液 100 cm^3 をつくるとする．酢酸の pK_a は 4.75 である．

a) pH 4.5の緩衝液をつくるためには，何molの酢酸ナトリウムが必要か．

b) それは何gに相当するか．

問 6・18 ある実験において，pH 7.8の緩衝液 500 cm^3 をつくるとする．0.5 mol dm^{-3} のアンモニア溶液と 2.0 mol dm^{-3} の塩酸溶液を用いて，要求されたpHにするためには，これらの溶液を，それぞれどれだけの体積で混合する必要があるか．アンモニウムイオンの pK_a は 9.25 である．

問 6・19 滴定において，25.00 cm^3 の酢酸溶液を中和するためには，$0.100 \text{ mol dm}^{-3}$ の水酸化ナトリウム溶液 19.6 cm^3 が必要であった．酢酸溶液の濃度を計算せよ．

7 気 体

7・1 序

気体は,生物界において大きな役割を担っている.ほとんどの生物は,周りの環境と気体を交換する.光合成では,植物が大気から二酸化炭素を取入れ,酸素を大気に放出する必要がある.好気的呼吸はその逆で,酸素を取入れて二酸化炭素を放出する.嫌気的呼吸においても,ほとんどの場合,二酸化炭素を大気に放出する.これら二つの気体以外では,窒素も,わずかの生物しか大気から直接取入れることができないが,生物に必須である.

7・2 圧 力

分子同士が基本的には互いに接触している液体や固体(5章参照)とは異なり,気体では分子同士が十分に離れており,衝突したときのみ接触する.常温では,気体分子は秒速数百mで動き回るが,衝突するまでに動く距離はたった10^{-7}mにすぎない.すなわち,気体分子は1秒間に数百万回,絶えず衝突し合っている.

単 位	パスカル(Pa)に換算した数値
バール (bar)	10^5
気圧 (atm)	1.01325×10^5
トル (Torr)	133.3
水銀柱ミリメートル (mmHg)	133.3

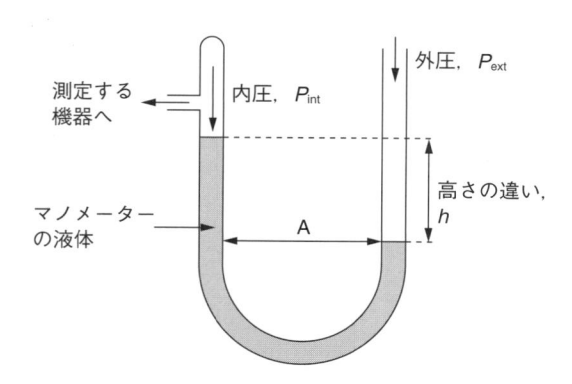

図 7・1 マノメーターの模式図

気体分子は互いに衝突し合うだけでなく,納められている容器の壁や,気体中に存在しているあらゆるものにも衝突する.この気体分子による衝撃は,圧力として測定できる.気体による圧力とは,分子が衝突することによって生じる単位面積当たりの力である.国際単位系(SI単位系)における圧力の単位は,1ニュートン・パー・平方メートル($N\,m^{-2}$)で表され,通常はパスカル(Pa)とよばれる.

$$1\,N\,m^{-2} = 1\,Pa$$

その他の汎用される圧力の単位を左下の一覧に示す.

7・3 圧力の測定

気体によって生み出される圧力は,実験室では通常マノメーターで測定する(図7・1).この機器は,呼吸をしている生物によって吐き出される気体量の測定にも用いられる.血圧計は類似の機器であり,血圧を測定するために用いる.

マノメーターは,片方が閉じたU字管でできている.管の中は,測ろうとする圧力の大きさによって選択した液体で満たされている.もしも圧力が低い場合には水を用いることができるが,高い圧力を測定するためには,水銀のような密度の大きい液体が必要である.管の閉じた側の末端は圧力を測定しようとしている機器とつながっており,逆側は大気中に開いている.図7・1では,マノメーターの測定機器側の液体の円柱が,大気の側よりも高くなっている.これは,液体を押し下げている大気の力が,機器側で液体を押している気体の力よりも大きいことを示している.つまり機器の中の圧力が大気の圧力よりも小さいことを示している.

圧力の差はマノメーターの両側の液体の高さの差と相関関係にある.図7・1のAで示された高さにおける圧力は,マノメーターの両側で等しいことを示しており,これは液体が静止している状態であれば,どの高さであっても当てはまる.Aで示した高さでの圧力は,開放された側においては大気の圧力(P_ext)で

あり，閉じられた側の同じ高さでの圧力と等しい．閉じられた側の圧力は二つの成分からなる．

機器内の気体の圧力，P_{int}
高さ h の液体による圧力，

$$P_{\text{ext}} = P_{\text{int}} + 液体による圧力$$

液体による圧力 P は以下の式で与えられる．

$$P = \rho g h \qquad (7\cdot 1)$$

ここで，ρ は液体の密度であり，g は重力加速度である．すなわち，

$$P_{\text{ext}} = P_{\text{int}} + \rho g h \qquad (7\cdot 2)$$
$$P_{\text{int}} = P_{\text{ext}} - \rho g h \qquad (7\cdot 3)$$

もしもマノメーターの開いた側の高さが，閉じた側よりも高かったら次式のようになる．

$$P_{\text{int}} = P_{\text{ext}} + \rho g h$$

例題 7・1

釣鐘状の瓶の中にマウスを入れ，空気を満たして，マノメーターとつないで密閉した．瓶の中には，二酸化炭素を吸収する化合物であるソーダ石灰が入っている．しばらく実験を行うと，瓶に接続して水銀で満たしたマノメーターの高さが 5.3 cm 異なっており，大気に接続している開いた側が，閉じた側よりも高かった．大気の圧力を 1.02×10^5 Pa としたとき，瓶の中の圧力を求めよ．水銀の密度は 13.5 g cm^{-3}，重力加速度は 9.81 m s^{-2} とする．

◆ 解 答 ◆

最初に，すべての単位を SI 単位に変換する．

水銀の密度 = 13.5 g cm^{-3}
1000 g = 1 kg
水銀の密度 = $\dfrac{13.5}{1000}$ kg cm^{-3}
　　　　　 = 0.0135 kg cm^{-3}
1 m^3 = 10^6 cm^3
水銀の密度 = 0.0135 × 10^6 kg m^{-3}
　　　　　 = 13500 kg m^{-3}
水銀の高さの違い = 5.3 cm
1 m = 100 cm
水銀の高さの違い = $\dfrac{5.3}{100}$ m
　　　　　　　　 = 0.053 m

開いた側の水銀柱の高さが閉じられた側よりも高かったため，次の式，

$$P_{\text{int}} = P_{\text{ext}} + \rho g h$$

に与えられた数値を代入して，

$P_{\text{int}} = 1.02 \times 10^5 + (13500 \times 9.81 \times 0.053)$ Pa
　　　 = $1.02 \times 10^5 + 7019$ Pa
　　　 = 1.09×10^5 Pa

問 7・1

嫌気的呼吸をしている酵母を入れた機器の中で，ある実験を行ったとき，水銀で満たしたマノメーターの高さが 12.7 cm 異なっており，開いた側（大気側）が閉じた（機器側）側よりも低かった．このときの大気の圧力を 1.01×10^5 Pa とすると，機器の中の圧力はいくらになるか．
水銀の密度は 13.5 g cm^{-3}，重力加速度は 9.81 m s^{-2} である．

7・4　理想気体の法則

理想気体とは，衝突以外の相互作用がないと仮定した気体である．理想気体では，双極子-双極子相互作用などの分子間の引力は存在しない．通常の圧力下における，酸素，窒素，水素などの多くの気体はこうした条件を多く満たすが，条件のいくつかを満たさない気体も多い．273 K 以上の温度と常圧を必要とする生体系では，ほとんどの場合において，気体は理想気体と見なしてもよい．

一定の質量の気体を小さな体積に圧縮すると，単位体積当たりの気体分子の数は多くなる．1 秒間にこれらの分子が衝突する回数も増大し，圧力も増大する．温度の上昇は分子の平均速度を増大させ，個々の分子が平均してより激しく衝突するため，圧力は増大する．気体の質量が一定の場合，ほとんどの気体の圧力，体積，そして温度の間には，次の式に示す単純な関係があることがわかっている．

$$\frac{PV}{T} = 一定$$

ここで，P はパスカルで表記した気体の圧力 (Pa)，V は体積 (m^3)，T はケルビンで表記された温度 (K) である．

この式は別の形式で表すこともある．

$$\frac{P_1 V_1}{T_1} = \frac{P_2 V_2}{T_2} \qquad (7\cdot 4)$$

下付の1と2は，気体の二つの状態を示している．(7・4)式では，式の両辺で用いる単位が同じであれば打消し合うため，圧力と体積の単位は重要ではない．しかし，温度はケルビンで表記しなければならない．

例題 7・2

圧力 9.76×10^5 Pa，体積 $0.035\ m^3$，温度 276 K の気体がある．体積を $0.0035\ m^3$ に減少させ，温度を 350 K まで上昇させたときの圧力を求めよ．

◆ 解 答 ◆

(7・4)式，

$$\frac{P_1 V_1}{T_1} = \frac{P_2 V_2}{T_2}$$

に与えられた数値を代入して，

$$\frac{9.76 \times 10^5 \times 0.035}{276} = \frac{P_2 \times 0.0035}{350}$$

$$123.8 = \frac{P_2 \times 0.0035}{350}$$

$$P_2 = \frac{123.8 \times 350}{0.0035}$$

$$P_2 = 1.24 \times 10^7\ \text{Pa}$$

すなわち，圧力は 1.24×10^7 Pa に増大する．

例題 7・3

気体の体積を $2.5\ dm^3$ から $12.5\ dm^3$ に増大させ，圧力を 1 atm から 0.5 atm に減少させる必要がある．最初の温度が 298 K である場合，新たな温度はどれだけにしなければならないか．

◆ 解 答 ◆

(7・4)式を用いる．

$$\frac{P_1 V_1}{T_1} = \frac{P_2 V_2}{T_2}$$

与えられた数値を代入して，

$$\frac{1 \times 2.5}{298} = \frac{0.5 \times 12.5}{T_2}$$

$$8.39 \times 10^{-3} = \frac{6.25}{T_2}$$

$$8.39 \times 10^{-3} \times T_2 = 6.25$$

$$T_2 = \frac{6.25}{8.39 \times 10^{-3}}\ \text{K}$$

$$= 745\ \text{K}$$

要求された条件を達成するためには，温度は 745 K に上昇させなければならない．

問 7・2

体積 $10.0\ dm^3$，温度 308 K，圧力 1 atm の気体がある．500 K，1 atm にしたときの体積を求めよ．

問 7・3

温度 550 K で，体積 $1.5\ m^3$，圧力 1.25 bar の気体がある．圧力を一定にして体積を $0.5\ m^3$ まで減少させたときの気体の温度を求めよ．

理想気体の法則を別の形式で表した式を用いると，気体の圧力，温度，体積のいずれかを，他の数値から算出することができる．前述の式，

$$\frac{PV}{T} = 一定$$

において，"一定" とは，気体の分子の量に依存する値であり，1 mol 当たりの気体の定数を用いて，

$$\frac{PV}{T} = nR$$

と表すことができる．ここで，$n=$ 存在する気体の物質量，$R=8.314\ J\ K^{-1}\ mol^{-1}$ である．この式を用いる場合には，すべての値は SI 単位にしなければならない．

この式は以下のように表すこともある．

$$PV = nRT \qquad (7\cdot 5)$$

例題 7・4

1 mol の気体が，温度 298 K，圧力 1 atm で占める体積を求めよ．

◆ 解 答 ◆

最初に，すべての値を SI 単位に変換する．

$$1\ \text{atm} = 1.01325 \times 10^5\ \text{Pa}$$

(7・5)式を用いる．

$$PV = nRT$$

与えられた数値を代入して，

$$1.01325 \times 10^5 \times V = 1 \times 8.314 \times 298 = 2477.6$$

$$V = \frac{2477.6}{1.01325 \times 10^5} = 0.02445\ m^3$$

$$1\text{ m}^3 = 1000\text{ dm}^3$$
$$V = 0.02445 \times 1000\text{ dm}^3$$
$$V = 24.45\text{ dm}^3$$

例題 7・5

温度 310 K,体積 90 dm³ の 3 mol の気体が生み出す圧力を求めよ.

◆ 解 答 ◆

最初に,すべての値を SI 単位に変換する.
$$1\text{ m}^3 = 1000\text{ dm}^3$$
$$90\text{ dm}^3 = \frac{90}{1000}\text{ m}^3$$
$$= 0.09\text{ m}^3$$

(7・5)式を用いる.
$$PV = nRT$$

与えられた数値を代入して,
$$P \times 0.09 = 3 \times 8.314 \times 310$$
$$= 7732.0$$
$$P = \frac{7732.0}{0.09}\text{ Pa}$$
$$= 8.59 \times 10^4\text{ Pa}$$

問 7・4

0.4 mol の気体が,温度 298 K,圧力 1 atm で占める体積を求めよ.

問 7・5

圧力 10^6 Pa で,体積 100 dm³ を占める 4.5 mol の気体の温度を求めよ.

7・5 分　圧

生体系では,大気や,大気と少し成分が異なるが,動物の肺や植物の葉の中の気体は,いずれも混合状態で存在している.混合気体では個々の気体がそれぞれ全体の圧力に寄与している.個々の気体が寄与している圧力は,気体の分圧とよばれている.混合気体を構成する各気体の分圧の和が全体の圧力になる.

$$P_A + P_B + P_C + \cdots = P_{全体}$$

ここで,P_A, P_B, P_C などはそれぞれ気体 A,B,C などの分圧である.

ドルトンの法則（Dalton's law）は,混合気体内の各気体の分圧が,その気体が混合気体の総体積を満たしたときの圧力と同じであることを示している.

ある気体を気体 A として,気体の混合を考えてみよう.理想気体の法則の（7・5）式を A および混合気体全体に当てはめてみると,

$$P_A V = n_A RT$$
$$P_{全体} V = n_{全体} RT$$

ここで,P_A は気体 A の分圧,$P_{全体}$ は混合気体全体の圧力,$n_A, n_{全体}$ はそれぞれ,気体 A および混合気体全体の物質量（mol）である.気体 A と混合気体では体積および温度は同じである.上の式を下の式で割ると,

$$\frac{P_A}{P_{全体}} = \frac{n_A}{n_{全体}}$$

この式を言葉で表すと,"混合気体の圧力に対するある気体の分圧の割合は,混合気体に存在する総物質量に対するその気体の物質量の割合に等しい"となる.

例題 7・6

大気の二酸化炭素の分圧は 5.32×10^3 Pa であった.総圧力が 1.01×10^5 Pa であるなら,大気中の二酸化炭素が占める体積の割合は何 % か.

◆ 解 答 ◆

次の式を用いる.
$$\frac{P_A}{P_{全体}} = \frac{n_A}{n_{全体}}$$
$$\frac{5.32 \times 10^3}{1.01 \times 10^5} = \frac{n_A}{n_{全体}}$$
$$= 0.0527$$

温度,体積が同じ条件下ならば,すべての理想気体は同じ物質量なら同じ体積を占めるため,この値が,総体積中で二酸化炭素が占める割合となる.
二酸化炭素の体積の割合 = $0.0527 \times 100 = 5.27$ %

問 7・6

同じ大気の試料で,酸素の分圧は 1.29×10^4 Pa である.大気中の酸素が占める体積は何 % か.

7・6　気体の溶解度

酸素の水に対する溶解度は,水中で呼吸をするすべ

ての生物にとって重要である．それらの生物は溶存している酸素を呼吸によって取込む．陸生生物の呼吸も分泌された水分によって覆われている肺の表面で気体の交換を行うので，気体の水に対する溶解度に依存する．

どんな溶媒でも気体の溶解度は，気体の分圧と溶媒の温度に依存する．

ヘンリーの法則は，一定の体積の溶媒に溶ける気体の量は，温度が変わらない場合，その気体の分圧に比例することを示している．このことは，以下の式で表すことができる．

$$P_A = m_A K_A \qquad (7\cdot 6)$$

ここで，P_A は気体 A の分圧，m_A は溶媒に溶けた気体 A のモル濃度，K_A は一定温度下での気体と溶媒の各組合わせに対する定数である．

例題 7・7

大気中の酸素の分圧は 2.12×10^4 Pa である．25 ℃ での酸素の水に対する溶解度を計算せよ．25 ℃ での酸素の $K_A = 7.91\times 10^7$ Pa dm³ mol⁻¹ である．

◆ 解 答 ◆

(7・6)式を用いる．

$$P_A = m_A K_A$$

与えられた数値を代入して，

$$2.12\times 10^4 = m_A \times 7.91\times 10^7$$
$$m_A = \frac{2.12\times 10^4}{7.91\times 10^7}$$
$$= 2.68\times 10^{-4}\ \text{mol dm}^{-3}$$

すなわち，25 ℃ の水に酸素は 2.68×10^{-4} mol dm⁻³ 溶解する．

問 7・7

大気中，37 ℃ での窒素の分圧は 8.08×10^4 Pa である．この条件下で窒素はどれだけ水に溶けるかをモル濃度で求めよ．37 ℃ での窒素の $K_A = 1.38\times 10^8$ Pa dm³ mol⁻¹ とする．

問 7・8

スキューバダイバーが，窒素の分圧が 3.03×10^5 Pa になる深さまで潜水した．血液の温度が 37 ℃ で一定であり，血漿が水と同様の挙動を示すとすると，どれだけの窒素が血漿に溶けるかをモル濃度で求めよ．

7・7 気体の拡散

気体の分子は速く乱雑な動きをしている．気体を容器に入れると，容器内にすでに他の気体があろうとなかろうと，速やかに容器全体に広がる．これは拡散による（4章）．

グラハムの法則は，気体の拡散速度がモル質量の平方根と反比例することを示している．この法則を用いると，モル質量が既知の気体の拡散速度から，未知の気体のモル質量を決定することができる．それは以下の式によって表される．

$$\frac{D_1}{D_2} = \sqrt{\frac{M_2}{M_1}} \qquad (7\cdot 7)$$

ここで，D_1 と D_2 は気体 1 と気体 2 それぞれの拡散速度，M_1 と M_2 はそれらのモル質量である．

通常は拡散速度を測定するよりも，気体が小さな穴から拡散して出てくるまでの時間を測定する．その時間は拡散速度に反比例するため，(7・8)式となる．

$$\frac{t_1}{t_2} = \sqrt{\frac{M_1}{M_2}} \qquad (7\cdot 8)$$

例題 7・8

水草の栽培で生成する気体を収集し，小さな穴を通して拡散させた．この過程には 586 秒かかった．同じ条件で，モル質量 44 の二酸化炭素を同じ穴から拡散させると 687 秒かかった．水草から生成した気体のモル質量を求めよ．生物に関する知識をもとに，この気体は何であると考えられるか推定せよ．

◆ 解 答 ◆

次の式を用いる．

$$\frac{t_1}{t_2} = \sqrt{\frac{M_1}{M_2}}$$

与えられた数値を代入して，

$$\frac{586}{687} = \sqrt{\frac{M_1}{44}}$$
$$0.853 = \sqrt{\frac{M_1}{44}}$$

$$(0.853)^2 = \frac{M_1}{44}$$
$$M_1 = 44 \times (0.853)^2 \text{ g mol}^{-1}$$
$$= 32 \text{ g mol}^{-1}$$

この気体は，水草の光合成によって生成した酸素であろう．

問 7・9

汚染された湖の底から気体を集めた．この気体が小さな穴を通って拡散するのに 345 秒かかった．同じ条件下で，同じ体積の窒素が拡散するのに 313 秒かかった．この気体のモル質量を求めよ．

まとめ

気体分子は物体に衝突することによって圧力を生み出す．その圧力はマノメーターを用いて測定できる．

理想気体の圧力，温度，体積の間には，理想気体の法則によって与えられる単純な関係がある．生命機能が関与するほとんどの場合で，すべての気体を理想気体であると見なしてよい．

いくつかの気体の混合気体において，おのおのの気体は，その気体のみですべての体積を占有しているかのようにふるまう．個々の気体の分圧は，混合気体内におけるその気体の物質量に比例する．ある気体の，ある溶媒に対する溶解度は分圧と温度に依存する．

気体分子の乱雑な動きは拡散をひき起こす．気体の拡散速度は，未知の気体のモル質量を見積もるために用いられる．

もっと深く学ぶための参考書

Atkins, P.W., and de Paula, J. (2006) *Physical Chemistry*, Ch. 9, 8th ed., Oxford University Press, Oxford. ［邦訳：千原秀昭，中村亘男 訳，"アトキンス 物理化学 第8版"，東京化学同人 (2009)］

章末問題

問 7・10 水銀で満たしたマノメーターを接続した閉鎖されたチャンバーで酵母の好気的呼吸を測定した．酵母細胞は，グルコース溶液が含まれるビーカーの中で好気的呼吸をするが，その反応は全体として以下の式となる．

$$C_6H_{12}O_6 + 6\,O_2 \longrightarrow 6\,CO_2 + 6\,H_2O$$

圧力の変化は観察されなかった．

しばらく時間が経った後，二酸化炭素を吸収するために，水酸化カリウムが入ったビーカーを閉鎖したチャンバーの中に入れた．その結果，圧力の変化が観察された．

20 分後，マノメーターの二つの端の液体の高さは，開いた側のほうが 3.8 cm 低かった．

a）なぜ最初は圧力が変化しなかったのか説明せよ．

b）実験の最後の段階における，機器の中の圧力の変化量を計算せよ．大気圧は 1.01×10^5 Pa，水銀の濃度は 1.35×10^4 kg m^{-3}，$g = 9.81$ m s^{-2} とする．

問 7・11 常圧（1.02×10^5 Pa）で体積 3.2 dm^3 の風船を，温度を制御し，ポンプをつないだ気密性のある容器内に置く．容器内の圧力が 0.75×10^5 Pa になるまで空気を抜いたら，風船が破裂した．風船が破裂したときの風船の体積を求めよ．

問 7・12 野菜の貯蔵庫が大気圧 1.02×10^5 Pa，窒素 90％，二酸化炭素 10％ の混合気体で保たれているとき，貯蔵庫内で二酸化炭素によって生み出される圧力を求めよ．

問 7・13 硫黄泉に生息する細菌が生成する気体の試料を小さな穴を通して拡散させた．試料が拡散するためには 247 秒かかったのに対して，同じ条件下で窒素ガスが拡散するのには 224 秒かかった．

a）この気体のモル質量を計算せよ．

b）この気体には硫黄が含まれていると思われるが，この硫黄細菌が生成した気体は何かを推測せよ．

8 脂肪族炭素化合物

8・1 序

炭素は独特な元素である．炭素原子は他の炭素原子と強固な共有結合を形成するという珍しい性質をもっている．この性質は，炭素原子がつながって鎖状や環状の構造が構築される現象が基盤となっている有機化学の根幹を担っている．生体分子の多くは複雑な構造の有機分子であり，すべての生物に存在する．もう一つの炭素化合物のグループは構造が単純であり，炭素を1原子のみ含むことが多い．それらは，鉱物，海，大気の重要な構成成分となっている．生物はこれらの物質を炭素源として用いる．二つの炭素化合物のグループは，自然界では炭素循環によってつながっている．

8・2 炭素を含む単純な分子

炭素を含んだ動物や植物の死骸は，地球上に大量に存在する．化石燃料の多くはこうした死骸である．化石燃料は，基本的にその物質がたどってきた履歴に応じた割合で炭素を含んでいる．死んでから長期間が経過した植物や動物の死骸は，泥炭，石炭，石油，天然ガスなどになる．それらは掘り出されて，燃やされると熱と二酸化炭素を生成する．二酸化炭素は大気へと放出され，植物の光合成に利用される．炭素を含む鉱物である白亜（チョーク），石灰岩，大理石はおもに炭酸カルシウムからなる．これらは，大量に生まれて死んでいった小さな海洋生物の殻に由来する．殻が沈むと海底で堆積物となる．長い時間をかけて，それらは地球の中で熱せられ，圧縮されて，今日存在するような巨大な堆積物となった．

▶ 化石燃料は主要な炭素源である．

炭素の原子価は4であり，共有結合を形成する．炭素は酸素，水素と結合することが多い．大気中ではほとんどの炭素が二酸化炭素として存在し，以下の可逆反応で炭酸として溶解する．

$$CO_2 + H_2O \rightleftharpoons H_2CO_3$$
二酸化炭素　　水　　　　炭酸

炭酸は希薄溶液としてのみ存在する．溶液を温めたり蒸発させたりすると，容易に二酸化炭素と水に戻る．炭酸は可逆的なイオン化によって重炭酸イオン（炭酸水素イオン）と水素イオンとなるため，溶液は酸性となる．

$$H_2CO_3 \rightleftharpoons H^+ + HCO_3^- \quad (pK_1)$$
炭酸　　　　水素　　炭酸水素
　　　　　　イオン　イオン

炭酸水素イオンはさらにイオン化し，水素イオンと炭酸イオンとなる．

$$HCO_3^- \rightleftharpoons H^+ + CO_3^{2-} \quad (pK_2)$$
炭酸水素　　　水素　　炭酸
イオン　　　　イオン　イオン

おのおののイオン化の程度は，反応の解離定数によって表される(6章)．最初の反応は，2番目の反応よりも高い割合で起こるため，pK_1 は pK_2 よりも小さい．二酸化炭素が水にわずかに溶解して水素イオンの生成することは，非常に重要である．このことは，雨水が弱酸であることを意味する．したがって不溶性の炭酸カルシウム（$CaCO_3$）を含んだ岩石に雨水が降り注ぐと，岩石中の炭酸カルシウムが溶け出す．こうした過程は大規模に起こり，植物に必須の栄養素であるカルシウムが生物圏で利用可能になる．炭酸カルシウムは次式に示す化学反応により炭酸水素カルシウムとして溶解する．

$$CaCO_3 + H_2CO_3 \rightleftharpoons Ca(HCO_3)_2$$
炭酸　　　　炭酸　　　炭酸水素
カルシウム　　　　　　カルシウム

▶ 二酸化炭素が溶けている雨水は弱い酸である．
▶ 岩石の炭酸カルシウムは雨に溶けて移動する．

植物の成長におけるカルシウムの重要性は古くから知られていた．農作物を育てるための土地では，土壌の肥沃度を保つために定期的に消石灰（水酸化カルシウム）を用いてきた．消石灰を数年ごとに施さないと，農作物の生産量は下がっていく．消石灰はカルシ

ウムを溶けやすくしたものである．石灰岩を加熱して分解することで得られる生石灰（酸化カルシウム）に水を作用させると，消石灰となる．

> **問 8・1**
>
> 二酸化炭素が雨水に溶けたときに起こる反応を示す式を書け．
> この反応が，白亜（チョーク）や石灰岩からのカルシウムと炭素の移動にどのように関与しているかを説明せよ．

石炭，石油，炭酸カルシウムを含む岩石は生物が起源である．化石燃料の燃焼，岩石の溶解による物質移動は生物圏において炭素を何度も利用できるようにしている．炭素を吸収した生物自体もまた死に，腐敗する．やがてそれらは堆積し，炭素を含んだ新たな岩石となる．こうした循環は**炭素循環**（carbon cycle）とよばれる．膨大な炭素化合物がこの循環に関与し，自然界において長期間にわたりバランスをとった状態で維持されている（図 8・1）．

▶ 炭素は岩石圏と生物圏の間を，炭素循環を介して移動する．

> **問 8・2**
>
> 炭素循環において，二酸化炭素が大気へと戻っていく三つの機構を述べよ．

8・3 有機化合物

有機化合物とは，鎖状や環状につながった炭素原子が基本骨格となり，そこに水素，酸素，窒素，その他の少数の元素が結合している物質である．有機化合物は長い炭素鎖や，環状構造をもつことが多い．これは炭素原子が互いに強固な結合を形成しているために可能となっている．他の元素は，同じ原子間では弱い結合しか形成できないことが多い．炭素-炭素結合エネルギーは 348 kJ mol^{-1} である．炭素と酸素，窒素，水素などとの間の結合のエネルギーも同程度である．たとえば，炭素-酸素は 360 kJ mol^{-1}，炭素-窒素は 305 kJ mol^{-1}，炭素-水素は 412 kJ mol^{-1} である．分子内における炭素原子間結合の高いエネルギーは，分子構造が安定なことを示している．この高い結合エネルギーは，動物や植物におけるエネルギーの貯蔵を担っている．生命活動には，たとえ単純な微生物であっても多様な構造と機能を備えた有機化合物が必要であ

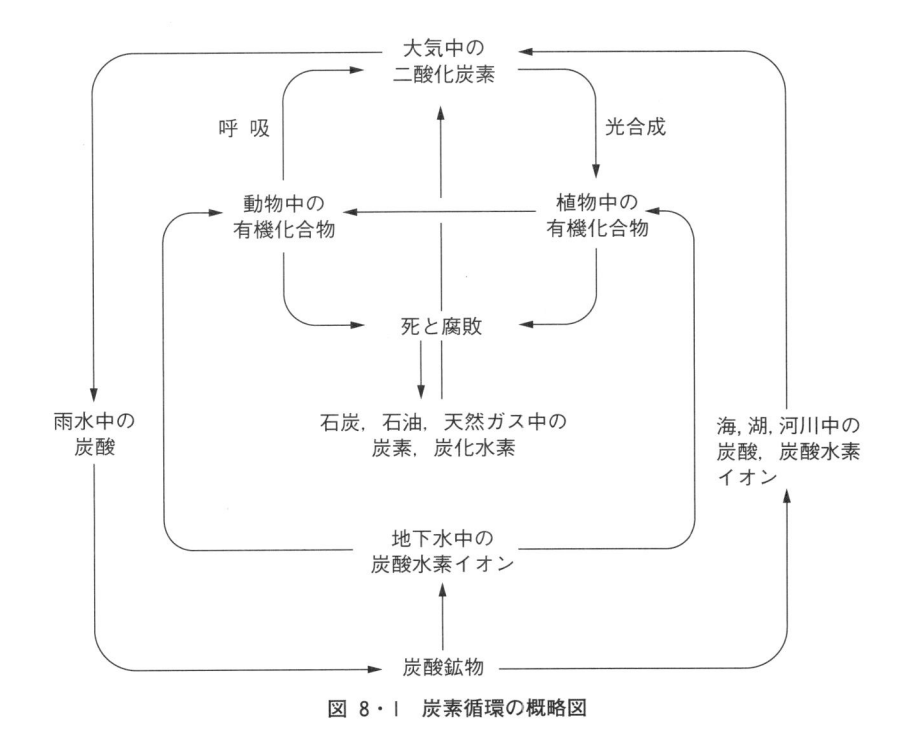

図 8・1 炭素循環の概略図

る．かつては，有機化合物は生きた細胞内のみで生産されると見なされてきた．しかし19世紀に有機化合物が実験室において合成され，今日では，巨大で複雑なさまざまなペプチドも，生化学者によって正確に複製されるようになっている．

8・4 アルカンとアルキル基*

アルカンは炭素と水素のみを含むので，**炭化水素** (hydrocarbon) とよばれる．炭素の原子価は4であり水素の原子価は1であるため，最も単純なアルカンでは4個の水素が1個の炭素に結合している．これがメタン（CH_4）である．2個の炭素が結合していると，おのおのの炭素に水素3個が結合してエタン（C_2H_6）となる．炭素をさらに順々に増やしていくと，一連のアルカンとなる．次はプロパン（C_3H_8）である．メタンとエタンの化学式の違いは CH_2 であり，エタンとプロパンの違いも同様である．CH_2 ずつ異なる一連の化合物は，**同族列** (homologous series) とよばれる（表8・1）．アルカンは同族列を形成し，この一連の化合物は，化学的性質が似ている．アルカンは，基本的には反応性が低いが，燃やすと熱の発生を伴って二酸化炭素と水を大気へと放出する．アルカンは燃料として使われている．

---

* 訳注：本章に出てくる有機化合物の多くは異性体が存在するが，この章では主として直鎖状の化合物を取上げている．

> アルカンは水素の割合が大きい炭化水素である．

天然ガスは，ほぼ純粋なメタンであり，家庭や発電所で燃料として使われている．ガソリンは数種類のアルカンの混合物であり，乗り物の燃料に最適である．すべてのアルカン分子は整数 n を用いた**一般式** (general formula)，C_nH_{2n+2} で表せる．アルカンには多くの種類があるが，名前の最後に接尾語 **-ane** が付いているために，容易に識別することができる．名前の前半部は，分子内の炭素の数により，meth＝1，eth＝2，prop＝3，but＝4 となる．すなわち分子の名前がわかったとき，それがアルカンなのかどうかと，分子内の炭素の数はいくつなのかがわかる．さらに一般式を用いると，その分子の化学式を書くこともできる．アルカンの化学式を最も単純に書いたものは，**分子式** (molecular formula) とよばれる．エタンの分子式は C_2H_6 である．化学式を，**構造式** (structural formula) としてより詳しく記述すると役立つことが多い．表8・1 は，いくつかのアルカン分子の名前，分子式，構造式をまとめたものである．

表 8・1　アルカンの名前と化学式

名　前	分子式	簡略化した構造式	完全な構造式
メタン（methane）	CH_4	CH_4	$H-\underset{\underset{H}{\mid}}{\overset{\overset{H}{\mid}}{C}}-H$
エタン（ethane）	C_2H_6	CH_3CH_3	$H-\underset{H}{\overset{H}{C}}-\underset{H}{\overset{H}{C}}-H$
プロパン（propane）	C_3H_8	$CH_3CH_2CH_3$	$H-\underset{H}{\overset{H}{C}}-\underset{H}{\overset{H}{C}}-\underset{H}{\overset{H}{C}}-H$
ブタン（butane）	C_4H_{10}	$CH_3CH_2CH_2CH_3$	$H-\underset{H}{\overset{H}{C}}-\underset{H}{\overset{H}{C}}-\underset{H}{\overset{H}{C}}-\underset{H}{\overset{H}{C}}-H$
ペンタン（pentane）	C_5H_{12}	$CH_3CH_2CH_2CH_2CH_3$	$H-\underset{H}{\overset{H}{C}}-\underset{H}{\overset{H}{C}}-\underset{H}{\overset{H}{C}}-\underset{H}{\overset{H}{C}}-\underset{H}{\overset{H}{C}}-H$

8. 脂肪族炭素化合物

例題 8・1

以下に分子式 (a) から (f) で示す化合物はいずれも炭化水素である.
1) アルカンはどれか.
2) そのアルカンの名前を書け.
(a) C_3H_6　　(b) C_4H_{10}　　(c) C_2H_6
(d) C_2H_4　　(e) C_4H_6　　(f) C_3H_8

◆ 解 答 ◆

1) アルカンの一般式は C_nH_{2n+2} である. この式に当てはまるのは (b), (c), (f).

2) 名前はすべて -ane で終わる. 化合物 (b) は炭素が4個なので, 接頭語 but- を用いる (表8・1). すなわち, 名前は butane (ブタン) となり, (c) と (f) も同様にして ethane (エタン), propane (プロパン) となる.

問 8・3

接頭語 pent- と hex- はそれぞれ, 5個, 6個の炭素原子に対応する. 以下の化合物の分子式と簡略化した構造式を書け.
a) pentane (ペンタン)
b) hexane (ヘキサン)

アルカンは, 生物学においてはそれほど重要ではないが, アルカンに由来するいくつかの特徴は重要となってくる. その一つが **アルキル基** (alkyl group) である. あるアルカンから水素原子が1個取除かれると, 他の分子と結合できる原子団 (基) が残る. 最も単純なアルキル基は, メタン (CH_4) から水素を1個取除いたメチル基 (CH_3-) である. エチル基 (CH_3CH_2-) はエタン (CH_3CH_3) に由来する. アルキル基は整数 n を用いた一般式 C_nH_{2n+1} となる. アルカンと同様に, すべてのアルキル基は接尾語 -yl で終わる名前になる. 名前の前の部分は炭素の数を示す. アルキル基は, 独立して存在することはほとんどなく, 余分な原子価を一つもっているため, 他の原子や原子団 (基) と結合している. アルキル基は, アミノ酸, タンパク質, 炭水化物, 脂質, 核酸などほとんどすべての生体分子に存在する. アルキル基の種類だけが違う類似の物質も多く, その場合は, 各物質内のアルキル基の化学式を R で置き換えて表すのが一般的である. 一つの構造内にアルキル基が2個あり, それらが同じでないときには, R と R', または R^1 と R^2 と表すこともできる. この本でも, このあと, いろいろなところでアルキル基と出会うであろう. いくつかの例を表8・2にあげる.

> アルキル基はアルカンに由来し, ほとんどの生体分子に存在している.

例題 8・2

以下の炭化水素に由来するアルキル基の名前と完全な構造式を書け.
a) methane (メタン)
b) propane (プロパン)

表 8・2 アルキル基の名前と化学式

名 前	簡略化した構造式	完全な構造式
メチル (methyl)	CH_3-	H–C(H)(H)–
エチル (ethyl)	CH_3CH_2-	H–C(H)(H)–C(H)(H)–
プロピル (propyl)	$CH_3CH_2CH_2-$	H–C(H)(H)–C(H)(H)–C(H)(H)–
ブチル (butyl)	$CH_3CH_2CH_2CH_2-$	H–C(H)(H)–C(H)(H)–C(H)(H)–C(H)(H)–

◆解答◆

メタンの分子式は CH_4 である．これに由来するアルキル基は水素が1個少ないので，完全な構造式は，以下のようになる．

$$\begin{array}{c} H \\ | \\ H-C- \\ | \\ H \end{array}$$

名前は，炭素1個の接頭語 meth- と，接尾語 -yl から methyl（メチル）となる．同様に，プロパンに由来するアルキル基の完全な構造式は，

$$\begin{array}{ccc} H & H & H \\ | & | & | \\ H-C-C-C- \\ | & | & | \\ H & H & H \end{array}$$

となり，名前は propyl（プロピル）である．

問 8・4

以下の分子式のアルカンに由来するアルキル基の名前を書け．
 a) C_2H_6 b) C_4H_{10}

8・5 アルケン

2番目の炭化水素の同族列は，アルケン (alken) とよばれ，炭素-炭素の二重結合をもつ．炭素原子1個では二重結合を形成することができないため，アルケンの最も単純な化合物は2個の炭素を含む．それがエテン（C_2H_4）である．エテン (ethene) は，アルケンの接尾語 -ene，と2炭素の接頭語 eth- からなる．いくつかのアルケンの名前と化学式を表8・3に示す．表8・3から明らかなように，アルカンと同様な方法で命名されている．

アルケンは，二重結合をもっているため，この結合が開裂して別の分子団と新たな結合を形成する付加反応を起こしやすい．そのため，アルカンよりもはるかに反応性が高い．付加反応の結果，二重結合は失われ，反応性の低い物質が生成物となる．エテンに水が付加するとエタノールとなる．

$$\begin{array}{c} H \\ | \\ H-C \\ \| \\ H-C \\ | \\ H \end{array} + \begin{array}{c} O-H \\ | \\ H \end{array} \longrightarrow \begin{array}{c} H \\ | \\ H-C-O-H \\ | \\ H-C-H \\ | \\ H \end{array}$$

　エテン　　　　水　　　　　　エタノール

水にアルケンが付加する**水和** (hydration) に続いて，水素が失われる**脱水素** (dehydrogenation) が起こり，いくつかの反応を経て別のアルケンが生成する過程は，クエン酸回路で重要である．アルケンのように付加反応が起こる二重結合をもつ化合物は**不飽和** (unsaturated) とよばれ（二重結合をもつ生体分子に関しては9章参照），付加反応が起こらない化合物は**飽和している** (saturated) という．アルカンは飽和化合物である．エテン（エチレン）は老化に関与している植物ホルモンである．エテンは花の老化や果実の熟成を刺激する．アルケン分子は反応部位となる炭素-炭素の二重結合をもつが，このように化学的に反応性がある原子や原子団を**官能基** (functional group) とよぶ．アルケンの官能基は二重結合である．

表 8・3 アルケンの名前と化学式

名前[慣用名]	分子式	簡略化した構造式	完全な構造式	存在しているアルキル基 (R=)
エテン (ethene) [エチレン]	C_2H_4	$CH_2=CH_2$	$\begin{array}{c}H\\ C=C\\ HH\end{array}$	(H—)
プロペン (propene)	C_3H_6	$CH_3CH=CH_2$		CH_3-
ブテン (butene)	C_4H_8	$CH_3CH_2CH=CH_2$		CH_3CH_2-

問 8・5

エテンに水が付加するときには，二重結合を形成している炭素原子の一つにヒドロキシ基が付加し，水素原子が二重結合のもう一つの炭素に付加する．以下の化合物に水が付加したときの生成物の完全な構造式を描け．
　a) プロペン（propene）
　b) ブテン（butene）

> アルケンは不飽和であり，付加反応が起こる．

8・6 アルコール

アルコールは，分子内に1個の酸素原子をもっているという点で，アルカンやアルケンとは異なる．アルコールの酸素原子は，アルキル基に結合しているヒドロキシ基（−OH）として存在する．2個の炭素をもつアルコール化合物であるエタノールは，さまざまな飲み物に含まれる．それらを消費するという文化，および社会は，何世紀にもわたり今日まで続いている．そのためエタノールを単にアルコールをよぶことが多い．エタノールは限られた量を摂取すれば比較的毒性が低いが，他のアルコール，特にメタノールは毒性が高い．アルコールも他の同族列と同じように名前が付けられており，接尾語 **-ol** が官能基であるヒドロキシ基の存在を示している．いくつかの単純な構造のアルコールの名前と化学式を表8・4に示す．構造式は酸素原子が分子内でどのように存在しているかを示すために役立つ．酸素はヒドロキシ基としてではなく別の形態でも存在しうるが，分子式からではその点が明らかにならない．

> 他の一連の有機化合物と同じように，アルコールは反応性の官能基をもつ．

問 8・6

以下に示すアルコール（表8・1，表8・4参照）の完全な構造式を書け．
　a) プロパノール　　b) ペンタノール
　c) ブタノール

問 8・7

以下の分子式で示されたアルコールの名前を書け．
　a) C_2H_6O　　　b) $C_4H_{10}O$　　　c) CH_4O

アルコールは植物や動物の体内において，おもに炭水化物として，さまざまな形で存在している．光合成によって，植物は日光の下で大気中の二酸化炭素と水を用いて，炭水化物を生成する．炭水化物はデンプンやセルロースとして貯えられ，動物の食料となる．炭水化物は植物のエネルギー源としても用いられる．炭水化物は酸化された代謝物となり，最終的には二酸化炭素と水となる．商業面では，エタノールは燃料としても用いられる．エタノールを燃やすと青い炎となり，効率的に二酸化炭素と水へと変換される．エタノールの燃焼によってこのほかにはほとんど何も生成しないため，"クリーンな" 燃料とされている．

$$\text{エタノール} + \text{酸素} \longrightarrow \text{二酸化炭素} + \text{水}$$

表 8・4　アルコールの名前と化学式

名　前	分子式	簡略化した構造式	完全な構造式
メタノール（methanol）	CH_4O	CH_3OH	H−C(H)(H)−OH
エタノール（ethanol）	C_2H_6O	CH_3CH_2OH	H−C(H)(H)−C(H)(H)−OH
プロパノール（propanol）	C_3H_8O	$CH_3CH_2CH_2OH$	H−C(H)(H)−C(H)(H)−C(H)(H)−OH

空気中の微生物によってエタノールが部分的に酸化されると，カルボン酸である酢酸（エタン酸）が生成する．微生物はこの代謝反応でエネルギーを得ている．

$$\text{エタノール} + \text{酸素} \longrightarrow \text{酢酸} + \text{水}$$

ワインの瓶を開けたまま2, 3日放置しておくと酸っぱくなるのは，この反応のためである．アルコールを触媒存在下で加熱すると，水分子が脱離してアルケンとなる．これが**脱水**（dehydration）である．エタノールはエテンになる．

$$\text{エタノール} \longrightarrow \text{エテン} + \text{水}$$

▶ アルコールは脱水，酸化を受ける．

エテンに水が付加する水和によってエタノールが生成する（8・5節参照）ことからもわかるように，上記の反応は，その逆反応である．水和と脱水はクエン酸回路において重要な反応である．単純なアルコールは1個のヒドロキシ基（—OH）しかもたないが，いくつかの炭素をもつアルコールでは，ヒドロキシ基が2個以上になりうる．糖は3, 4, 5個のヒドロキシ基をもつことが多く，長鎖の炭水化物であるデンプン，グリコーゲンはさらに多数のヒドロキシ基をもつ（9章参照）．

問 8・8

アルコールが以下のように反応したときの生成物を述べよ．
 a）メタノールが大気中で完全に燃焼した．
 b）エタノールが大気中で微生物により酸化された．
 c）プロパノールの脱水．

8・7 チオール

チオールは，アルコールの酸素原子の位置に硫黄原子を入れたもので，アルコールと非常に似ている．最も単純なチオールであるメタンチオール（CH_3SH）は揮発性で悪臭のある油であり，生物にはそれほど重要ではない．生物に重要なチオールはたいてい大きな分子である．アミノ酸のシステイン（図8・2）はチオール基をもつ．システインがタンパク質構造の一部となった場合，容易に酸化されやすい特徴が重要とな

図 8・2 システイン

る．異なるペプチド鎖内もしくは同一のペプチド鎖内で2個のシステインが近傍に存在すると，チオール基は酸化によって硫黄-硫黄（—S—S—）共有結合（ジスルフィド結合という）を形成することがある．

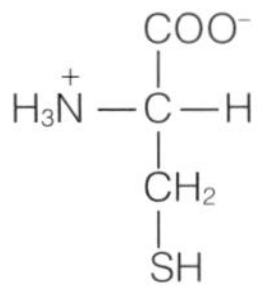

$$\text{システイン} + \text{システイン} \longrightarrow \text{シスチン} + \text{水素}$$

▶ チオールは容易に酸化され，生化学反応の中間体となる．

シスチンの形成（すなわちジスルフィド結合の形成）は，タンパク質の三次元構造の形成に貢献している．システイン残基は，空気中の酸素によって酸化されうるほどの反応性がある．髪のタンパク質ケラチンは，システインをたくさん含むため，たくさんのシスチンが形成されている．これは，髪の毛がストレートになったりカール状になる原因となっている．パーマをかけるときには，一度還元によってシスチンを壊し，髪の毛を決まった形にした後に，再構成する．

問 8・9

2-メルカプトエタノールは，シスチン H_3N^+—$CH(COO^-)CH_2$—S—S—$CH_2CH(COO^-)NH_3^+$ をチオールへと還元する．得られるチオールの簡略化した構造式を書け．

酵素リボヌクレアーゼは，4個のジスルフィド結合を分子の異なる部分で形成しており，それによって安定化している．たとえすべてのジスルフィド結合が酵素の変性もしくは還元で破壊されても，分子は徐々に折りたたまれ，結合が再び形成されて，活性も復活する．代謝の調節因子で，成長因子でもあるインスリンも3個のジスルフィド結合をもち，構造上欠かすことができない要素となっている．

アセチル基の転移に関与している補酵素A（coenzyme A，略してCoA）は，ピルビン酸の酸化，すなわち炭水化物の酸化で中心的な役割を果たしている．その骨格は，アデノシン5'-三リン酸（ATP），ビタミンBの一つパントテン酸，β-メルカプトエチ

ルアミンからなる.

ATP ─ パントテン酸 ─ β-メルカプトエチルアミン

CoA の遊離のチオール基は，この分子の活性部位であり，アシル基（RC=O）を転移する機能を担っている．解糖系によって糖から生成するピルビン酸のアセチル基（CH₃C=O）が CoA へと転移すると，アセチル CoA が生成する．中間体として存在するこの化合物はエステル（8・9節参照）である．アセチル基はその後オキサロ酢酸に移動し，クエン酸が生成する．その順序は，次の通りである．

ピルビン酸 + CoA ⟶ アセチル CoA + 二酸化炭素

この反応は，補酵素であるニコチンアミドアデニンジヌクレオチド（NAD）によって仲介される．アセチル基はその後，オキサロ酢酸に移動しクエン酸となる．

オキサロ酢酸 + アセチル CoA
　　　　　　⟶ クエン酸 + 補酵素 A

8・8 アルデヒド，ケトン

アルコールが大気で部分的に酸化されると，おもにカルボン酸となる（8・6節）が，他の化合物も反応により生成する．それらにはケトンとアルデヒドが含まれる．アルデヒドとケトンは1個の酸素原子をもち，アルコールよりも水素が少ない．アルデヒドの名前は **-al** で終わり，これが −CHO 基に対応する．分子の末端の炭素原子だけがアルデヒドになりうる．ケトンは **-one** で終わる名前をもち，これは −CO− 基を示している．ケトンは炭素鎖の末端でない部分でのみ存在するため，アルデヒドとは相補的な関係である．アルデヒドとケトンは，ともに炭素-酸素の二重結合であるカルボニル基（C=O）をもつ．いくつかのアルデヒドとケトンの名前および分子式を表8・5に示す．この表から，エタナール（アセトアルデヒド）とプロパナールはともに −CHO 基をもち，名前が -al で終わっているため，アルデヒドであることがわかる．簡略化した構造式でのアルキル基を R−とすると，アルデヒドの一般式は RCHO となる．−CO− 基をもち，名前の最後が -one であるプロパノン（propanone）はケトンである．ケトンの一般式は，2つのアルキル基を R, R′ に置き換えて，RCOR′ と書くことができる．

▶ アルデヒドはカルボニル化合物であり，容易に酸化もしくは還元される．

例題 8・3

以下に記す分子式の化合物が，アルデヒドかケトンかを示せ．
　a）HOCH₂CHOHCHOHCHOHCHO
　b）⁻OOCCOCH₂CH₂COO⁻

◆ 解 答 ◆
すべての炭素の原子価が4であることに留意して，おのおのの完全な構造式を書く．そして，アルデヒド基，ケトン基を同定する．

表 8・5　アルデヒド，ケトンの名前と化学式

名前［慣用名］	分子式	簡略化した構造式	完全な構造式
メタナール（methanal）[ホルムアルデヒド]	CH₂O	HCHO	H−C(=O)H
エタナール（ethanal）[アセトアルデヒド]	C₂H₄O	CH₃CHO	H−C(H)(H)−C(=O)H
プロパナール（propanal）	C₃H₆O	CH₃CH₂CHO	H−C(H)(H)−C(H)(H)−C(=O)H
プロパノン（propanone）	C₃H₆O	CH₃COCH₃	H−C(H)(H)−C(=O)−C(H)(H)−H

a）構造式：アルデヒド基が存在する

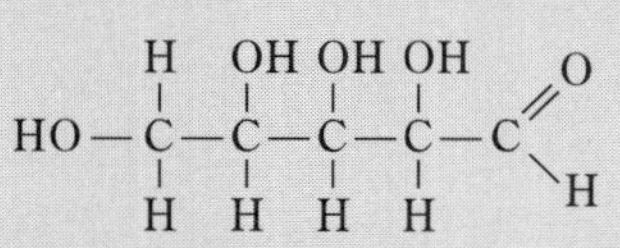

```
    H  OH OH OH   O
    |  |  |  |   ∥
HO—C—C—C—C—C
    |  |  |  |   \
    H  H  H  H    H
```

b）構造式：ケトン基が存在する

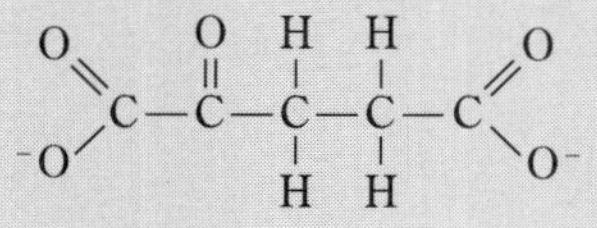

```
  O  OH H  H   O
  ∥  |  |  |   ∥
 ⁻O—C—C—C—C—C—O⁻
        |  |
        H  H
```

問8・10

カルボニル化合物の簡略化した構造式のリストがある．おのおのがアルデヒドかケトンかを示せ．

a) CH_3CH_2CHO
b) $CH_3CH_2COCH_3$
c) $HOCH_2CH_2CHO$
d) $RCHO$
e) CH_3COCH_3
f) $^-OOCCOCH_2COO^-$

アルデヒドやケトンでは，カルボニル基上で付加反応が起こることが多い（9章）．酸化反応や還元反応も起こる．単糖（9・6節）はアルコールであるが，

```
    H
    |
    C=O
    |
H—C—OH
    |
H—C—OH
    |
    H
```
図8・3 D-グリセルアルデヒド

```
    H
    |
H—C—OH
    |
    C=O
    |
H—C—OH
    |
    H
```
図8・4 ジヒドロキシアセトン

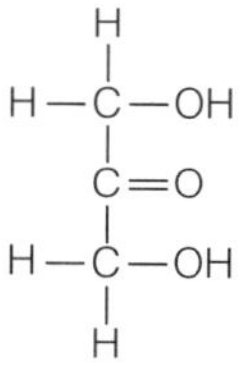

アルデヒド基もしくはケトン基ももっている．2個以上の官能基をもつことは，生体分子にとっては一般的である．単糖のD-グリセルアルデヒド（図8・3）とジヒドロキシアセトン（図8・4）は，どちらもカルボニル基とともに2個のヒドロキシ基をもつ．

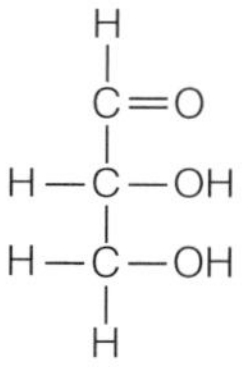

8・9 カルボン酸

ヒドロキシ基 —OH がカルボニル基 —CO— の炭素に結合するとカルボン酸となる．カルボン酸は，アルデヒド，ケトン，アルコールとはまったく異なる性質を示す．これは，—OH と —CO— が相互作用をして水素原子が酸性になり，酸味などの酸に特有の性質をもつためである．カルボン酸は自然界に広く存在し，構造的にも代謝物質としてもきわめて重要である．クエン酸回路のすべての反応にカルボン酸が関与している．いくつかのカルボン酸の名前と構造式を表8・6に示す．それぞれが，炭素原子の数を示す接頭語に，接尾語 -oic acid が付いた名前となっていることがわかるだろう．生物にとって重要なカルボン酸は，最初に見いだされたときや調製されたときに付けられた名前をもっていることもある．こうした慣用名は今日でも使われており，系統名と慣用名は適宜，使い分けられている．表8・6には両方の名前を示す．

問8・11

簡略化した構造式で記した以下のカルボン酸の系統名を書け．

a) CH_3CH_2COOH
b) $HCOOH$
c) $HOOCCOOH$

以下の酢酸（エタン酸）の例に示すように，カルボ

表8・6 カルボン酸の名前，化学式，pK_a値

名前［慣用名］	簡略化した構造式	完全な構造式	アルキル基	pK_a
メタン酸（methanoic acid）［ギ酸］	HCOOH	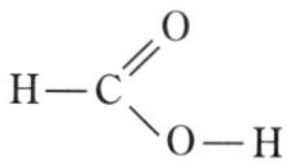 H—C(=O)—O—H	(H—)	3.85
エタン酸（ethanoic acid）［酢酸］	CH_3COOH	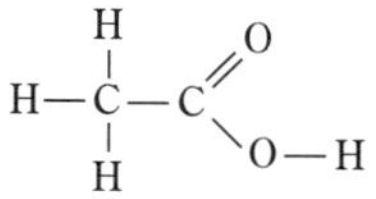 $H_3C—C(=O)—O—H$	$CH_3—$	4.72
プロパン酸（propanoic acid）［プロピオン酸］	CH_3CH_2COOH	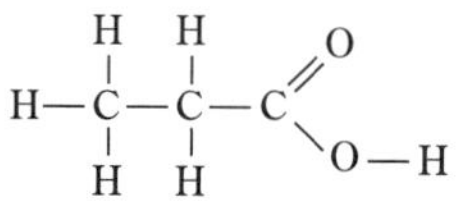 $CH_3CH_2—C(=O)—O—H$	$CH_3CH_2—$	4.81

ン酸はたいてい水に溶けてイオン化する．

$$CH_3COOH + H_2O \rightleftharpoons CH_3COO^- + H_3O^+$$
　　酢酸　　　　水　　　　酢酸イオン　オキソニウム
　　　　　　　　　　　　　　　　　　　　　　イオン

　カルボン酸から失われたプロトンは，孤立電子対をもつ塩基に取込まれる．上式では，水が塩基となっている．酢酸は他のカルボン酸と同様に，水中で部分的にイオン化している．**弱酸**（weak acid）という用語は，カルボン酸分子と，そこから発生するイオンを含む水の状態を表すために用いられる．カルボン酸のイオン化の度合は，pK_aの値によって見積もられる（6章参照）．低いpK_aの値は，イオン化の度合が大きい酸に対応し，高い値はほとんどイオン化していないことを意味する．生物にとって重要なカルボン酸の名前を表8・7に載せた．

▶ カルボン酸はプロトンを塩基や水に移動させる．

問 8・12

簡略化した構造式を用いて，酪酸（ブタン酸）の水中でのイオン化を示す式を書け．

　細胞内で，カルボン酸はアミド化，脱炭酸，アシル基置換（エステル化）など，さまざまな重要な反応に関与している．アミド化とは，カルボン酸がアミンとの反応で**アミド**（amide）へと変換されることである．エタン酸（酢酸）とエチルアミンとでは，その反応は，以下のようになる．

$$CH_3COOH + CH_3CH_2NH_2$$
　酢酸　　　　　エチルアミン

$$\longrightarrow CH_3CONHCH_2CH_3 + H_2O$$
　　　　　　　N-エチル酢酸アミド　　　　水

▶ カルボン酸はアミド，エステルへと変換される．

　この反応はペプチド結合（—CONH—）を形成する反応である．2個のアミノ酸の間で，一方の分子のカルボキシ基ともう一方の分子アミノ基とが反応してペプチド結合を形成し，ジペプチドとなる．ジペプチドは他のアミノ酸とさらに反応し，最終的には長いペプチド鎖となる．ペプチド鎖がタンパク質の基盤となる．

　脱炭酸は，カルボン酸から二酸化炭素が失われてアルカンとなる反応である．単純なカルボン酸の脱炭酸には，生きた細胞内の環境と比較して激しい条件が必要である．しかし，ケト酸，ジカルボン酸，トリカルボン酸では容易に脱炭酸される．こうした反応はクエン酸回路で頻繁に起こる．たとえばイソクエン酸は，容易に脱炭酸される中間体オキサロコハク酸を経由し

表 8・7 カルボン酸の名前と化学式

系統名	慣用名	簡略化した構造式
メタン酸（methanoic acid）	ギ酸	HCOOH
エタン酸（ethanoic acid）	酢酸	CH_3COOH
ブタン酸（butanoic acid）	酪酸	$CH_3CH_2CH_2COOH$
ヘキサデカン酸（hexadecanoic acid）	パルミチン酸	$CH_3(CH_2)_{14}COOH$
オクタデカン酸（octadecanoic acid）	ステアリン酸	$CH_3(CH_2)_{16}COOH$
cis, cis-9,12-オクタデカジエン酸（cis,cis-9,12-octadecadienoic acid）	リノール酸	$CH_3(CH_2)_4CH=CHCH_2CH=CH(CH_2)_7COOH$
エタン二酸（ethanedioic acid）	シュウ酸	HOOCCOOH
プロパン二酸（propanedioic acid）	マロン酸	$HOOCCH_2COOH$
ブタン二酸（butanedioic acid）	コハク酸	$HOOCCH_2CH_2COOH$
ブテン二酸（butenedioic acid）	フマル酸	$HOOCCH=CHCOOH$
ペンタン二酸（pentanedioic acid）	グルタル酸	$HOOCCH_2CH_2CH_2COOH$
3-カルボキシペンタン-3-オール二酸（3-carboxypentan-3-oldionic acid）	クエン酸	$HOOCCH_2\underset{\underset{COOH}{\mid}}{\overset{\overset{OH}{\mid}}{C}}CH_2COOH$
ペンタン-2-オン二酸（pentan-2-onedioic acid）	2-ケトグルタル酸	$HOOCCH_2CH_2\overset{\overset{O}{\parallel}}{C}COOH$

て，2-ケトグルタル酸へと変換される．

　　イソクエン酸 ─→ 2-ケトグルタル酸 ＋ 二酸化炭素

この反応は酵素によって触媒され，実際にはここに示したよりも複雑である．

> 脱炭酸とは，カルボン酸から二酸化炭素が失われることである．

　エステルはカルボン酸のアシル置換により生成する．細胞内では，カルボン酸とアルコールとの間の直接反応はエネルギー的に進行せず，通常はチオール（8・7節）とカルボン酸から形成されるチオエステルを経由して起こる．エステルの一般式は RCOOR′ である．たとえば，酢酸エチルは $CH_3COOCH_2CH_3$ である．

　カルボン酸分子は，ヒドロキシ基（−OH）とカルボニル基（−CO−）の両方もっているため，他のカルボン酸分子と水素結合（3・4節）を形成することができる．酢酸では，以下のようになる．

この図では，一方のカルボン酸に使っていないヒドロキシ基があり，もう一方にはカルボニル基がある．これらの官能基が二つ目の水素結合を形成すると，2個の分子はより強固に結合する．

同様に，カルボン酸と水，アルコール，チオール，アミン，カルボニル基との間でも水素結合は形成される．これらの結合は生体分子の構造に重要である．

> **問 8・13**
> 酢酸と水との間では 2 種類の水素結合が起こりうる．これらの水素結合を簡略化した構造式で書け．

8・10 ア ミ ン

　アミンは，窒素を含む単純な化合物であるアンモニア（NH_3）から誘導される．アンモニアの水素原子をアルキル基で入れ替えるとアミンとなる．アミンの同族列の中で最も単純なアミンはメチルアミン（メタンアミン，CH_3NH_2）である．化合物の命名には，接尾語 –amine を，接頭語であるアルキル基の名前に付ける（メチルアミン（methylamine））か，または，-e を抜いたアルカンの名前に付ける（メタンアミン（methanamine））．同族列の二つ目は，エチル基が窒素と結びついたエチルアミン（エタンアミン，$CH_3CH_3NH_2$）である．いくつかのアミンを表 8・8 に示す．

　メチルアミンは窒素に結合した 2 個の水素原子をもっているが，これらの水素原子の 1 個もしくは両方をアルキル基で置き換えると別のアミンになる．2 個のメチル基があるときはジメチルアミン（$(CH_3)_2NH$）である．3 個のメチル基が窒素に結合するとトリメチルアミン（$(CH_3)_3N$）となる．メチル基を，別の同じアルキル基，もしくは異なるアルキル基で置き換えると，3 種類のアミンの一般式，RNH_2, $RR'NH$, $RR'R''N$ が書ける．これらはそれぞれ**第一級**（primary），**第二級**（secondary），**第三級**（tertiary）アミンとよばれ，窒素原子に結合している水素原子の数を数えることで容易に区別できる．2 個だと，その化合物は第一級アミンである．1 個の水素原子が窒素に結合してい

表 8・8　アミンの名前と簡略化した構造式

名　前	簡略化した構造式	第一級，第二級，第三級
メチルアミン	CH_3NH_2	第一級
エチルアミン	$CH_3CH_2NH_2$	第一級
プロピルアミン	$CH_3CH_2CH_2NH_2$	第一級
ジメチルアミン	CH_3NHCH_3 または $(CH_3)_2NH$	第二級
ジエチルアミン	$CH_3CH_2NHCH_2CH_3$ または $(CH_3CH_2)_2NH$	第二級
トリメチルアミン	CH_3NCH_3 または $(CH_3)_3N$ 　　| 　　CH_3	第三級

ると，第二級アミンである．水素をもたない窒素原子と3個のアルキル基が結びつくと，その化合物は第三級アミンである．いくつかの例を表8・8に示す．第一級，第二級，第三級のいずれのアミンも生物には重要である．

> **問 8・14**
>
> 6個のアミンを簡略化した構造式で示した．それぞれ第一級アミンか，第二級アミンか，第三級アミンかを述べよ．
> a) $CH_3CH_2CH_2NH_2$
> b) $CH_3CH_2NHCH_3$
> c) H_2NCH_2COOH
> d) $(CH_3)_3N$
> e) $HOCH_2CH_2NH_2$
> f) $CH_3CH_2NHCH_2CH_3$

特に重要なアミンの一群はアミノ基とカルボキシ基の両方をもつアミノ酸である．アミノ酸は通常，アミノ基とカルボキシ基という二つの官能基が同じ炭素原子に結合している．最も単純なアミノ酸は，アミノエタン酸（H_2NCH_2COOH）であり，通常はグリシンとよばれる．

アミンは弱塩基であり，酸と反応して塩を形成する．窒素の孤立電子対が酸からプロトン（H^+）を受取る．この過程を，アンモニアと塩酸の場合と，メチルアミンと塩酸の場合で示す．

$$NH_3 + HCl \longrightarrow NH_4^+Cl^-$$
アンモニア　塩酸　　塩化アンモニウム

この式は，アンモニアが水素イオンを受取ったときにアンモニウムイオンが形成される反応を示している．生成する塩は塩化アンモニウムである．メチルアミンも同様にして，メチルアンモニウム塩となる．

$$CH_3NH_2 + HCl \longrightarrow CH_3NH_3^+Cl^-$$
メチルアミン　塩酸　　塩化メチルアンモニウム

> アミンは酸と反応して塩となる．

> **問 8・15**
>
> 以下に示すアミンが水素イオン（H^+）と反応したとき，生成するアルキルアンモニウム塩の構造式を書け．
> a) $CH_3CH_2NH_2$
> b) $(CH_3)_3N$
> c) $HOCH_2CH_2NH_2$
> d) CH_3NHCH_3

アミンは水素と結合した電気陰性度が大きい窒素原子をもつため，水素結合を形成する（3・5節）．アミンは容易に互いに水素結合を形成する．

$$\overset{\delta-}{N}-\overset{\delta+}{H}\cdots\overset{\delta-}{N} \quad \overset{\delta-}{N}-\overset{\delta+}{H}\cdots\overset{\delta-}{O} \quad \overset{\delta-}{O}-\overset{\delta+}{H}\cdots\overset{\delta-}{N}$$

メチルアミンの場合は，次のようになる．

$$CH_3-\underset{H}{\overset{H}{N}}\overset{\delta+}{\cdots}\underset{H}{\overset{\delta-}{N}}\overset{CH_3}{\underset{H}{}}$$

カルボニル基の酸素や，アルコールの水素，酸素など，他の官能基とアミンとの水素結合は重要である．たとえば，タンパク質の折りたたみ構造の維持，核酸の二重らせんの形成などに重要な役割を果たしている．

> カルボン酸とアミンはそれぞれ，他のさまざまな化合物と水素結合を形成する．

まとめ

炭素は地球上に炭酸塩の鉱物，大気中の二酸化炭素，化石燃料として分布している．炭素は，二酸化炭素が植物に取込まれたとき，生物圏に移動する．動物は，炭素を植物から直接もしくは間接的に取込む．植物や動物の死と腐敗は炭素を非生物圏へと戻す．炭素は鎖状や環状に互いに結びつく．これが有機化学の基礎となる．アルカンとアルケンは炭化水素化合物である．酸素が有機化合物に存在すると，アルコール，アルデヒド，ケトン，カルボン酸となる．これらの化合物は，おのおのが同族列を形成し，反応を起こす官能基をもつ．同族列の各化合物は $-CH_2-$ の数が異なり，類似の性質や名前をもつ．窒素が有機化合物に導入されるとアミン，アミドになり，硫黄があるとチオールになる．これらの化合物は，すべて生物の構造と機能に密接にかかわっている．

章末問題

問 8・16　a) 石炭，b) 白亜（チョーク）は，地

球上でどのようにして形成されるか.

問 8・17 炭素循環において, a) 炭酸カルシウム, b) 二酸化炭素, の炭素が, 非生物圏から生物圏へと移動する機構の概略を示せ.

問 8・18 アルケンの一般式を書け.

問 8・19 アルケンの a) エテン, b) ブテンは, 対応するアルコールの脱水で生成する. 必要なアルコールの簡略化した構造式を書け.

問 8・20 アミノ酸のシステインは穏和な条件で酸化され, ジスルフィド結合をもつ化合物が生成する.

a) この化合物の簡略化した構造式を書け.
b) この結合のタンパクの構造における重要性は何か.

問 8・21 以下のアルコールは酸化されて, アルデヒドまたはケトンを生成する.

(i) エタノール (CH_3CH_2OH)
(ii) 2-ブタノール ($CH_3CH_2CHOHCH_3$)
(iii) 1-ブタノール ($CH_3CH_2CH_2CH_2OH$)

a) 生成した化合物はアルデヒドかケトンか.
b) 生成した化合物の名前を書け.

c) その簡略化した構造式を書け.

問 8・22 カルボン酸は脱炭酸により二酸化炭素を失う. 以下のカルボン酸が脱炭酸されると何が生成するか. 名前と構造式を書け.

a) プロパン酸 (CH_3CH_2COOH)
b) 2-ケトブタン酸 (オキサロ酢酸, $CH_3CH_2COCOOH$)

問 8・23 酢酸とエタノールとの間で形成される, 以下の水素結合を示す図を描け.

a) カルボキシ基の酸素-水素
b) カルボキシ基のヒドロキシ基-酸素

問 8・24 a) (i)~(iv) に示したアミンの名前を書け.
b) それらが第一級アミンか, 第二級アミンか, 第三級アミンか示せ.

(i) $CH_3CH_2NH_2$
(ii) $(CH_3)_3N$
(iii) $CH_3CH_2CH_2NH_2$
(iv) $CH_3CH_2NHCH_2CH_3$

問 8・25 水中でのエチルアミンと塩酸の反応式を化合物の名前とともに示せ.

9 脂質と糖

9・1 序

8章で述べた単純な構造の官能基は，多くの生体分子の重要な構成要素となっている．生体分子の官能基は，生細胞内に存在する複雑な分子が合成される足場になると同時に，それらの化合物が代謝されて分解される部分にもなっている．生体分子の重要なグループの一つは，糖と，糖が結合してできる複雑な構造の炭水化物である．糖は容易に代謝できる有用な食物源であると同時に，動物や植物の器官の主要な構造成分であるため，生物圏で重要な役割を果たしている．油脂は，生細胞におけるエネルギーの貯蔵庫であると同時に，生体膜の前駆体でもあるため，生体分子のもう一つの主要なグループになっている．

9・2 脂肪酸

アルキル鎖の末端の一つにカルボキシ基をもつカルボン酸（図9・1）は，代表的な有機酸である．長いアルキル鎖をもつカルボン酸は脂肪酸として知られ，油脂の主要な構成成分である．アルキル鎖の長さはさまざまで最大30炭素ほどになる．二重結合が入ることもある．クエン酸（図9・2）などの一部の生体分子は，カルボキシ基とともに他の官能基ももっている．

カルボン酸の名前は，由来するアルカンの名前から付けられる．すなわち，HCOOHは1炭素をもっているのでメタン酸（ギ酸），CH_3COOHは2炭素もっているのでエタン酸（酢酸）とよばれる（8・9節）．生物学者が特に興味を示すカルボン酸は長いアルキル鎖をもつ．ほとんどの天然のカルボン酸のアルキル鎖の長さは12炭素から20炭素である．脂肪酸のいくつかの名前と性質を表9・1に示す．表9・1からわかるように，脂肪酸は二つの名前をもつ．一つは系統名（こちらが望ましい）であり，もう一つはほとんどの生化学の教科書に掲載されている慣用名である．

表 9・1 飽和脂肪酸の名前と融点

系統名	慣用名	炭素原子の数	融点(°C)
ドデカン酸	ラウリン酸	12	44.8
テトラデカン酸	ミリスチル酸	14	54.4
ヘキサデカン酸	パルミチン酸	16	62.9
オクタデカン酸	ステアリン酸	18	70.1
イコサン酸	アラキジン酸	20	76.1
ドコサン酸	ベヘン酸	22	80.0

脂肪酸の命名は，二重結合が存在するとさらに複雑になる．二重結合をもたない脂肪酸は飽和脂肪酸とよばれ，二重結合を1個またはそれ以上もつ脂肪酸は不飽和脂肪酸とよばれる．天然に存在する脂肪酸の二重結合はシス配置である（8章，10章参照）．シス形不飽和脂肪酸はヒトの体内では合成できないため，食事で摂取する必要がある．このような脂肪酸はしばしば必須脂肪酸とよばれる．二重結合の位置は，脂肪酸のカルボキシ炭素からの位置で示す，Δ（デルタ）命名法で系統的に示される．教科書によっては，二重結合の位置をアルキル鎖末端のメチル基からの位置（ω（オメガ）命名法）で示しているものもある．

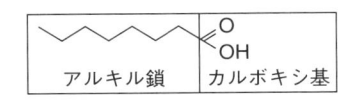

図 9・1 カルボン酸の構造

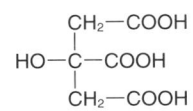

図 9・2 クエン酸は3個のカルボキシ基と，1個のヒドロキシ基をもつ

> 天然の不飽和脂肪酸は通常，シス形異性体である．

例題 9・1

図9・3に示す脂肪酸を命名せよ．

図 9・3

◆解答◆

1) カルボキシ炭素からの炭素の数を数える．これは図 9・3 に示したように 18 である．このことから，この脂肪酸はオクタデ……ン酸（octadec……oic acid）である．

2) 二重結合がいくつあるかを数える．今回は 1 個だけである．すなわち，脂肪酸はオクタデセン酸（octadecenoic acid）である．二重結合が 2, 3, 4 個の場合は，おのおのオクタデカジエン酸（octadecadienoic acid），オクタデカトリエン酸（octadecatrienoic acid），オクタデカテトラエン酸（octadecatetraenoic acid）となる．

3) 二重結合のタイプと位置を示す．図 9・3 の二重結合はシス配置であり，カルボキシ炭素から 9 番目の炭素であるため，名前は cis-9-オクタデセン酸（cis-9-octadecenoic acid）となる．

問 9・1

cis, cis-9,12-ヘキサデカジエン酸の構造を描け．

完全な系統名がわずらわしい場合は，慣用名が使われる．図 9・3 の脂肪酸はオレイン酸ともよばれる．また不飽和脂肪酸を簡略して表記するときには，まず炭素鎖の長さを書き，コロンを挟んで二重結合の数を書く（鎖の長さ：二重結合の数）（図 9・4）．たとえば，オレイン酸は 18:1 であり，ステアリン酸は 18:0 である．さらに，炭素の位置を番号付けしている命名

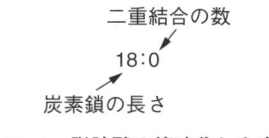

図 9・4 脂肪酸の簡略化した表記

法を書き，二重結合の位置を上付の数字で示す．すなわち，オレイン酸は 18:1 Δ^9 と略記される．表 9・2 に代表的な不飽和脂肪酸を記す．

表 9・1 は，脂肪酸の融点が炭素鎖の伸長とともに高くなることを示している．これはアルキル鎖の伸長に伴うファンデルワールス力（3・6節）の増大に由来している．この傾向は，シス形不飽和結合が導入されると複雑になる．図 9・3 に示したように，シス形二重結合はアルキル鎖を曲げる（60°）．その結果，ファンデルワールス力に必要な接近の度合が減少し，脂肪酸の融点は大きく低下する．ステアリン酸（18:0）の融点が 70.1 ℃ に対して，オレイン酸（cis 18:1）の融点は 16 ℃ である

> シス形不飽和結合は，脂肪酸の融点を低下させる．

カルボキシ基（carboxy group）の名前には，**カルボニル基**（**carbo**nyl group）と**ヒドロキシ基**（hydroxy group）の両方が含まれ，その化学的性質も両方に由来している．すなわちカルボキシ炭素は，電気的に陽性であるため求核攻撃を受けやすい箇所となり，ヒドロキシ基の水素は解離しやすくなっているため，カルボキシ基は酸としての性質をもつ．

例題 9・2

図 9・5(a) で，どちらの脂肪酸の融点が高く，どちらが低いかを説明せよ．

表 9・2 不飽和脂肪酸の名前と融点

名前		融点（℃）		簡略した表記
系統名	慣用名	cis	trans	
cis-9-テトラデセン酸	ミリストレイン酸	−4.0	18.5	14:1 Δ^9
cis-9-ヘキサデセン酸	パルミトレイン酸	0.5	32	16:1 Δ^9
cis-6-オクタデセン酸	ペトロセリン酸	29	54	18:1 Δ^6
cis-9-オクタデセン酸	オレイン酸	16	45	18:1 Δ^9
cis-11-オクタデセン酸	cis-バクセン酸	15	44	18:1 Δ^{11}
cis-11-イコセン酸	ゴンド酸	24	—	20:1 Δ^{11}
cis-13-ドコセン酸	エルカ酸	34	60	22:1 Δ^{13}

9. 脂質と糖

(a) [構造式 (i), (ii)]

(b) [構造式 (i), (ii)]

図 9・5

◆解答◆

炭素鎖の炭素数を数える．最初の脂肪酸は14炭素であり，2番目は16炭素である．アルキル鎖が長いほどファンデルワールス力が増大するため，長いアルキル鎖の脂肪酸は高い融点をもつ．続いて，シス形二重結合の数を調べる．シス形二重結合は，アルキル鎖を曲げるため，ファンデルワールス力は低下し，融点が下がる．脂肪酸は両方とも飽和している．よって，図9・5(a)の(ii)の脂肪酸の融点のほうが高い．

問 9・2

図9・5(b)で，どちらの脂肪酸の融点が高いかを説明せよ．

9・3 エステル

最も一般的なエステルは，有機酸とアルコールとの反応の生成物である（リン酸とチオールのエステルに関しては12章でふれる）．この反応を図9・6に，エステル結合を図9・7に示す．エステル結合が生成する過程はエステル化とよばれ，酸がエステル化されたという．この反応は水分子が失われる縮合反応である．水分子のヒドロキシ基はカルボキシ基に由来し，プロトンは反応したアルコールに由来する．エステル

[反応式: R-C(=O)-OH + HO-R' ⇌ R-C(=O)-O-R' + H-O-H]
カルボン酸　アルコール　　　　エステル

図 9・6 エステルの形成 カルボン酸と生成物のうちカルボン酸由来の原子を太字で示す．酸とアルコールを結ぶエステル結合の酸素は，アルコールに由来することに注意．

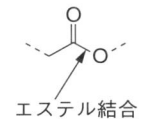

[構造式: エステル結合]

図 9・7 エステル結合

の名前は反応物の名前がもととなる．たとえば，エタン酸（酢酸）とメタノールとの間の反応では，エタン酸（エタン酸から）とメチル（メタノールから）を組合わせてエタン酸メチル（酢酸メチル）となる．

例題 9・3

プロパン酸とメタノールとの間の反応で生成するエステルの簡略化した構造式を書き，名前を付けよ．

◆解答◆

反応物の分子式を書く．CH_3CH_2COOH と CH_3OH となる．
アルコールをひっくり返して書くと $HOCH_3$．
プロパン酸から OH を，メタノールから H を除くと，CH_3CH_2CO- と $-OCH_3$ となる．
つなぐと，$CH_3CH_2COOCH_3$ となる．
プロパン酸がエステルとなるため "プロパン酸" が，アルコールはメタノールであったため "メチル" がエステルの名前となり，プロパン酸メチルとなる．

問 9・3

メタン酸（ギ酸）とエタノールとの間の反応で生成するエステルの簡略化した構造式を書き，名前を付けよ．

カルボキシ基と比べるとエステル結合の極性は，共鳴安定化の結果，低下する（図9・8）．エステルの二つの酸素の電子吸引効果により，カルボキシ炭素は電気的に陽性になる．すなわち，求核攻撃を受けやすい．カルボキシ基のエステル化は極性を低下させるため，薬剤を血液へ，血液から細胞へ移行させるための手助けとなる．サリチル酸はエステル化されてエタノイルサリチル酸（ethanoylsalicylic acid，一般的にはアセチルサリチル酸，アスピリンとして知られている）となる（図9・9）．この化合物は，もともとのサリチル酸と比べて胃に対する炎症作用が低くなってい

る．エステルは，われわれが感知できるさまざまな香りを生み出す揮発性の化合物となる．パイナップル（ブタン酸エチル）やナシ（酢酸 3-メチルブチル，酢酸イソアミル）の特有の香りがその例である．

図 9・8　カルボキシ基の共鳴安定化

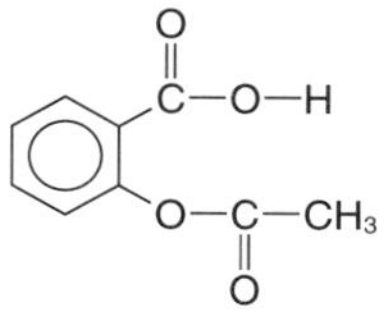

図 9・9　アセチルサリチル酸すなわちアスピリン

長鎖脂肪酸と長鎖アルコールのエステルは，"ろう"とよばれる生体分子の一群を形成している．ヘキサデカン酸とヘキサデカノールのエステルであるヘキサデカン酸ヘキサデカニルはクジラの"脂肪"である．ろうは，非常に極性が低い分子であり，自然界では鳥の羽でみられるように，水をはじくために用いられる．ろうの堅さは 2 本の長鎖の長さと二重結合の数に依存し，長鎖になるほど固くなり，二重結合の数が増えるほど柔らかくなる．

エステル（チオエステルに関しては特に 12 章で述べる）は，水中，37 ℃ という条件では通常合成できない代謝物を生合成する際の生化学反応の中間体となっている．

> ろうは，長鎖アルコールと長鎖脂肪酸のエステルである．

9・4　グリセロールエステル

1,2,3-プロパントリオールはグリセロールとして一般に知られている．その構造（図 9・10 参照）から，3 個のヒドロキシ基をもっていることがわかる．おのおののヒドロキシ基がエステル化されうる．ヒドロキシ基の一つが脂肪酸によってエステル化した生成物は，モノアシルグリセロール，すなわちモノグリセリドである．典型的なモノグリセリドはモノステアリン酸グリセロール（glycerol monostearate, GMS, 図 9・11）であり，食品の乳化剤として一般に利用されている．2個，3 個のヒドロキシ基がエステル化されると，それぞれジアシルグリセロール（ジアシルグリセリド）とトリアシルグリセロール（トリアシルグリセリド）になる．

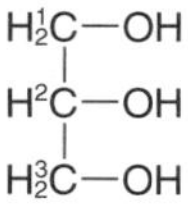

図 9・10　1,2,3-プロパントリオール

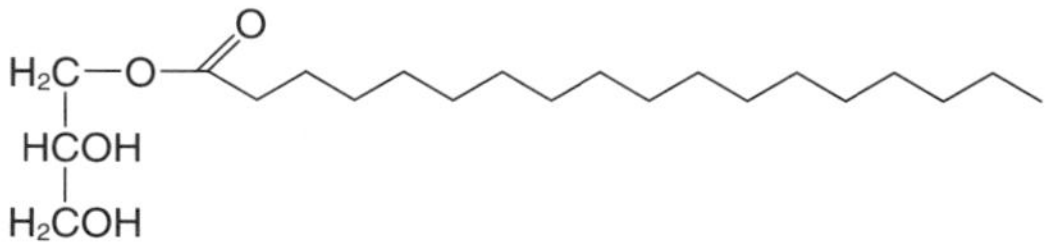

図 9・11　食品の乳化剤として一般に用いられるモノステアリン酸グリセロールの構造

トリアシルグリセロールは，脂肪や油の主要な構成成分である．脂肪は室温で液体ではなく固体である点で油と異なる．これは脂肪のアシル鎖が油のアシル鎖よりも飽和度が高いためである．たとえば，オリーブ油の脂肪酸はおもに cis-9-オクタデセン酸とドデカン酸であり，軟化点は 44.8 ℃ である．一つのグリセロールにエステル結合している脂肪酸は，同一である場合もあれば，異なる場合もある．天然の脂肪や油では，さまざまな脂肪酸のアシル基が結合しているため，可能な構造は相当な数となる．しかも，トリグリセリドの炭素が異なる環境にあるため，さらに複雑になる．脂肪酸アシル基が結合したトリグリセリドの 1 位と 3 位は一見等価にみえるかもしれない．しかし，それは分子の三次元構造を考慮していない．

図 9・12 において，異なるアルキル鎖のエステルがグリセロールの 1 位と 3 位に結合している場合を考えてみる．このとき，2 位の炭素は 4 個の異なる置換基が結合しているため，キラル中心となる．図 9・12 は 2 個の光学異性体を示している．グリセロールの 2 位の炭素に結合した水素がその炭素に対して反転していることがわかるであろう．その結果，トリグリセリドのエステルを加水分解する酵素（リパーゼ）は，1 位もしくは 3 位の炭素に対して特異的になる．各炭素はフィッシャー投影式（図 9・10）で書いた場合，上から 1, 2, 3 と番号付けされる．この番号付けが sn 表記である（sn は，stereospecifically numbered の略語）．

図 9・12　1 位と 3 位のアルキル鎖を反転させると，光学異性体の構造になる

例題 9・4

ジアシルグリセロールとトリアシルグリセロールの違いを説明せよ．

◆ 解 答 ◆

ジアシルグリセロールは，グリセロールの2個のヒドロキシ基と2個の脂肪酸との間でエステルが形成された化合物であり，トリアシルグリセロールは3個の脂肪酸によってグリセロールの3個のヒドロキシ基がエステル化された化合物である．

問 9・4

なぜトリオレイン酸グリセロールが油で，トリステアリン酸グリセロールが脂肪かを説明せよ．

9・5 ヘミアセタールとヘミケタール

アルデヒドとケトンはともにカルボニル酸素をもっている（図9・13では太字で示す）．カルボニル基の炭素-酸素結合は，酸素が電気的に負の極性をもつ（図9・14）．カルボニル基は化学反応が起こる部位であり，アルデヒドとケトンの最も重要な反応は，アルコールとの間でそれぞれヘミアセタールとヘミケタールを形成する反応である（図9・15）．ヘミアセタールとヘミケタールは不安定であるため，室温下では可逆反応となる．環状ヘミアセタールは，同じ炭素鎖上にあるヒドロキシ基とカルボニル基の反応の結果，生成する．環構造に5個もしくは6個の原子が含まれている環状ヘミアセタールは，他のヘミアセタールと比べて環構造を形成しやすい．これは，これらの環では炭素の結合角が約109°となり，"ひずみ"がないためである．

カルボニル酸素はヘミアセタール，ヘミケタールが形成されるとヒドロキシ基となる．すなわち，ヘミアセタールとヘミケタールは炭素上に4種類の異なる置換基（−OH，−O−C，−R，−H または R′）が結合する

図 9・13 アルデヒドとケトンのカルボニル酸素　図 9・14 カルボニル基の極性

図 9・15 アルデヒドまたはケトンとアルコールとの反応は，ヘミアセタール，ヘミケタールを生成する

ため，キラル中心（不斉中心）となる．糖の環化を考える際には，この新たなキラル中心は重要になる（9・8節参照）．

ヘミアセタールとヘミケタールはヒドロキシ基とエーテル結合をもつ．さらに別のアルコールと反応するとアセタールとケタールになる．アセタールとケタールは2個のエーテル結合に関与している炭素をもつ（図9・16参照）．ヘミアセタールとヘミケタールのヒドロキシ基は，エーテル基が同じ炭素に結合していることで活性化されているため，アセタールやケタールの生成は室温で容易に進行する．生成したアセタール，ケタールはアルカリ溶液中で容易に単離できる安定な構造であるが，酸性溶液には不安定である．

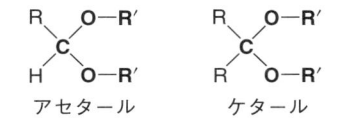

図 9・16 アセタールとケタールのエーテル結合（太字で示す）

9・6 単 糖

糖は炭水化物ともよばれる．"炭水化物（carbohydrate）"（炭素の水和物（hydrate of carbon））という用語が，一般式 $(CH_2O)_n$（n は3以上）を示している．炭素原子は通常直鎖状につながっており，表9・3に示すように炭素鎖の長さに応じて名付けられる．糖の接尾語は-オース（-ose）である．炭素鎖上のおのおのの炭素は，カルボニル基またはヒドロキシ基の酸素と結合している．糖にはカルボニル基が一つだけ存在するが，炭素鎖の末端にアルデヒド基として存在している糖は"アルド"糖，他の炭素にケトンとして存在していると"ケト"糖となる．糖はより正し

表 9・3 炭素鎖の長さとカルボニル炭素の位置による糖の命名

炭素鎖	名 前	カルボニル基 ケトン	カルボニル基 アルデヒド
3	トリオース	ケトトリオース	アルドトリオース
4	テトロース	ケトテトロース	アルドテトロース
5	ペントース	ケトペントース	アルドペントース
6	ヘキソース	ケトヘキソース	アルドヘキソース
7	ヘプトース	ケトヘプトース	アルドヘプトース

くは，"ポリヒドロキシアルデヒド"，もしくは"ポリヒドロキシケトン"である．"アルド"糖はアルドースとよばれ，6個の炭素をもつとアルドヘキソースとよばれる．"ケト"糖はケトースとよばれ，5炭素のケトースは，ケトペントースとよばれる．

例題 9・5

図9・17に示す糖がアルドースかケトースかを示し，炭素鎖の長さによって命名せよ．

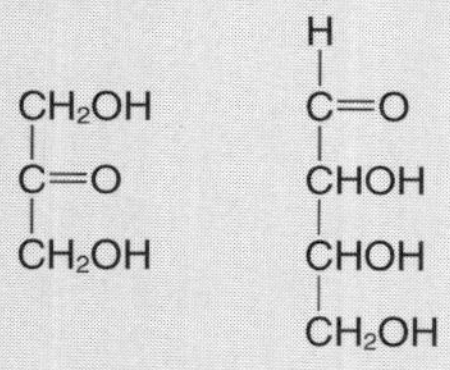

(i) CH₂OH–C(=O)–CH₂OH
(ii) H–C(=O)–CHOH–CHOH–CH₂OH

図 9・17

◆解 答◆

炭素の数を数える．その結果を図9・18に示す．

糖（i）は3個の炭素をもつのでトリオース，糖（ii）は4個の炭素をもつテトロースである．

次にカルボニル基を調べる．これも図9・18に太字で示してある．分子（i）はケトースであり，分子（ii）はアルドースである．すなわち，（i）はケトトリオース，（ii）はアルドテトロースである．

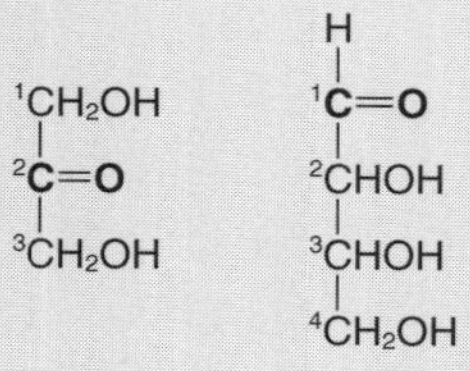

(i) ¹CH₂OH–²C=O–³CH₂OH
(ii) ¹C(=O)H–²CHOH–³CHOH–⁴CH₂OH

図 9・18

問 9・5

図9・19に示す糖を，カルボニル基の位置と炭素鎖の長さから命名せよ．

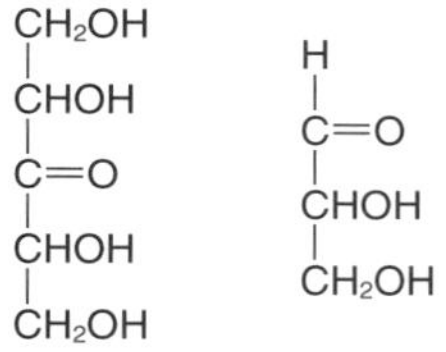

(i) CH₂OH–CHOH–C(=O)–CHOH–CH₂OH
(ii) H–C(=O)–CHOH–CH₂OH

図 9・19

糖の炭素はカルボニル基の位置によって番号が付けられる．アルドースではアルデヒド炭素は常に1であるが，ケトースではカルボニル炭素から近い末端から番号を付ける．図9・18の2個の糖分子の番号付けはすでに示してある．糖は1の炭素を上にして直鎖構造に描くと便利であり，これはフィッシャー投影式による表記法となる．

例題 9・6

図9・20(a)に示す糖の炭素に番号を付けよ．

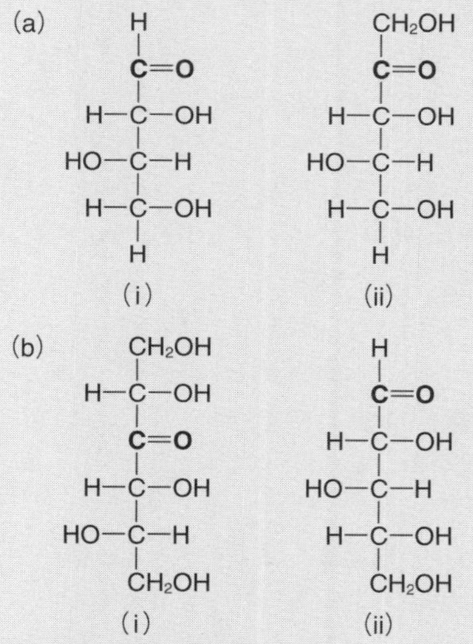

(a) (i) H–C(=O), H–C–OH, HO–C–H, H–C–OH, H
(ii) CH₂OH, C=O, H–C–OH, HO–C–H, H–C–OH

(b) (i) CH₂OH, H–C–OH, C=O, H–C–OH, HO–C–H, CH₂OH
(ii) H–C=O, H–C–OH, HO–C–H, H–C–OH, CH₂OH

図 9・20 糖の構造式　カルボニル基は太字で示してある．

◆解 答◆

図9・20(a)のカルボニル基は太字で示してある．カルボニル炭素に近い末端から炭素の番号を付ける．両方とも，一番上の炭素を1として炭素鎖の番号を付ける．

問 9・6

図 9・20(b) に示す糖の炭素に番号を付けよ．

9・7 単糖のキラリティー

図 9・21 は，最も単純なアルド糖であるグリセルアルデヒド（グリセロールのアルデヒド）を示している．太字で示した中央の炭素は，4 個の異なる置換基と結合している．すなわちキラル中心であり（10 章参照），二つの異性体が存在する．これら二つの異性体のうち，2-ヒドロキシ基が左側のものはL体，2-ヒドロキシ基が右側のものはD体として知られている．このような糖の異性体は，光学異性体もしくは鏡像体とよばれる．炭素鎖がより長い糖では，D配置とL配置は，カルボニル基から最も遠いキラル炭素によって決まる．フィッシャー投影式において炭素に結合しているヒドロキシ基が右ならD配置，左ならL配置である．炭素鎖の末端の炭素（CH_2OH）およびカルボニル炭素（C=O）は，4 個の異なる置換基が付いていないので，キラル中心にはならない．

糖の立体異性体の数は，キラル中心の数を数えることでわかる．1 個のキラル中心があるときは，2 個の光学異性体（左と右）がある．2 個のキラル中心があるときは，図 9・22 に示すように 4 個の立体異性体が存在する（キラル中心 1 に 2 個，キラル中心 2 に 2 個）．鏡像体は同じ物理的性質を示すが，すべてがそうであるわけはない．鏡像体ではない立体異性体はジアステレオ異性体（ジアステレオマー）とよばれ，10 章で述べる．図 9・22 では，水素と炭素は省略し，キラル中心をアステリスクで示している．立体異性体の数は以下の式で計算できる．

$$異性体の数 = 2^n$$

ここで，n はキラル中心の数である．

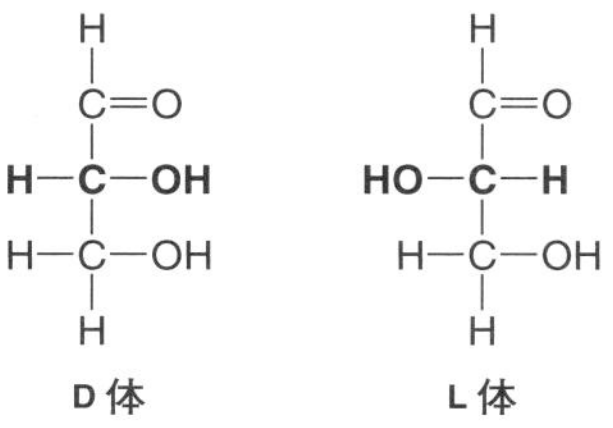

例題 9・7

図 9・23 はケトヘキソースを示している．

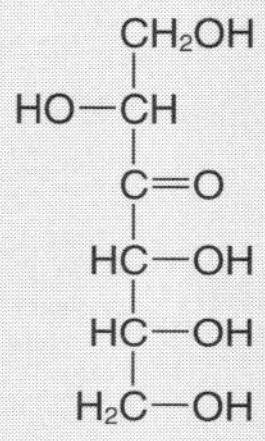

図 9・23 ケトヘキソース

a) キラル中心をアステリスク（*）で示せ．
b) このケトヘキソースには，立体異性体がいくつあるか計算せよ．

◆ 解 答 ◆

a) 図 9・24 は，ケトヘキソースのキラル中心をアステリスクで示した．斜体で示している末端の炭素は，水素が 2 個結合しているためキラル中心ではない．太字で示したカルボニル炭素も，炭素酸素結合が二重結合であるため，キラルではない．

b) 3 個のキラル中心がある．立体異性体の数は 2^n であり，この糖の場合，n は 3 である．2^3 は 8，すなわち，ケトヘキソースには 8 個の立体異性体がある．

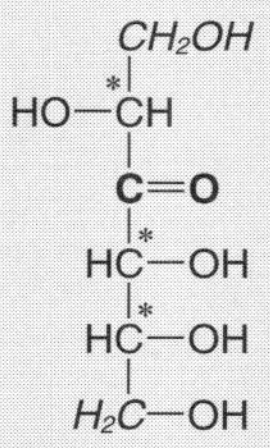

図 9・21 グリセルアルデヒドの異性体

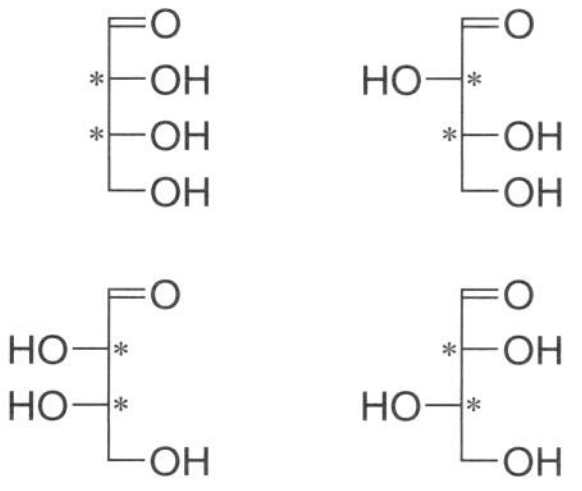

図 9・22 アルドテトロースの 4 個の光学異性体

図 9・24 キラル中心をアステリスクで示したケトヘキソース

問 9・7

図 9・25 はケトペントースを示している．

$$\begin{array}{c} CH_2OH \\ | \\ C=O \\ | \\ H-C-OH \\ | \\ HO-C-H \\ | \\ H_2C-OH \end{array}$$

図 9・25 ケトペントース

a) キラル中心をアステリスク（*）で示せ．
b) このケトペントースには，立体異性体がいくつあるか計算せよ．

9・8 直鎖状の糖は自発的に環状構造を形成する

カルボニル基とヒドロキシ基の一つが3炭素もしくは4炭素離れて存在する糖は折れ曲がりにより，ヒドロキシ基とカルボニル基が近づくので反応が起こりうる．アルドースにおけるこの反応の生成物はヘミアセタールであり，ケトースのときはヘミケタールである（9・5節参照）．炭素間の角度から，カルボニル基とヒドロキシ基が3炭素もしくは4炭素離れているときだけ，環化反応が起こり，安定な構造を形成できる．こうした反応で生成する環状構造を図9・26に示す．反応する官能基が3炭素離れているときは，フラン環として知られる酸素を1個含んだ五員環が形成される．官能基が4炭素離れていると，ピラン環として知られる酸素を1個含んだ六員環が形成される（図9・26）．形成されたヘミアセタール，ヘミケタール結合は容易に分解し，開いた直鎖構造と平衡にある．

フラン環，ピラン環を含む糖は，おのおのフラノース，ピラノースとして知られている．すなわち，グルコースは図9・27に示すようにフラノース，ピラノースのいずれかに環化する．この反応でカルボニル基はヒドロキシ基となり，その炭素はキラル中心となる．

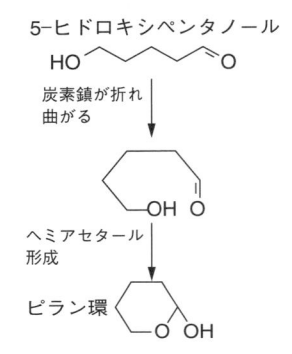

図 9・26 環状構造の糖の形成

図 9・27 β-D-グルコースからフラノース，ピラノースの形成

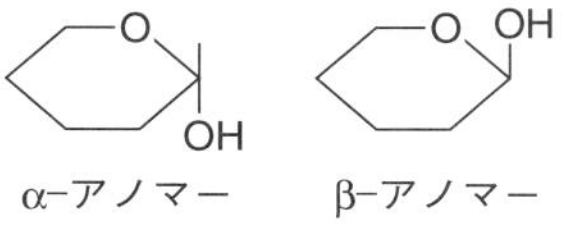

9. 脂質と糖

図 9・28 アノマー炭素は逆側の配置のヒドロキシ基をもつ

図 9・30

環形成の結果キラルとなる炭素はアノマー炭素とよばれる．構造式の"ハース投影式"を図9・27に示す．カルボニル酸素に由来するヒドロキシ基が"上"に向く場合を，β-アノマー，ヒドロキシ基が"下"に向く場合を，α-アノマーとよぶ（図9・28）．これらのアノマーの違いはそれほど大きくないようにみえるかもしれないが，糖がつながっていくと顕著な違いになっていく．

糖が環化しても直鎖構造で付けられた炭素の番号はそのままである．すなわち，アルドースの炭素の1位は，アルドースがフラン環になってもピラン環になっても変わらない．グルコースの番号付けを図9・27に示す．

9・9 糖のヒドロキシ基は化学的に修飾される

糖のヒドロキシ基は化学修飾を受け，重要な糖の誘導体となる．図9・31にグルコース分子に対して起こるいくつかの化学修飾と，生成する誘導体を示す．このほかに重要な誘導体には糖アルコールがある．糖アルコールではカルボニル基が還元されてアルコールとなっている．よく用いられている糖アルコールの一つがソルビトール（図9・32）である．ヒトの体内で代謝されやすく，また，糖尿病患者では蓄積しやすい．

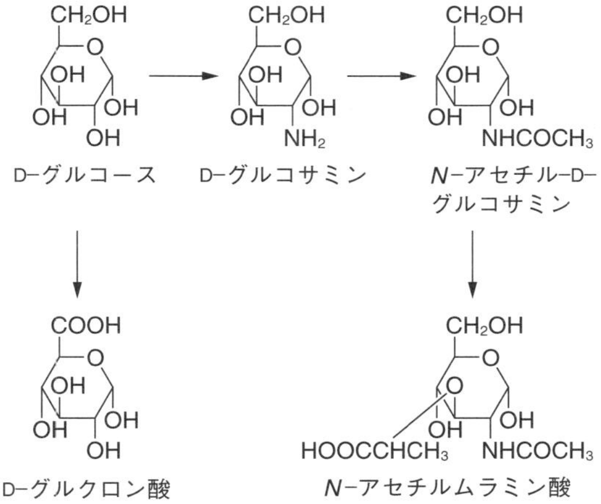

例題 9・8

図9・29に示した糖の炭素に番号を付けよ．

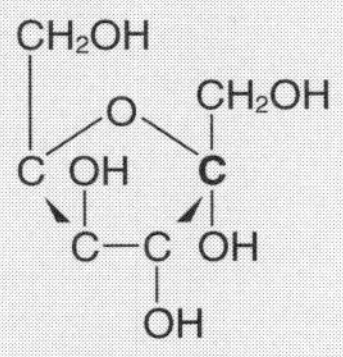

図 9・29

◆ 解 答 ◆

アノマー炭素を見つける．アノマー炭素は環の酸素の隣であり，ヒドロキシ基とも結合している．図9・29では太字で示してある．続いて末端の炭素から順に番号を付ける．炭素がアノマー炭素である左右両方から番号付けが可能であるが，アノマー炭素の番号が小さくなるようにする数え方が正しい．この例ではアノマー炭素の位置は2となる．

問 9・8

図9・30に示した糖の炭素に番号を付けよ．

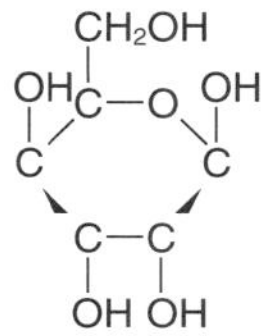

図 9・31 グルコースを誘導体化する反応例　わかりやすいようにいくつかの水素は省略している．

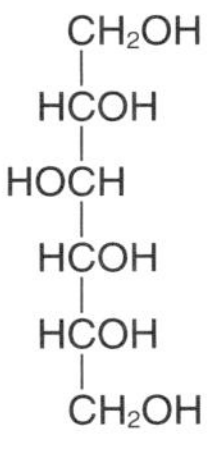

D-グルコース → D-グルコサミン → N-アセチル-D-グルコサミン
D-グルクロン酸
N-アセチルムラミン酸

図 9・32 D-ソルビトール

ソルビトールは，スクロースと比べて食品加工性がよいため，甘味料として広く用いられているが，下剤としての作用ももつため使用は制限される．リン酸化された糖も非常に重要であり，それは12章でふれる．

9・10 糖はグリコシド結合によってつながる

ある糖分子のヒドロキシ基は，他の糖のヒドロキシ基とエーテル結合によって結びつく（図9・33参照）．このエーテル結合は，グリコシド結合とよばれる．アノマーヒドロキシ基がグリコシド結合の形成に関与することがあり，この場合は，アセタールやケタールが形成される．アセタールとケタールは，ヘミアセタールやヘミケタールよりも安定であるため，アセタールやケタールの形成後は自発的な開環は起こらない．その結果，糖のカルボニル基が2価の銅イオン（Cu^{2+}）などによって酸化されなくなる（17章参照）．糖による Cu^{2+} の還元は，糖を検出するフェーリング反応，ベネディクト反応の基礎となっている．いくつかの糖は，グリコシド結合を形成した後は還元されにくくなるといわれている．しかし実際には，ほとんどの糖において，アノマーヒドロキシ基同士で結合を形成しているわけではないので，多くの糖のポリマーは Cu^{2+} などのイオンによって還元される末端を少なくとも一つはもっている．その注目すべき例外がスクロースである．アノマー炭素を太字で示したスクロースの構造を図9・34(a)に示す．グルコースから形成される二糖であるセロビオース，マルトースの構造を図9・34(b)，(c)に示す．これらもアノマー炭素を太字で示した．

多くの糖がグリコシド結合でつながって，さまざまな糖類となる．スクロース，マルトース，セロビオースは2個の糖モノマーが結びついた二糖類である．3，4，もしくはさらに多数の糖が結びつくと，それぞれ三糖類，四糖類，多糖類とよばれる．

メタノール2分子
CH₃O*H* + **H**OCH₃
⇌
CH₃OCH₃ + H−O−*H*
　エーテル　　水

図9・33 二つのヒドロキシ基間のエーテル形成

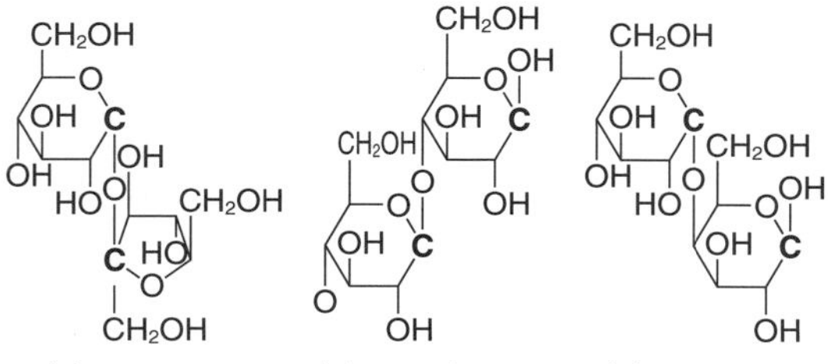

(a) スクロース　(b) セロビオース　(c) マルトース

図9・34 アノマー炭素を太字で示した二糖の構造

例題9・9

図9・35に示す二糖は還元性があるかないかを示せ．

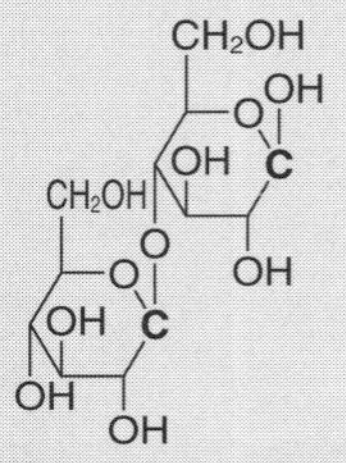

図9・35

◆ 解 答 ◆

アノマー炭素を定める．環内の酸素と隣り合っている2個の炭素のうち，もう一つ別の酸素と結合している炭素を見つければ簡単に決まる．この糖ではそれを太字で示している．

アノマー炭素のうちの一つが糖の末端にあればその糖は還元性である．この糖は，還元糖となりうる末端を一つもっている．

問9・9

図9・36に示す二糖は還元性があるかないかを示せ．

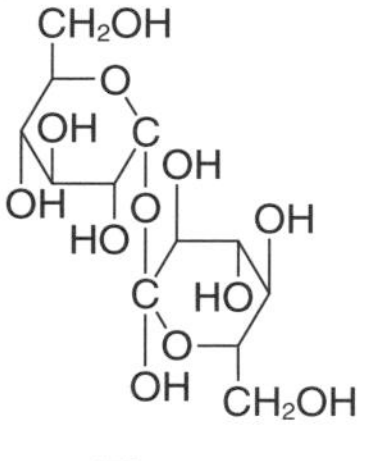

図9・36

まとめ

　脂肪酸は長鎖アルキル基をもつカルボン酸である．アルキル基は飽和しているか，シス配置の二重結合をもっている．脂肪酸の融点は炭素鎖の長さと不飽和度に影響される．脂肪酸はグリセロールとエステル化して，多くの油脂の主成分であるトリアシルグリセリドを形成する．アルデヒドとケトンがアルコールと反応すると，反応性があるヘミアセタール，ヘミケタールを生成し，さらに反応して安定なアセタール，ケタールになる．糖はヒドロキシアルデヒドまたはヒドロキシケトンである．糖では，ヘミアセタール，ヘミケタールの生成により環構造を形成し，2種類の環状異性体が生成しうる．一つは1個の酸素原子を含んだ五員環構造をもちフラノースであり，もう一つは1個の酸素原子を含む六員環構造をもつピラノースである．環化によって，アノマー炭素として知られる，新たなキラル中心が糖に導入される．糖のヒドロキシ基は修飾され，糖アミンなどの誘導体を生成する．糖はエーテル結合で結びつき，多糖類となる．

もっと深く学ぶための参考書

　脂肪，油，脂質，糖，糖類に関しては，ほとんどの大学生向けの生化学の教科書に詳細な記述がある．

Gunstone, F.D. (1996) *Fatty Acid and Lipid Chemistry*, Aspen, Gaithersburg, MD.
Lindhorst, T.K. (2007) *Essentials of Carbohydrate Chemistry and Biochemistry*, Wiley-VCH, New York.
Nelson, D.L. and Cox, M.M. (1993) *Lehninger, Principles of Biochemistry*, Ch. 9, pp. 293–324 and 11 363–388, Worth, New York.

章末問題

問 9・10 図 9・37 に示す不飽和脂肪酸の名前を示せ．

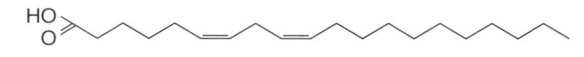

図 9・37　脂肪酸の構造

問 9・11 酢酸（エタン酸）とメタノールとの間で形成されるエステルの簡略化した構造式を書き，名前を示せ．

問 9・12 a) "アノマー炭素" という用語を説明せよ．

b) 図 9・38 に示す糖は α-アノマーか β-アノマーかを決定せよ．

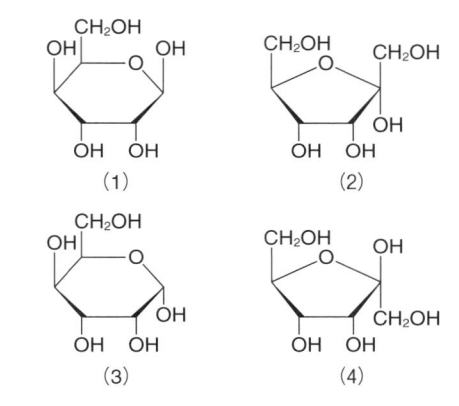

図 9・38

問 9・13 スクロースはアセタールとケタールを含む．

a) スクロースの構造を描き，アセタールとケタールを示せ．

b) なぜスクロースは還元糖でないのか説明せよ．

10 芳香族化合物と異性

10・1 序

芳香族化合物とよばれる化合物群は，生命体において，その構造的および機能的側面から重要な役割を果たしている．本章では，芳香族化合物の分子構造，化学結合，そして化合物の性質を解説し，その生化学的な役割について理解を深める．

10・2 ベンゼン

ベンゼンは芳香族化合物の母核となる構造である．"芳香族"という名前は，よい香り，あるいは少し刺激のある香りのする化合物群が，ベンゼン環をもっていたことに由来している．芳香族化合物の中には，ベンゼンのように高い毒性をもつものもあるが，細胞内や生体機能において重要な役割を果たしている化合物も多い．芳香族化合物の性質は脂肪族化合物とは大きく異なっている（8章参照）．ベンゼンの分子式はC_6H_6で，六つの炭素で六員環を形成し，それぞれの炭素に水素が一つずつ結合した構造をもっている．炭素は4価なので図10・1に示すように，炭素-炭素単結合と炭素-炭素二重結合が交互に現れる構造が考えられる．物理化学的な研究により，ベンゼン環は平面で，六つの炭素と六つの水素はすべて同一平面上に位置している．図10・1の構造からは，ベンゼンはアルケンと類似した反応性を示すと考えられる．アルケンは容易に水素還元や酸化を受け，また温和な条件下で水などの付加反応を受ける性質をもつ．これらの性質は，反応性の高い炭素-炭素二重結合に由来しており，ベンゼンでも同様の反応性が期待される．しかし，ベンゼンは上記のようなアルケンに特徴的な反応はほとんど起こさず，還元反応や付加反応を起こすには非常に過激な反応条件が必要である．ベンゼンの炭素-炭素結合長についてはX線結晶構造解析により調べられている．炭素-炭素単結合は炭素-炭素二重結合よりも長いので，ベンゼンが図10・1のような構造であるとすれば，長い結合と短い結合が交互に存在すると考えられる．しかし，実際にはベンゼンの炭素-炭素結合はすべて等しい長さをもっており，通常の炭素-炭素単結合よりは短く，炭素-炭素二重結合よりは長い，中間の長さを示している．

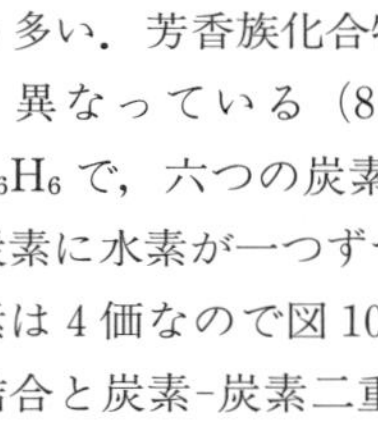

▶ 芳香族化合物は付加反応を起こしにくい．

ベンゼンは形式上三つの二重結合をもっていることになるが，それらすべてに水素付加させたときの反応熱を，二重結合を一つだけもつシクロヘキセン（分子式C_6H_{10}，図10・2）に水素付加させたときの反応熱と比較することができる．シクロヘキセンの水素付加の反応熱は$-122\,\mathrm{kJ\,mol^{-1}}$であるが，ベンゼンの水素付加の反応熱は$-205\,\mathrm{kJ\,mol^{-1}}$である．この値は，もしベンゼンが三つの二重結合をもつシクロヘキサトリエンとして単純に計算して得られる値$-366\,\mathrm{kJ\,mol^{-1}}$（3×122）よりもはるかに小さい．このことからも，ベンゼンが単純なアルケン化合物とは性質を異にすると結論できる．

上記のような性質を理解するためには，ベンゼンの電子構造について考察する必要がある．炭素原子の電子配置（図10・3）はベンゼンを形成するときに変化する．すなわち，より高いエネルギー準位にある三つのsp^2混成軌道に，それぞれ一つずつの電子が配置され，残りの一つの電子は$2p_z$非混成軌道に配置される（図10・4）．このように変化した炭素の軌道の空間的な配置は，図10・5に示すようになっている．ベンゼンを形成するためには，六つの炭素原子がこの混成軌道を使って互いにσ結合をつくり，六つの水素原子ともσ結合をつくることになる（図10・6）．$2p_z$軌道の六つの電子は環構造の側面で重なってπ結合を

図10・1 ベンゼンの構造式

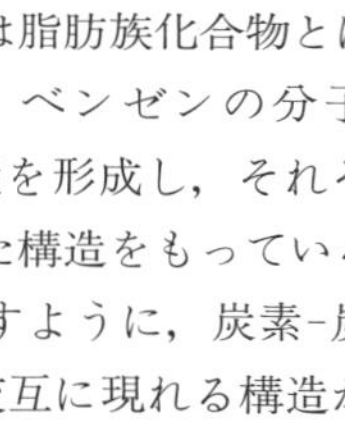

図10・2 シクロヘキセンの構造式

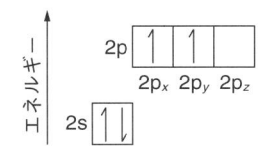

図 10・3 炭素原子の 2 番目の殻における電子配置を示したエネルギー準位図

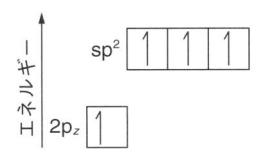

図 10・4 ベンゼンにおける炭素原子の sp² 混成軌道と p_z 軌道と電子配置を示したエネルギー準位図

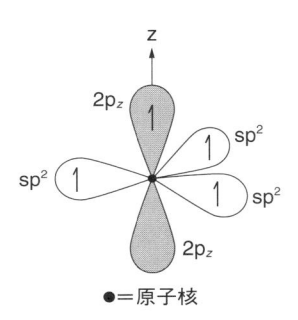

図 10・5 炭素原子の 2p 原子軌道 三つの sp² 混成軌道を水平面に,2p_z 非混成軌道(灰色)を,それに垂直な z 軸に示してある.

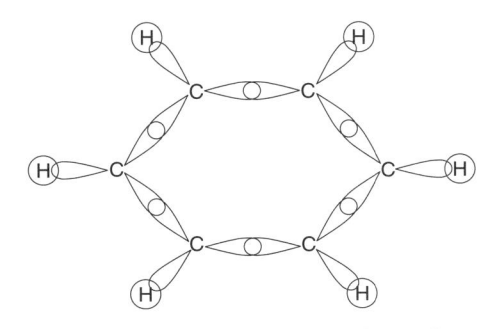

図 10・6 炭素原子同士の sp² 混成軌道間の重なり,および炭素原子 sp² 混成軌道と水素原子 1s 軌道間の重なりによってベンゼンの σ 結合が形成される 12 原子すべてが同一平面上にある.なお,炭素原子の 2p_z 軌道は省略してある.

形成する.この 2p_z 軌道の重なりは個々の隣り合った二つの炭素間で起こるというよりは,環構造全体を通して行われる(図 10・7).この結果,ベンゼン環の上と下にはドーナツのように環状に連続的に広がった電子雲が形成される(図 10・8,図 10・9).

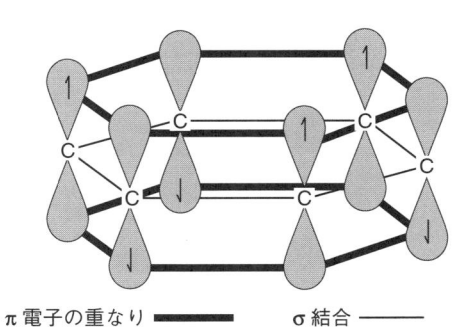

π 電子の重なり ━━━ σ 結合 ━━━

図 10・7 炭素原子の 2p_z 軌道は互いに六員環構造の上下で重なり,π 結合を形成している この重なりは環全体で起こっている.なお,炭素の sp² 軌道と水素原子は省略してある.

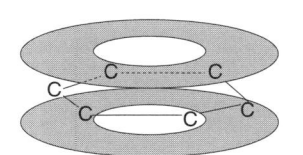

図 10・8 ベンゼン環の上下に広がる"ドーナツ状"の π 電子雲を横から見通した図

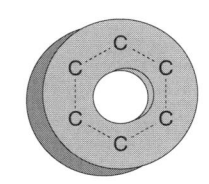

図 10・9 ベンゼン環の上下に広がる"ドーナツ状"の π 電子雲を環構造の上から眺めた図

図 10・10 電子の非局在化を示したベンゼンの簡略化した構造式

図 10・11 ベンゼンの簡略化した構造式

> ベンゼンは炭素の混成軌道を使って環状平面構造を形成する.
> 炭素の 2p_z 軌道が重なり合ってベンゼンの芳香環を形成する.

このように,数個の原子にわたって π 電子が重なり合うことを**共役**(conjugation)とよぶ.これは,分子のエネルギーを低下させて安定化させるのに重要な要因である.このような性質をもつ構造を**芳香環**(aromatic ring)とよんでいる.共役によって低下した,すなわち安定化したエネルギーを**安定化エネルギー**(stabilization energy)あるいは**共鳴エネルギー**(resonance energy)とよぶ.共役では複数の炭素-炭素結合が π 電子を共有している.電子は特定の二つの炭素原子上に存在しているわけではなく,いくつかの炭素原子上に広がっている.ベンゼン環の場合には

六つの炭素原子に広がっていることになる．この効果を**非局在化**（delocalization）とよぶ．ベンゼンは，図10・10に示すように，共役と芳香族性を示すために，六角形の中に丸を描いて表すことも多いが，この表記では，π結合や電子の数をただちに理解することができない．そのため，図10・11のような単純化した従来の表記を用いることもある．

> ベンゼン環のπ電子が各炭素で共有されることを共役という．
> 共役した二重結合では，電子は非局在化している．

10・3 生理活性をもつ芳香族化合物

ベンゼンは六つの電子が共役することによって芳香環を形成している．同様に，六つの電子が共役している化合物であれば類似の性質をもつのではないかと推測できる．実際に非常に多くの芳香族化合物が存在し，六員環構造をもつもの，五員環構造をもつもの，あるいは複数の環が縮合しているような化合物もある．いずれの場合も，芳香族性に寄与している電子数は一般式 $4n+2$ 個で与えられ，n は 0, 1, 2, 3, … といった整数をとる（$4n+2$ 則という）．

> 芳香環では $4n+2$ 個の電子が共役している（n は整数）．

炭素原子以外の原子も芳香環の一部となることができ，窒素原子や酸素原子を含む五員環や六員環の化合物は，生命科学者にとって重要な化合物である．ピリジン（C_5H_5N）はベンゼンによく似た化合物である．その平面六員環構造は，それぞれ水素原子と結合している五つの炭素原子と，一つの窒素原子から構成されている（図10・12）．二つの炭素-炭素二重結合と一つの炭素-窒素二重結合が存在し，一つの二重結合について二つずつの電子がπ結合に関与し，ピリジンの芳香族性を生み出している．複素環アミンであるピロール（C_4H_5N）は，一つの窒素原子をもつ五員環化合物である（図10・13）．二つの炭素-炭素二重結合がそれぞれ二つの電子をもち，窒素原子の孤立電子対と合わせて六つの電子がピロールの芳香族性を担っている．ピロールは，重要な酸素運搬体であるヘムを構成する構造単位である（14章参照）．生体分子の多くは分子全体もしくは構造の一部分が芳香族性をもっている．前者は電子の共役すなわち非局在化が分子全体に広がっており，後者では分子の一部分にのみ共役系が広がっている．

> 芳香環には窒素原子や酸素原子が含まれることも多い．

例題 10・1

炭化水素であるナフタレン（$C_{10}H_8$，図10・14）および複素環化合物フラン（C_4H_4O，図10・15）は炭素-炭素二重結合をもっている化合物である．これらの化合物は芳香族か．

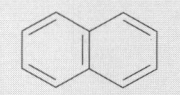

図 10・14 ナフタレン　　図 10・15 フラン

◆ 解 答 ◆

ナフタレンは五つの二重結合をもっており，それぞれ二つの電子をもち，計 $5×2=10$ 個の電子が共役している．これは，$4n+2$ 則における $n=2$ の場合，すなわち $(4×2)+2=10$ であり，この法則に当てはまるので，ナフタレンは芳香族性をもつ．フランは二つの炭素-炭素二重結合と酸素原子の一つの孤立電子対に，それぞれ二つずつの電子があるので，計 6 電子となり，$4n+2$ 則における $n=1$ の場合，すなわち $(4×1)+2=6$ であるので，フランは芳香族性をもつ．

問 10・1

図 10・16 ～ 図 10・18 に構造式を示した化合物が芳香族性もしくは部分的な芳香族性をもつかどうか答えよ．

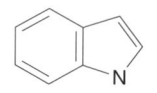

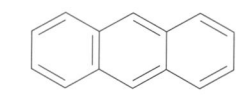

図 10・16 インドール　　図 10・17 アントラセン

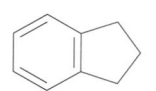

図 10・18 インダン

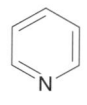

図 10・12 ピリジン　　図 10・13 ピロール

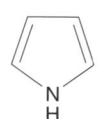

問 10・2

以下の語句について，異なる例をあげて説明せよ．
a）共役，b）共鳴エネルギー，c）芳香族複素環化合物

芳香環を側鎖にもつアミノ酸の中で，チロシン（図10・19）は単純なベンゼン環をもっていて，トリプトファンは五員環と六員環が縮合した環構造をもっている（図10・20）．チロシンは生理的な酸塩基触媒反応においてプロトンが移動する際の媒体としての役割を果たしている．その際，フェノール性ヒドロキシ基の水素は交換されたり，引き抜かれたりすることもある．その結果生成するアニオンは，負電荷が芳香環上に広がることによって安定化されている（図10・21）．

アデニン（図10・22）は，プリンとよばれる塩基性芳香族化合物に分類される．アデニンは二つの縮合した芳香環に三つの窒素原子をもつ化合物で，弱い塩基性を示す．予想されるように，ベンゼンのように平面構造をもち，共役している電子は二つの環をまたがって非局在化しているので，大きな共鳴エネルギーをもっている．細胞内のpHにおいては，アデニンは疎水性で，ほとんど水には溶けない．アデニン，および関連したプリン誘導体であるグアニンは，ヌクレオチド，すなわち核酸の重要な構成要素である．核酸の三次元的な構造を決めている要因の一つが，これらの平面構造をもつ核酸塩基が，コインを積み上げたときのように平行に重なり合っていることにある．この相互作用には，双極子-双極子相互作用やファンデルワールス力（3章参照）が大きく寄与している．この構造をとることで，疎水性の核酸塩基は，細胞内の水溶性媒体との接触を最小限にすることができる．プリン環内の窒素原子や環上に置換しているアミノ基，グアニンがもつカルボニル基が他の核酸塩基と水素結合を形成し，核酸塩基の三次元的構造を効果的に安定化している．

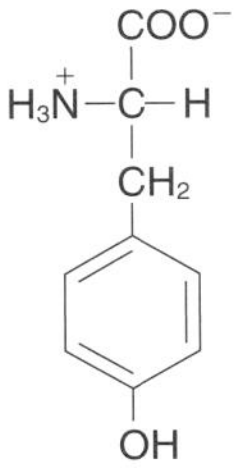

▍核酸の芳香性プリン環は重なり合って結合している．

アデニンはいくつかの重要な生体物質の必須構造でもある．代表的なものにアデノシン 5′-三リン酸（ATP），化学伝達物質であるサイクリックアデノシン 3′,5′-一リン酸（cAMP）（12・6節参照），ニコチンアミドアデニンジヌクレオチド（NAD）などがある．NADは酸化還元酵素において重要な補酵素であり，構造中に芳香族性のピリジニウム基を含み，この部位が酸化還元の反応中心となっている（13章参照）．NADHは強力な生体内還元物質であり，ケトンをアルコールに変換する．この過程で，NADHは2電子移動によって，NAD⁺に変換される（図10・23）．

リボフラビンは三つの六員環が縮合したイソアロキシジン環をもつ（11章，13章参照）．この分子では広範囲にわたって電子が非局在化し，共役している．リボフラビンを補酵素としてもつ脱水素酵素では，3段階の酸化還元状態が存在する．すなわち，還元型フラビン（FADH₂），フラビンセミキノン（FADH·），そして酸化型フラビン（FAD⁺）である（図10・24）．リボフラビンは，分子内に広がった芳香族系に，高エ

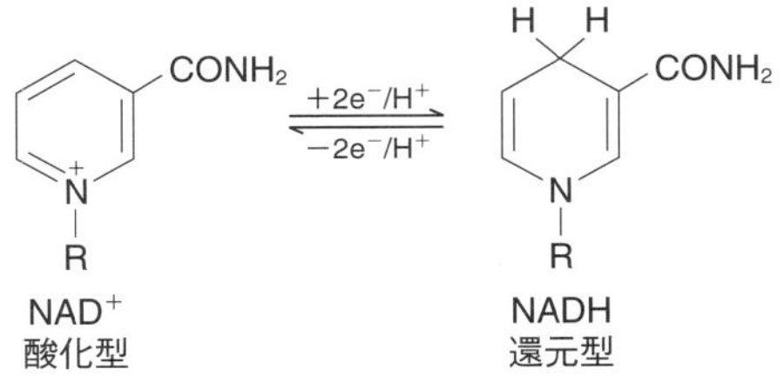

図10・19 チロシン

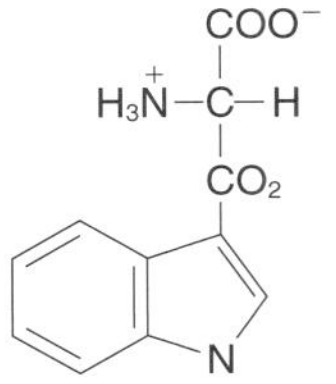

図10・20 トリプトファン 芳香環を側鎖にもつアミノ酸

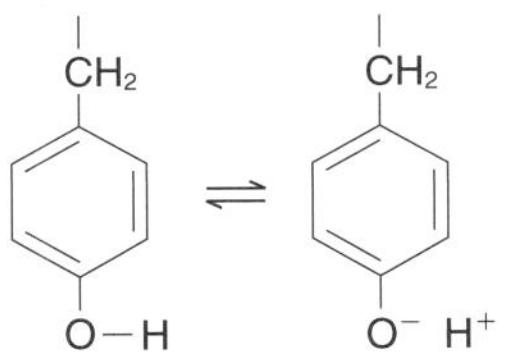

図10・21 酸塩基触媒反応におけるチロシン側鎖のイオン化

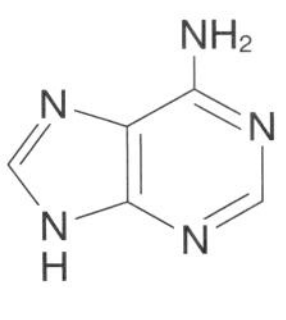

図10・22 芳香族プリン誘導体アデニン

図10・23 ニコチンアミドアデニンジヌクレオチド（NAD）のピリジニウム環における酸化還元過程

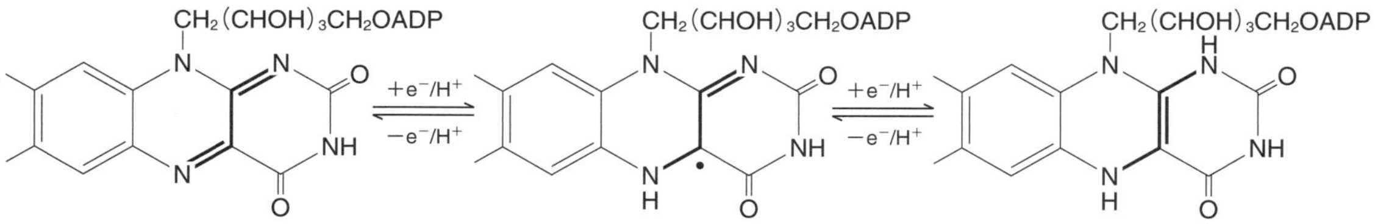

図 10・24 リボフラビン (FAD) の三つの**酸化還元状態** 各酸化還元状態で反応中心となる部位を太線で示した.

ネルギー準位で同程度のエネルギーをもつπ軌道がいくつも存在し，一部の軌道が電子で埋まり，一部が空軌道となっていることから，効果的な電子伝達体として機能する．このように，電子は各軌道を容易に移動できるため，おのおのの軌道は電子を得る過程，失う過程を繰返している．同様の説明は NADH の芳香族中心における電子伝達機能にも当てはまる．

> 芳香族化合物には同程度のエネルギーをもつπ軌道がいくつも存在し，それが電子移動にかかわる．

10・4 異 性

生体分子の形は，その分子の活性や有用性を規定するうえで非常に重要な因子である．官能基の位置のわずかな変化や，炭素原子に結合している側鎖の方向が違うだけで，その化合物の機能を著しく変化させる場合がある．有機化合物，生体分子において，炭素原子や官能基の配列は多様である．このとき，同じ分子式に対して二つまたはそれ以上の化合物が存在する場合がある．このような現象を**異性** (isomerism) といい，それぞれ異なる化合物は**異性体** (isomer) とよぶ．一つの分子式でたった二つの異性体しかない場合も，多くの異性体が存在する場合もある．ここでは，多様な異性体を生み出す官能基の配置のされ方，さらに，光学異性体についても説明する．これらは，生体物質の構造と機能の関連性にもかかわっている．

> 異性体は同じ分子式をもつが別の化合物である．

10・5 構造異性

構造異性は，ある分子式において炭素原子の配列によって，異なる炭素鎖や環構造を形成している場合（骨格異性体），官能基が異なる炭素原子に結合している場合（位置異性体），官能基を形成する原子の配列が異なるために，別の官能基となる場合（官能基異性体）に分類することができる．

10・6 骨格異性，位置異性，官能基異性

アルカンの一つであるブタンは骨格異性をもつ化合物の一例となる．ブタンの分子式は C_4H_{10} である．8 章ではブタンの構造式は図 10・25 に示すものだった．しかし，ブタンの構造式は図 10・26 のように書くこともできる．前者は四つの炭素原子が 1 本の鎖状に結合した場合で，後者は三つの炭素原子で 1 本の鎖となり，残りの炭素原子が側鎖になっている．この二つの物質はブタン（図 10・25）とメチルプロパン（図 10・26）という異なる名前をもち，融点や沸点など，互いに異なる物性をもっている．このような関係にある化合物を**骨格異性体** (chain isomer) とよぶ．重要なのは単に分子が曲がったり，折りたたまれたりするだけで異性体になるわけではないことを理解しておくことである．すべての分子は，通常の条件下で常に曲がったり，伸びたり，回転したりしている．同様に，分子を上下左右にひっくり返したとしても異性体とはならない．図 10・27 にはブタンをいろいろな表記で示したが，これらはいずれも異性体ではない．

> 分子が構築している鎖状構造や環状構造が異なる配列になっているものが骨格異性体である．

$CH_3-CH_2-CH_2-CH_3$ $CH_3-CH-CH_3$
                                                                         CH_3

図 10・25 ブタン   図 10・26 メチルプロパン

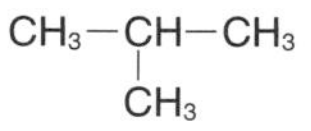

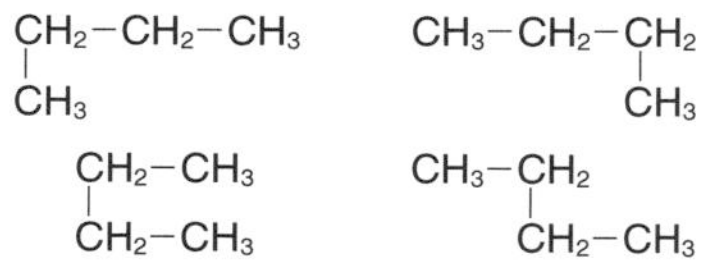

図 10・27 異性体ではなく同一分子となるブタンの表記

10. 芳香族化合物と異性

例題 10・2

アルカンに属するペンタンの分子式は C₅H₁₂ で，骨格異性体が 3 種類存在する．それらの構造式を示せ．

◆ 解 答 ◆

まず最も単純な直鎖状のペンタンの構造を書く（図 10・28）．次に，一つの炭素原子が側鎖になるような構造を，複数ある場合は複数個書く（図 10・29(a) および (b)）．図 10・29(a) の構造式を左右ひっくり返すと図 10・29(b) の構造式になるので，これらは同じ分子である．したがって，この形の異性体は一つしかない．次に，二つの側鎖それぞれが同一の炭素原子に結合する場合（図 10・30）と，二つの炭素原子をもつ側鎖が存在する場合（図 10・31）を書く．図 10・31 の化合物の折りたたみ方を変えてひっくり返してみると図 10・29 の構造と同じになるので，この構造は異性体ではない．したがって，ペンタンには三つの異性体，すなわちペンタン（図 10・28），2-メチルブタン（図 10・29, 31），2,2-ジメチルプロパン（図 10・30）が存在する．

CH₃–CH₂–CH₂–CH₂–CH₃

図 10・28 ペンタン

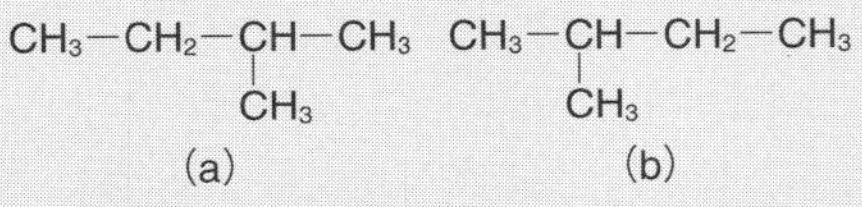

CH₃–CH₂–CH–CH₃   CH₃–CH–CH₂–CH₃
          | |
          CH₃   CH₃
(a)   (b)

図 10・29 異性体ではなく同一分子となるメチルブタンの表記

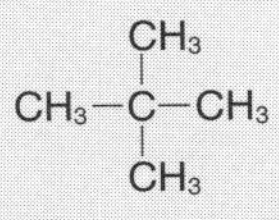

       CH₃
       |
CH₃–C–CH₃
       |
       CH₃

図 10・30 2,2-ジメチルプロパン

CH₃–CH–CH₃
     |
     CH₂
     |
     CH₃

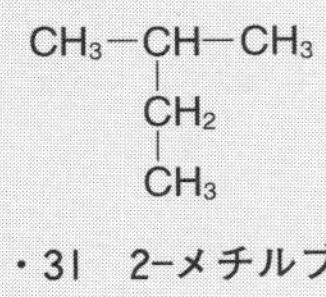

図 10・31 2-メチルブタン

問 10・3

アルカンに属するヘキサンの分子式は C₆H₁₄ である．ヘキサンの異性体の構造式を三つ示せ．

アルコール誘導体のプロパノールの場合，分子式は C₃H₈O である．ヒドロキシ基をどの炭素原子に付けるかによって図 10・32 と図 10・33 に示した 2 種類の構造式が可能である．これらの化合物はそれぞれプロパン-1-オールとプロパン-2-オールといい，異なる化学的，物理的性質をもつ **位置異性体**（positional isomer）の関係にある．

CH₃–CH₂–CH₂–OH   OH
                                |
                            CH₃–CH–CH₃

図 10・32 プロパン-1-   図 10・33 プロパン-2-
オール   オール

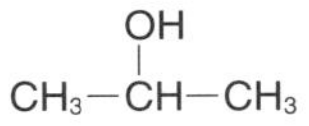

置換基が異なる官能基に変わった場合は **官能基異性体**（functional group isomer）となる．たとえば，アルデヒドであるプロパナールの構造式は CH₃CH₂CHO で，その分子式は C₃H₆O であるが，構造式 CH₃–COCH₃ のプロパノンはケトンである．

▶ 置換基が異なる官能基に変わると官能基異性体となる．

例題 10・3

分子式 C₄H₁₀O はアルコールのブタノールを表すが，異性体がいくつか存在する．ブタノールの骨格異性体，位置異性体の構造式を示せ．

◆ 解 答 ◆

まずは骨格となるアルカン（ブタン）に着目して，最も単純な直鎖状の構造と，分岐のある構造を書く．直鎖状構造に対して，ヒドロキシ基を末端に付ける（図 10・34）．もう一つの構造として，ヒドロキシ基を末端の隣の炭素原子に付ける（図 10・35）．ヒドロキシ基をもう一つ隣の炭素へと移した構造は，左右をひっくり返すと，図 10・35 の構造と同一となる．

CH₃–CH₂–CH₂–CH₂–OH   CH₃–CH₂–CH–CH₃
                                                |
                                                OH

図 10・34 ブタン-1-   図 10・35 ブタン-2-
オール   オール

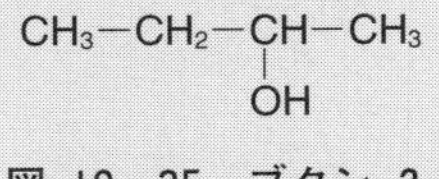

CH₃–CH–CH₂–OH   OH
     | |
     CH₃   CH₃–C–CH₃
                                 |
                                CH₃

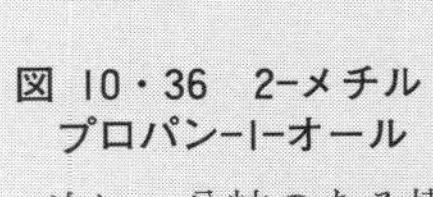

図 10・36 2-メチル   図 10・37 2-メチル
プロパン-1-オール   プロパン-2-オール

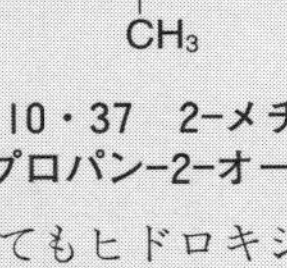

次に，分岐のある構造に対してもヒドロキシ基を末端に付ける（図 10・36）．ヒドロキシ基の位

置を炭素鎖に沿って一つ一つずらしていくと別の異性体となるが，この化合物の場合は，図10・37に示した構造が一つあるだけである．

以上のように，骨格異性体，位置異性体は図10・34～図10・37に示した4種類である．

問 10・4

アルコールのペンタノールは分子式 $C_5H_{12}O$ をもち，異性体がいくつか存在する．この分子式をもつ骨格異性体，位置異性体を四つ示せ．

例題 10・4

エーテルは C–O–C 結合をもち，アルコールは C–OH 結合をもつことから，官能基異性体となることがある．分子式として C_3H_8O をもつエーテルおよびアルコールの構造異性体を示せ．

◆ 解 答 ◆

C–O–C 結合をもつ分子を書く．可能な構造式は図10・38(a)と(b)である．図10・38(a)の左右をひっくり返すと図10・38(b)になるので，エーテル誘導体は1種類しかない．ヒドロキシ基をもつ構造式を書く（図10・39，図10・40）．このように，分子式 C_3H_8O をもつエーテルおよびアルコール誘導体の異性体は図10・38～図10・40に示した3種類である．

$CH_3-CH_2-O-CH_3$　　　$CH_3-O-CH_2-CH_3$
　　　　(a)　　　　　　　　　　　(b)

図 10・38　異性体ではなく同一分子となるエチルメチルエーテルの表記

$CH_3-CH_2-CH_2-OH$　　　$CH_3-\underset{\underset{OH}{|}}{CH}-CH_3$

図 10・39　プロパン-　　　図 10・40　プロパン-
　　　1-オール　　　　　　　　　　2-オール

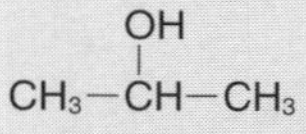

問 10・5

分子式 C_4H_8O をもつアルデヒドおよびケトンの構造異性体を示せ．

10・7　互変異性

これまで述べてきた構造異性は，同じ分子式をもつ化合物，もしくは，ある場合には，同じ官能基をもつ

Box 10・1　環状異性体と直鎖状異性体

アルカン，アルコール，エーテルなどの化合物において，これまでに例示してきた化合物と比べて炭素原子数に対する水素原子数の割合が少ない場合には，化合物は環状構造もしくは不飽和結合をもっている（8・5節参照）．たとえば，分子式 C_3H_6O をもつ異性体（図10・41）は不飽和結合をもつ直鎖状化合物もしくは環状化合物である．一般に，環状の異性体は，不飽和結合をもつ直鎖状の異性体よりも，生物にとって重要でないことが多い．

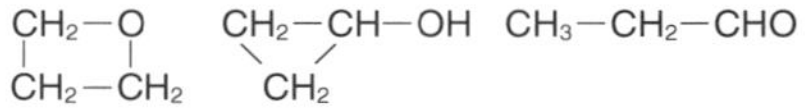

$\underset{CH_2-CH_2}{CH_2-O}$　　$\underset{CH_2}{CH_2-CH-OH}$　　CH_3-CH_2-CHO

図 10・41　分子式 C_3H_6O をもつ環状および非環状異性体の例

化合物ということだけに着目している．これに対して，**互変異性**（tautomerism）とは，二つの異性体同士が短い時間間隔で物理的に相互変換する場合を指す．一般的には二つの異性体間で起こることが多く，互いに**互変異性体**（tautomer）とよぶ．その相互変換はとても速く，動的な平衡状態にある．ときとして，一方の互変異性体は，もう一方の互変異性体よりも優先して存在し，平衡による混合物はその一方の構造に大きく偏っていることがある．この平衡の状態は温度やpH，溶媒といった外部環境で変わる．プロパノンは二つの互変異性体間の平衡で存在しうる（図10・42(a)と(b)）．温和な通常の条件下では，図10・42(b)の構造はほとんど無視してよい割合しか存在していないが，酸を添加してpHを下げると，その比率は上昇する．互変異性の重要な例として糖の反応がある（9

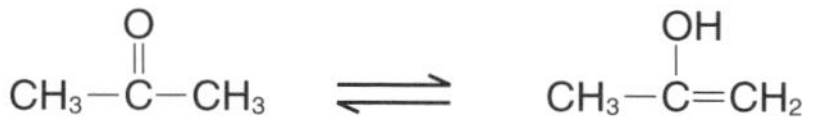

$CH_3-\overset{\overset{O}{\|}}{C}-CH_3$　⇌　$CH_3-\overset{\overset{OH}{|}}{C}=CH_2$

(a) プロパノン　　　　(b) 2-ヒドロキシ
　　　　　　　　　　　　　　プロペン

図 10・42　プロパノン（C_3H_6O）の互変異性体

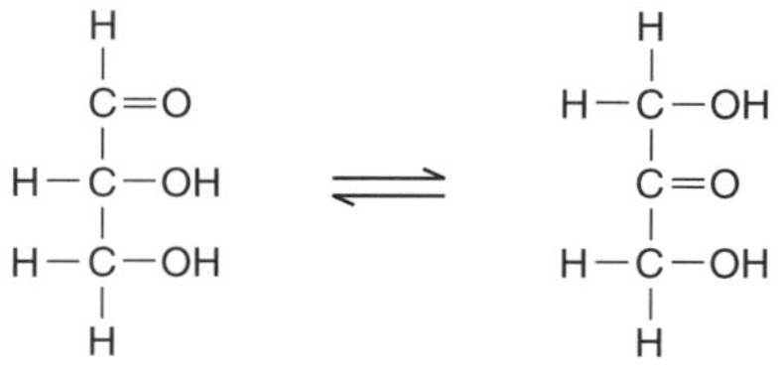

グリセルアルデヒド　　⇌　　ジヒドロキシアセトン

図 10・43　単純な糖におけるアルデヒドとケトンの互変異性体

章参照).三炭糖であるグリセルアルデヒドは不安定な中間体を経由してジヒドロキシアセトンに変換される(図10・43).

> 互換異性体は,速い動的平衡状態にある.

10・8 立体異性体

上述したように,構造異性は,アルキル基や官能基が分子構造の異なる位置に結合することで生じる(10・4節参照).一方,同じ構造式をもっている異性体もある.すなわち,分子内の置換基が異なる空間配置をもっている場合である.これを**立体異性**(stereoisomerism)とよぶ.立体異性は生物にとってとても重要な意味をもっている.

> 分子内の置換基が異なる空間配置の場合,立体異性となる.

10・9 幾何異性体

分子の中に固定された構造がある場合には,二つの官能基が異なる空間配置をとり,異性体が生じる.**幾何異性体**(geometrical isomer)はこのような分子であり,常に2分子で対となっている.アルケンの二重結合の二つの炭素は回転が束縛されているために,幾何異性体が存在しうる.アルケン誘導体2-ブテンの簡略化した構造式は $CH_3CH=CHCH_3$ と書くことができる.これを正確に書くと,二つの異なる構造が区別できる(図10・44).

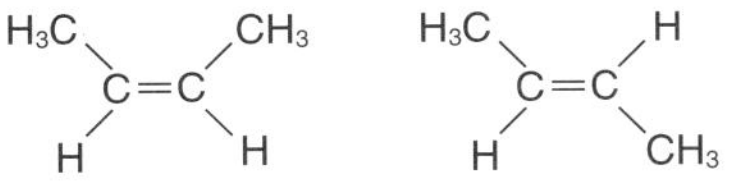

(a) シス形　　(b) トランス形

図 10・44　2-ブテンのシスおよびトランス異性体

図10・44(a)の構造式は,二つのメチル基が二重結合に対して同じ側にあるが,もう一つの図10・44(b)の構造式では二つのメチル基は反対側にある.これら二つの異性体はそれぞれシス形とトランス形とよぶ.この語句は異性体を区別するために分子名と組合わせる.すなわち,図10・44のアルケンに,それぞれ *cis*-2-ブテン,*trans*-2-ブテンとよぶ.構造異性体ではそれぞれの異性体は物理的特性も異なるし,ときとして化学的性質も異なると説明したが,これは幾何異性体でも当てはまる.炭素-窒素二重結合(C=N)もその回転が束縛された構造なので,環構造と同様に,幾何異性が存在しうる.

例題 10・5

ブテン二酸の幾何異性体を構造式で示せ.また,それぞれの構造式がシス形かトランス形かを帰属せよ.

◆ 解 答 ◆

ブテン二酸の簡略化した構造式は $HO_2CCH=CHCO_2H$ である.詳細に表記すると図10・45のようになる.

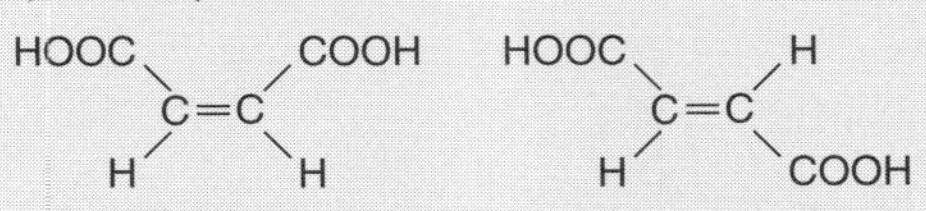

(a) シス形　　(b) トランス形

図 10・45　ブテン二酸のシスおよびトランス異性体

問 10・6

2-ブテン酸($CH_3CH=CHCO_2H$)には二つの幾何異性体が存在する.それぞれの構造式を正確に記し,シス形かトランス形かを明示せよ.

二つの幾何異性体はときとして生理学的にも異なる性質をもつ.たとえばリノレン酸(8章参照)では二つの炭素-炭素二重結合がいずれもシス配置をとっていて,これは栄養学的にもとても有益である.一方,二重結合がトランス形である異性体は健康によい物質とはいいがたい.

10・10 光学異性体

四つの異なる置換基をもつ炭素を含んでいる分子には二つの構造が存在しうる.そのような炭素原子は**キラル**(chiral)とか**不斉**(asymmetric)とよばれ,左手と右手の関係にある構造をつくり出す.自分の両手をみるとわかるように,両手は互いに同じ形をしているにもかかわらず,それらはまったく同一ではなく,同じではあるが反対の形をしていて,重ね合わせることはできない.しかし,一方の手を鏡に映してみると,その形はもう一方の手と同一になる.同様に,四つの異なる置換基をもつ炭素原子は重ね合わせることのできない二つの異性体をつくるが,それらは互いに鏡像の関係にある.一方を鏡に映すことにより他方

になることから，これらの異性体を**光学異性体** (optical isomer) とよぶ．また，重なり合わない鏡像体の関係にある二つの分子という概念を**光学異性** (optical isomerism) という．

> 化合物中の一つの炭素原子に四つの異なる置換基がついているときは光学異性体がある．

グリセルアルデヒドの中央の炭素原子，すなわちHOC*H(CH₂OH)CHOという構造式でアスタリスク（*）を付けた炭素原子は，四つの異なる官能基CH₂-OH, H, OH, CHOをもっている．したがって，この炭素はキラル中心（不斉中心）であり，不斉炭素という．グリセルアルデヒドの二つの鏡像体は図10・46のように書くことができる．この図では，三次元的な表現を使っているが，この方法は二次元である紙の上に三次元の分子を表現するために用いられている．紙面上にある化学結合は通常の線で書き，紙面の裏側に伸びていく化学結合は点線で，紙面より手前に飛び出してくる化学結合はくさび形で表す．すなわち，グリセルアルデヒドではCHO基は紙面上にあり，H基とOH基は紙面よりも手前に飛び出していて，CH₂OH基は紙面の裏側に伸びている．

図10・46　グリセルアルデヒドの二つの光学異性体

歴史的には，二つの光学異性体を区別するために，"(+)" または "*d*"，"(-)" または "*l*" と表記してきた．これらの表記は不斉炭素をもつ分子が偏光と相互作用をして，回転させるという特異な性質に基づいている．偏光を右に回転させる異性体を "(+)" または "*d*" 形とよび，反対に左に回転させる異性体を "(-)" または "*l*" 形とよぶ．これら二つの異性体を**鏡像異性体** (enantiomer) とよぶ．

> 光学異性体は対をなし，互いにもう一方の鏡像体となる．

近年になり，X線結晶構造解析を用いて，グリセルアルデヒドの置換基の空間的な位置，すなわち配置を決定することが可能となった．三次元的な構造で書かれたとき，これを分子の**絶対配置** (absolute

---

Box 10・2　絶対配置

絶対配置は，偏光をどちらに回転させるかということとは直接関係していない．グリセルアルデヒドの場合は（+）-鏡像異性体はD形となる．しかし，これはすべての生体関連分子に当てはまるわけではなく，（+）-異性体がL形の絶対配置をもつものもある．

---

configuration) とよぶ．この絶対配置を表すために，"D" と "L" という新しい表記法が使われており，図10・47に示した．さらに最近では，"*R*" と "*S*" という表記法も導入され，使われている．

図10・47　グリセルアルデヒドの二つの鏡像異性体の絶対配置

これまで述べてきた構造異性体，立体異性体では，一般的に異性体同士で物理的特性が異なり，化学的特性も異なる．1組の光学異性体同士，すなわち鏡像異性体は互いに物理的，化学的特性は同じで，唯一，偏光に対する旋光性だけが異なる．例外として，鏡像異性体が別のキラルな分子と反応するときには化学的差異が生じる．

生化学者は通常，鏡像異性体を区別するのにD,L表記を用いるが，これに関しては後の章で述べる．これまで説明してきたそれ以外の表記法もよく使われる．

生物界においては，不斉中心は多くの分子においてみられる．グリシンを除くすべてのアミノ酸には不斉炭素が存在し，それぞれ1組の鏡像異性体が存在する．グリシンは中央の炭素原子に二つの水素原子が結合しているので，必須アミノ酸中で唯一，この中央の炭素原子に3種類の異なる置換基しか結合していない．天然型構造であるL-アミノ酸は重要な役割を果たす．一方，糖類は複数のキラル中心をもつものが多いが，たいていD形鏡像異性体である．

例題 10・6

プロパン-1,2-ジオール（CH₂OH-CHOH-CH₃）は不斉炭素をもつアルコールである．二つの鏡像

異性体を三次元的な表現を使って書け．

◆解 答◆

まず不斉（キラル）炭素原子を見つける．この炭素原子は四つの異なる置換基が付いている．この場合は2番目の炭素であり，CH₂OH-C*HOH-CH₃ の構造式でアスタリスク（*）を付けた炭素が不斉である．次に，この炭素に四つの結合を三次元構造の表記で書き，それぞれの置換基として，CH₂OH, H, OH, CH₃ を書込む．鏡面を書込み，同じ構造で逆向きの構造式を書く．このとき，二つの化合物で，それぞれ対応する置換基が鏡面から同じ位置関係にあるように注意する．

問 10・7

キラルなアミノ酸であるアラニン（CH₃-CHNH₃⁺-COO⁻）の二つの鏡像異性体を三次元的な表現を使って書け．

生体分子は多くの場合，複数の不斉中心をもっている．すなわち，二つ以上の光学異性体が存在することを意味している．二つの不斉炭素をもつ分子では，2組の鏡像異性体からなる四つの異性体が存在する．一般に，n 個の不斉炭素をもつ分子は 2^n 個の異性体が存在する．タンパク質のような大きな分子（9章参照）では多くの不斉炭素を含んでいるので，膨大な数の可能な異性体が存在する．しかし，生命体の生合成では，一般的に一方の異性体だけをつくり，その異性体だけが生理活性を担っている．

▶ 生体分子は複数の不斉中心をもつことが多い．

同一の構造内に二つの不斉炭素が存在する場合，四つの異性体の関係を，アルドテトロースを例に示してみる．アルドテトロースは四炭糖であり，CH₂OH-CHOH-CHOH-CHO という構造式で表される．その四つの異性体を図10・48に示す．D-エリトロースとL-エリトロースは1組の鏡像異性体同士であり，D-トレオースとL-トレオースはもう1組の鏡像異性体同士である．二つのエリトロース異性体は，同一の物理的性質をもっているが，偏光に対する旋光性が異なる．トレオースの1組も同様の関係である．しかし，エリトロースはトレオースの鏡像異性体ではなく，物理的性質も異なる．これらの関係を**ジアステレオ異性体**（diastereoisomer）もしくはジアステレオマーとよぶ．糖類を命名するときには，ホルミル基から一番遠い不斉炭素に結合しているヒドロキシ基の絶対配置をもとにD配置，L配置と定義することが習慣となっている．これはアルドテトロースでは3番目の炭素ということになる．糖類については9章でより詳細に述べている．

まとめ

炭素-炭素単結合と炭素-炭素二重結合を交互にもつ環状化合物は，予想されるよりも低い反応性と高い安定性を示す．これは，原子軌道が側面で重なることによって，分子全体に広がった，安定な環状の電子雲を形成することによる．このような性質をもつ化合物を芳香族化合物とよぶ．芳香環は炭素原子だけでなく，窒素原子や酸素原子を含んでいる場合もある．いくつかの重要な生体物質は芳香環や側鎖を利用して，酸塩基反応，安定な構造形成，電子移動などを担っている．

同じ分子式をもつ異なる化合物を異性体とよぶ．構造異性は炭素鎖の配列の違い，官能基が結合する位置の違い，異なる官能基をもつことによって生じる．構

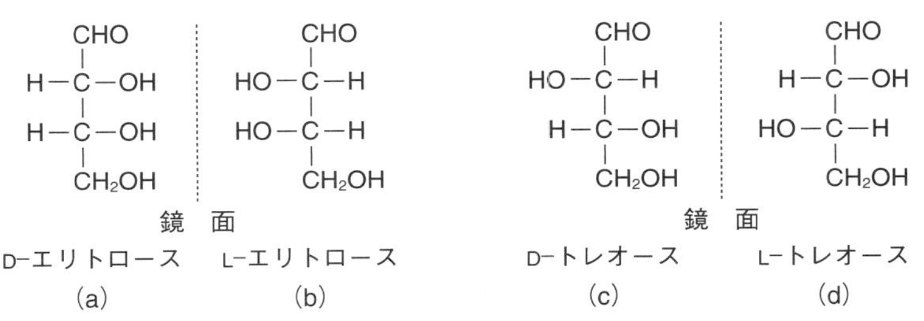

```
      CHO              CHO              CHO              CHO
   H—C—OH          HO—C—H           HO—C—H            H—C—OH
   H—C—OH          HO—C—H            H—C—OH          HO—C—H
     CH₂OH            CH₂OH            CH₂OH            CH₂OH
        鏡  面                            鏡  面
   D-エリトロース    L-エリトロース    D-トレオース     L-トレオース
      (a)              (b)              (c)              (d)
```

図 10・48 二つの不斉中心をもつアルドテトロース類 異性体(a)と(b)，(c)と(d)はそれぞれ互いに鏡像異性体である．(a)または(b)と，(c)または(d)は，互いにジアステレオ異性体の関係にある．

造異性体同士は明らかに異なる性質をもった異なる化合物である．互変異性は二つの構造異性体が速くて動的な平衡にある場合に起こる．立体異性は，同じ構造式をもちながらも，分子の中での置換基の空間配置が異なるという性質をもつ．幾何異性では，互いに変換されにくい二つの異性体の対が存在する．光学異性は分子内にキラル中心（不斉中心）が必要である．これは多くの場合，四つの異なる置換基が一つの炭素原子に結合することによって起こり，1対の鏡像異性体を与える．鏡像異性体同士は偏光に対する効果と，別のキラルな化合物との反応においてのみ，性質を異にする．異性，特にキラリティーは生命科学では非常に重要な意味をもっている．生合成では，一般に多くの可能な異性体の中から活性をもった一つの異性体だけがつくられる．

章末問題

問 10・8 五つの生体関連化合物の構造式を(a)～(e)に示した（構造式 (c) と (d) は少し難しい問題である）．

1) それぞれの化合物において，π電子共役に関与している電子の数を示せ．
2) 各構造式において，芳香環の性質を示す部分を示せ．

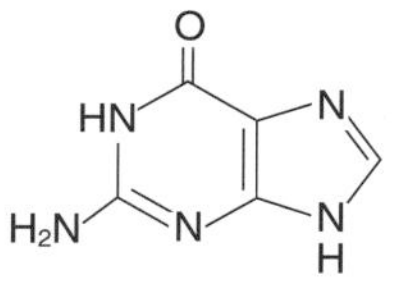

(a) グアニン
(b) ヒスチジン 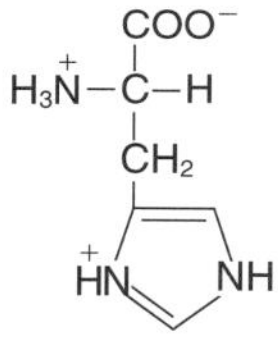
(c) 1-デアザフラビン 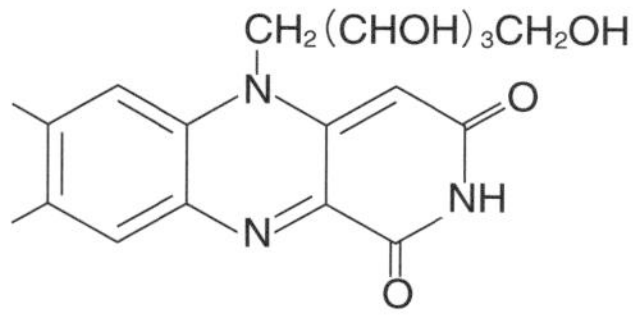
(d) 還元型ビタミンK 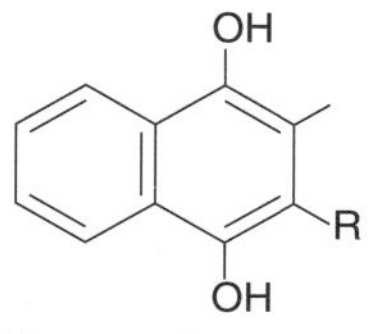
(e) コリスミ酸 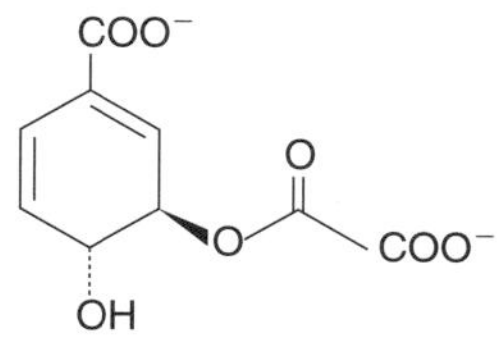

3) ヒスチジン (b) が酸塩基触媒となる反応機構を示せ．
4) 1-デアザフラビン (c) は 2 電子移動を起こす．セミキノンと還元型の構造式を示し，それぞれの構造の反応中心部位を太線で示せ．
5) 還元型ビタミン K (d) の酸化型キノン構造を示せ．
6) グアニン (a) は核酸の構造的ならびに電子的に重要な部分構造である．そのような性質を発揮する相互作用を説明せよ．

問 10・9 構造式(a)～(g)について以下の問いに答えよ．

1) ペンタナールの四つの異なる異性体を選べ．
2) 同じ化合物で異なる表記をしている構造式を選べ．

(a) CH₃—CH₂—CH₂—CH₂—CHO
(b) CH₃—CH(CHO)—CH₂—CH₃
(c) (CH₃)₃C—CHO
(d) CH₃—CH(CH₃)—CH₂—CHO
(e) CH₃—CH₂—CH₂—CH₂—CHO (with CH₃ branch)
(f) CH₃—CH(CH₃)—CH₂—CHO
(g) CH₃—CH₂—CH(CHO)—CH₃

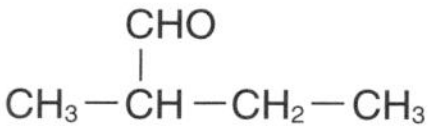

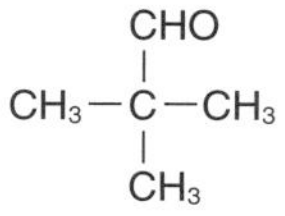

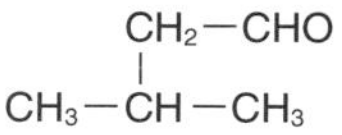

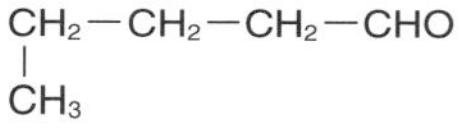

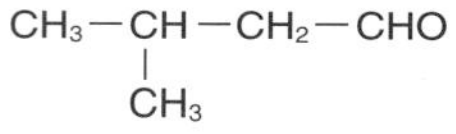

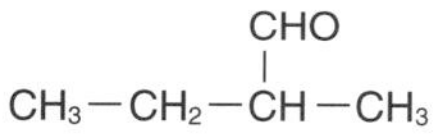

問 10・10 分子式 C_4H_8O には多くの構造異性体がある．以下に当てはまる構造式を示せ．

1) 二重結合を一つもつ二つの異性体
2) ケトン誘導体（1種）
3) 二つのアルデヒド誘導体

問 10・11 以下の分子式で示される幾何異性体の対の構造式を示せ．

(a) C_5H_{10} (b) C_3H_5CHO

問 10・12 アミノ酸であるシステインは鏡像異性体が存在する．両鏡像異性体を三次元的な表記を使って書き，互いに鏡像体の関係にあることを示せ．

11 有機化学・生物化学反応機構

11・1 序

生物の代謝経路では，一連の連続した反応が起こる必要がある．これらの反応は酵素によって媒介され，一見，複雑な変化の過程を経て生体分子を生成する．しかし，その個々の過程は単純な有機反応として捉えることができる．一連の反応は置換反応，付加反応，脱離反応といった反応に分類することができ，これらが分子の特定の反応性部位で起こるようになっている．化学結合の周りの電荷分布を理解したり，反応中心を見きわめることで単純な反応を予測することができる．巨大な生体分子の反応は，モデルとなる有機小分子の反応から類推して説明することができる．

11・2 反応性部位と官能基

ブタノール（$CH_3CH_2CH_2CH_2OH$）のような比較的小さな分子を考えるときでも，化学反応が起こりうる原子や結合はたくさんある．しかし，幸いなことに，これまでの経験則から，分子内での**反応性部位**（reactive site）は，たいていの場合，官能基であることが示唆されている．ブタノールの場合は，ヒドロキシ基（−OH）であり，ここが反応中心，つまり反応性部位となる．官能基が反応性部位となるのは，その官能基が分子中のそれ以外の部分とは異なり，分極した結合をもっているからである．ブタノールでは，ヒドロキシ基は下記のように分極している（3・3節参照）．

$$\overset{\delta+}{C}-\overset{\delta-}{O}H$$

> 分極した結合をもつ官能基は反応性部位となる．

この性質により，酸素原子は正電荷を帯びた試薬を引きつけ，一方，炭素原子は負電荷を帯びた試薬に引きつけられる．一方，この分子の残りの構造である炭素−炭素結合や炭素−水素結合は，非極性か，もしくはごくわずかに分極しているだけであり，電荷を帯びた試薬を引きつけない．ヒドロキシ基のもう一つの重要な性質は，酸素原子上に孤立電子対をもっていることである（2・9節参照）．孤立電子対はあたかも分子から突き出した負電荷の指のようにふるまう．酸素原子は二つの孤立電子対をもっており，それぞれが電気的に正の部位に強く引きつけられる．このような酸素原子は**求核中心**（nucleophilic center）とよばれる．多くの官能基にこうした求核中心がある．同様にして，酸素原子に結合してわずかに正電荷をもつ炭素原子は，**求電子中心**（electrophilic center）として知られている．すなわち，アルコールの場合，わずかに正に帯電した炭素原子か，もしくはわずかに負に帯電した酸素原子のどちらかで反応が起こりうるのである．このような二つの反応中心をもつ例を表11・1に示した．アミン，アルデヒド，ケトン，カルボン酸，エステルなどの官能基も二つの反応中心をもっている（表11・1）．

> 孤立電子対は電気的にわずかに負で，求核剤としてふるまう．
> 求核剤は電気的に正の原子を引きつけて反応する．
> 求電子剤は電気的にわずかに正で，電気的な負の中心を引きつけて反応する．

多くの官能基は二重結合を含んでいる．二重結合を構成している二つの結合は互いに異なる性質をもっている．一つ目の結合（σ結合，2章）は二つの原子間にしっかりと固持された電子対からなる．第二の結合であるπ結合（2章）は原子間の結合軸の上と下に広がる電子雲に電子対が存在している．π電子はσ電子に比べると自由度が高く，そのために反応中心となったり，他の反応中心を引きつけやすい性質をもつ．プロペン（$CH_3CH=CH_2$）のようなアルケンの二重結合は非極性であり，アセトアルデヒド（エタナール，CH_3CHO）では分極している．プロペンの非極性の二重結合はπ電子雲に小さな負電荷をもち（図11・1），その結果，求電子試薬や正に帯電した反応中心を引きつける．アセトアルデヒドの炭素−酸素二重結合は分極して，炭素原子はわずかに正電荷を，酸素原子はわずかに負電荷を帯びている（図11・1）．求核剤

表 11・1 有機化合物の反応性部位と非反応性部位

部 位	構 造	部位の性質
アルコールの炭素原子	>C(δ+)—OH(δ−)	反応性，ルイス酸，わずかに正に帯電
アミンの炭素原子	>C(δ+)—NH₂(δ−)	反応性，ルイス酸，わずかに正に帯電
ハロゲン化アルキルの炭素原子	>C(δ+)—Cl(δ−)	反応性，ルイス酸，わずかに正に帯電
アルデヒド，ケトン，カルボン酸，エステルの炭素原子	>C(δ+)=O(δ−)	反応性，ルイス酸，わずかに正に帯電
アルコールの孤立電子対	>C(δ+)—O(δ−)	反応性，ルイス塩基，わずかに負に帯電
アミンの孤立電子対	>C(δ+)—N(δ−)	反応性，ルイス塩基，わずかに負に帯電
アルケンの π 電子	>C=C< (δ−)	反応性，ルイス塩基，わずかに負に帯電
アルデヒド，ケトン，カルボン酸，エステルの π 電子および孤立電子対	>C(δ+)=O(δ−)	反応性，ルイス塩基，わずかに負に帯電
アルカン，アルキル基の炭素−炭素間の σ 電子	>C—C<	非反応性，非極性単結合
アルカン，アルキル基の炭素−水素間の σ 電子	>C—H	非反応性，わずかに分極した単結合

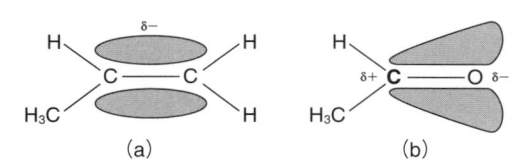

図 11・1 (a) 非極性（プロペン）および (b) 分極（アセトアルデヒド）した π 結合

はこの炭素原子に引きつけられるのである．

ルイスの酸塩基理論（Lewis acid-base theory）はしばしば反応性部位の考え方を合理的に説明する際に用いられる．**ルイス酸**（Lewis acid）とは電子対を受取ることのできる物質と定義される．一方，**ルイス塩基**（Lewis base）とは電子対を供与することができる物質を指す．このように考えると，ブタノール中の酸素原子に結合している炭素原子やアセトアルデヒド中の炭素−酸素二重結合の炭素原子はルイス酸部位である．プロペンの二重結合の π 電子や，ブタノール中の酸素原子上の孤立電子対はルイス塩基部位である．有機化合物の重要な反応性部位を列挙する前に，これまでに述べてきた概念についてまとめてみる．

> ルイス酸は電子対を受取る．
> ルイス塩基は電子対を供与する．

有機化合物や生体化合物には三つのタイプの電子対があり，これらが化学反応に関与している．

・σ 結合対（σ-bond pair）——結合中にしっかりと固持された電子対であり，反応性が低く，弱いルイス塩基性を示す．

・π 結合対（π-bond pair）——π 電子はより非局在

11. 有機化学・生物化学反応機構

化している．これらは中程度の反応性と中程度のルイス塩基性を示す．
・**孤立電子対**（lone pair）——空間に突き出している電子対である．これらは高い反応性と強いルイス塩基性を示す．

有機化合物中の反応性，非反応性の官能基については表 11・1 にまとめた．

例題 11・1

a) 1-アミノプロパ-2-エン（アリルアミン）の構造式を書け．
b) この分子の（ⅰ）ルイス酸中心，（ⅱ）ルイス塩基中心およびそれらの電荷を示せ．
c) π 電子の位置を示せ．
d) 孤立電子対の位置を示せ．
e) 非反応性の σ 結合を示せ．

◆ 解　答 ◆

a) $CH_2=CH-CH_2-NH_2$
b) (ⅰ) 窒素原子に付いている炭素原子がルイス酸中心である．

$$CH_2=CH-\overset{\delta+}{CH_2}-NH_2$$

(ⅱ) 電気陰性の窒素原子がルイス塩基である．

$$CH_2=CH-CH_2-\overset{\delta-}{NH_2}$$

c) 炭素-炭素二重結合が π 電子をもっている．

$$CH_2\overset{\pi}{=}CH-CH_2-NH_2$$

d) 窒素原子が孤立電子対をもっている．

$$CH_2=CH-CH_2-\overset{\text{💧}}{NH_2}$$

e) 炭素-炭素単結合もしくはすべての炭素-水素結合が一般的に非反応性の σ 結合である．

問 11・1

a) アセトアルデヒド（エタナール）の構造式を書け．
b) この分子の（ⅰ）ルイス酸中心，（ⅱ）ルイス塩基中心および部分電荷を示せ．
c) (ⅰ) π 電子および（ⅱ）孤立電子対の位置を示せ．

11・3 反応機構の記述

反応や反応機構について記述するために多くの用語や決まりが使われる．

求核剤（nucleophile）——ルイス塩基として作用する孤立電子対をもつ分子，またはアニオン（陰イオン）のことである．しばしば下図のように表される．

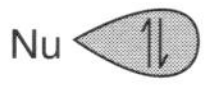

$$Nu\overset{\frown}{\diagup} \quad もしくは \quad Nu:$$

求核剤を含む反応は**求核反応**（nucleophilic reaction）とよばれる．

求電子剤（electrophile）——この用語は，ルイス酸として作用する電子不足部位（δ+）をもつ分子もしくはカチオン（陽イオン）に対して使われる．一般に E で表す．求電子剤を含む反応は**求電子反応**（electrophilic reaction）とよばれる．

反応が求核剤もしくは求電子剤を含むとき，形成される結合に含まれる電子，もしくは反応物質の開裂しつつある結合に含まれる電子は対で動く．

フリーラジカル（遊離基）（free radical）——有機分子種が対になっていない電子をもつとき，これをフリーラジカルとよぶ．ラジカルは電荷を帯びていないことが多く，必ずしも，正や負の反応種と反応するわけではない．フリーラジカルを含む反応は**フリーラジカル反応**（free radical reaction）とよばれる．フリーラジカルは一般に構造式の後にドットを付けて表す．たとえば，メチルラジカルは $CH_3\cdot$ となる．

> フリーラジカルは不対電子をもつ原子である．

基本的な反応機構は以下のように記載する．
・反応分子種やイオン種の構造を，互いの反応性部位が正しく向き合うように書く．
・求核反応や求電子反応の場合には，電子対の動きを丸まった矢印（⌢）で書き加える．
・フリーラジカル反応の場合には，一つの電子の動きを表すのに矢じりが片側だけの矢印（⌢）を使って表す．
・活性化された複合体や遷移状態を書く場合には，[ ] で囲み，必要な場合は電荷を書き添える．
・生成物を書く．

例題 11・2

以下にあげた化合物の中から，a) 求電子剤，b) 求核剤，c) フリーラジカルを選べ．
(ⅰ) シアン化物イオン（CN^-）

(ii) オキソニウムイオン（H_3O^+）
(iii) エタン（CH_3CH_3）
(iv) 塩素原子（$Cl\cdot$）

◆解 答◆
a）求電子剤は正電荷をもつルイス酸である（ii）．
b）求核剤はアニオンであるシアン化物イオン（i）．
c）フリーラジカルは不対電子をもっているので，（iv）．

問 11・2

a）メタノール（CH_3OH）の求核性部位を示せ．
b）$CH_3CHCH_2CH_3$ のフリーラジカル部位を示せ．
c）アセトアルデヒド（エタナール，CH_3CHO）の求電子性部位を示せ．

11・4　2分子間の求核置換反応

2分子間の求核置換反応は孤立電子対をもつ求核剤が電子不足な飽和炭素原子を攻撃するときに起こる．求核剤は電子不足の炭素を攻撃して，その炭素原子にもともと結合していた置換基との結合が開裂する．一つの置換基が他の置換基と入れ替わるのである．有機化学反応から一例をあげて，どのような反応機構かを見てみよう．クロロエタン（CH_3CH_2Cl）は，水酸化ナトリウムを含む水溶液中で加熱すると，水酸化物イオンと反応して，エタノール（CH_3CH_2OH）と塩化ナトリウムを生成する．反応機構を図 11・2 に示す．ここで，孤立電子対が求電子的な炭素原子に移動し，炭素-塩素結合の電子対が塩素原子に移動する．反応物は [ ] で囲った遷移状態（tsで示す）との平衡

にある．遷移状態において，開裂しつつある結合や形成しつつある結合は点線で表す．この反応過程において，炭素原子の立体配置は反転する．

> 2分子間の求核置換反応は，分子中の置換基を他の置換基と入れ替える．

生体分子における求核置換反応は，やや異なっている．水酸化ナトリウムのような強力な化学試薬や，沸点まで加熱するなどの過酷な条件に代わって，酵素という触媒が pH 7 付近，室温という条件下で反応をひき起こす．置換される官能基も通常は塩素のような強力な脱離基ではなく，アルコキシドのような比較的置換されにくい官能基であることが多い．貯蔵多糖グリコーゲンの場合，グリコシド結合はグリコシダーゼという酵素によって反応中心の立体配置が反転を起こしながら加水分解される．この反応機構は，Box 11・1 に示した．

問 11・3

以下の用語を簡単に説明せよ．
a）求核置換反応
b）遷移状態
c）立体配置の反転

11・5　非極性二重結合への求電子付加反応

この反応は，電子不足部位である求電子剤がルイス塩基部位である π 電子対を攻撃するものであり，通常，アルケンやアルケン誘導体中の炭素-炭素二重結合に対して起こる．反応機構は2段階で進行する．最初に求電子剤が π 結合から電子対を受取り，正電荷をもつ遷移状態を形成する．遷移状態では，二つの電子が三つの原子によって共有されている．第二段階では，遷移状態の分子は求核剤の攻撃を受けるが，この求核剤はもともと求電子剤から生成したものである．

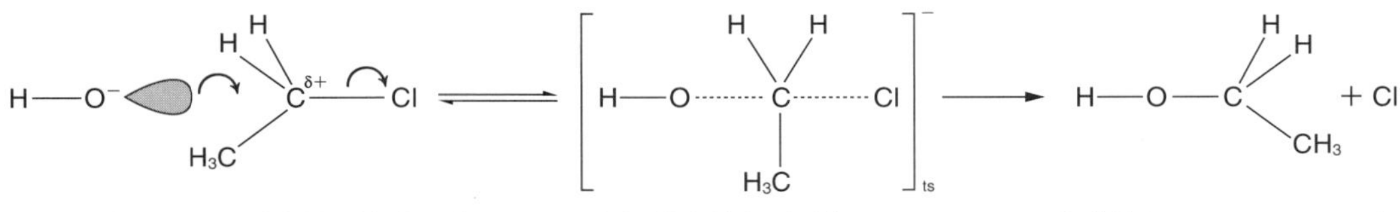

| 水酸化物イオンの孤立電子対がわずかに正電荷をもつ炭素原子を攻撃し，炭素-塩素結合の電子は塩素原子へ移動する | 酸素-炭素結合が形成されつつある一方，炭素-塩素結合が切れつつある | 生成物としてアルコールができ，塩素イオン（塩化物イオン）が放出される |

図 11・2　2分子間の求核置換反応により水酸化物イオンがクロロエタンの塩素と入れ替わる反応

Box 11・1　グリコーゲンの加水分解機構

グリコーゲンの加水分解反応はクロロエタンの単純な求核置換反応よりも複雑である（図11・3）．まず，酵素の補助を受けて，水酸化物イオンがピラノースの1位炭素原子を攻撃し，切れかかったC…OR結合をもつ遷移状態を生成する．生成物として，1位の炭素原子の立体配置が反転したβ-グリコシド1分子と一つ糖鎖が短くなったグリコーゲン分子ができる（グリコーゲン分子はアルコキシドイオン（OR⁻）で表している）．グリコーゲンの加水分解反応は立体反転を伴わずに起こることもある．β-グリコシダーゼはβ-グリコシド結合を開裂する酵素であり，α-グリコシダーゼはα-グリコシド結合を開裂する酵素である．立体反転が起こると鏡像体を生成する．

図 11・3　グリコシダーゼによる酵素反応でグリコーゲンが加水分解される求核置換反応機構

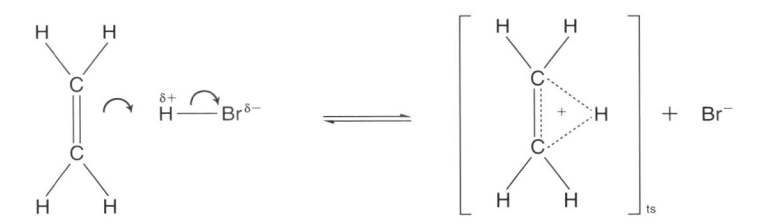

二重結合のπ電子がわずかに正電荷を帯びた水素原子に引き寄せられる．水素–臭素結合の電子対は臭素原子へ移動する

二つの炭素原子は，おのおの三つの原子と通常の結合を，二つの原子と部分的な結合を形成している

臭素イオンの孤立電子対がわずかに正電荷を帯びた炭素原子を攻撃する．1電子移動が二つ分で一つの新しい炭素–水素結合となる

生成物のブロモエタンが生成する

図 11・4　エテンに臭化水素が付加してブロモエタンが生成する求電子付加反応

例としてエテン（エチレン）に臭化水素が付加して，ブロモエタンが生成する過程をあげる（図11・4）．臭化水素は生物内に存在する求電子剤よりもかなり強力である．より穏和な試薬である水がアルケンの二重結合に求電子付加する反応は，細胞の呼吸におけるいくつかの反応段階として重要な反応である．クエン酸塩は cis-アコニット酸を中間体として経由し，イソクエン酸塩に異性化する．この中間体はアルケン分子であり，アコニターゼによる酵素反応により，水が求電子付加してイソクエン酸塩となる（この反応機構はBox 11・2に示した）．クエン酸回路の後半の段階では，フマル酸塩の二重結合に水が求電子付加すること

によってリンゴ酸塩へと導かれるが，この反応を担う酵素がフマラーゼである（図 11・5）．

> 求電子付加反応は，置換基をアルケンの二重結合の各末端に付加させる．

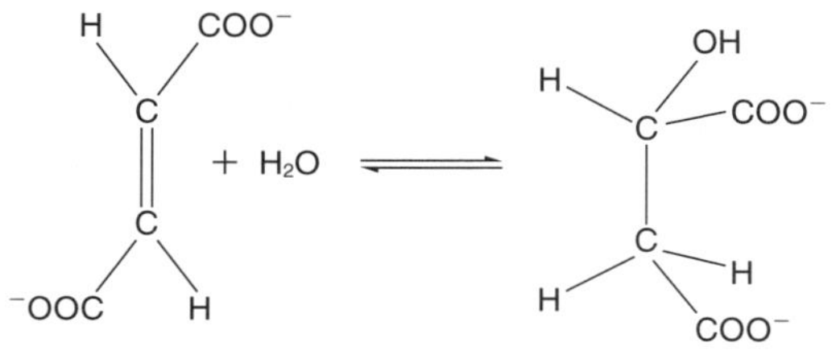

図 11・5 フマル酸塩に水が求電子付加してリンゴ酸塩を与える反応 この反応を触媒する酵素がフマラーゼである．

問 11・4

a) ヨウ素分子（I_2）は炭素-炭素二重結合に付加することができ，食品業界において食用油の中の不飽和度を見積もる方法となっている．この反応の反応機構はどのようなものであると考えられるか．

b) この反応の反応機構を示せ．

11・6 脱離によるアルケンの生成

二重結合への水の付加反応は，しばしば代謝経路における水の脱離反応と密接に関係している．生体系での脱離反応にはおもに二つの反応機構が存在する．**協奏的脱離反応**（concerted elimination）は，塩基が反応物の反応部位からプロトンを解離させると同時に，他の部位から水酸化物イオンを解離するという 1 段階の反応である．この反応では，立体化学が制御されていて，特異的な立体構造をもつアルケンを生成する（図 11・7（a））．もう一つの反応機構は，**炭素-水素開裂反応**（carbon-hydrogen cleavage）であり，2 段階の反応である．最初の段階は炭素-水素結合の開裂が必要であり，それに引き続いて水酸化物イオンの放出が起こる（図 11・7（b））．この過程では，通常生成物の立体化学は規定されないが，酵素が反応に関与する場合は，その活性中心の性質によって規定される

Box 11・2　cis-アコニット酸への水の付加反応の反応機構

呼吸サイクルの中で，cis-アコニット酸はクエン酸塩からイソクエン酸塩に異性化する反応の中間体として生成する．その二重結合の π 電子は，酵素の補助を受けて，水分子の電気陽性の水素原子の攻撃を受ける．遷移状態では，この水素原子が二重結合性の弱まった二つの炭素原子に等価に結合しており，水酸化物イオンが放出されつつある．次いで，この二つの炭素原子のうちの一方に，水酸化物イオンの孤立電子対が攻撃をして異性体を生成する．図 11・6 中，反応試薬である水分子は太字で示した．

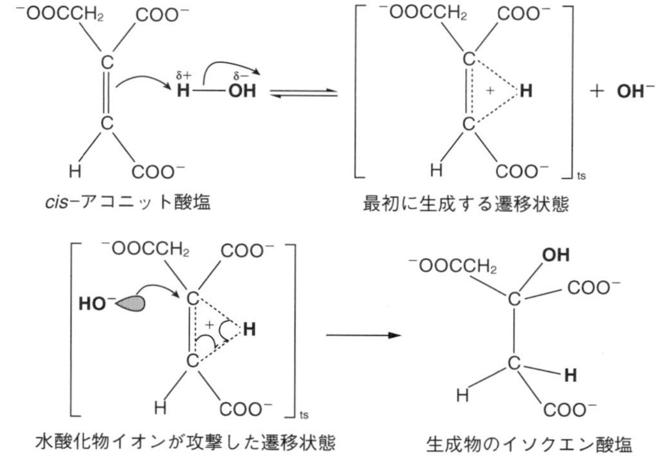

図 11・6　アコニターゼによる酵素反応によって cis-アコニット酸塩に水が求電子付加してイソクエン酸塩が生成する

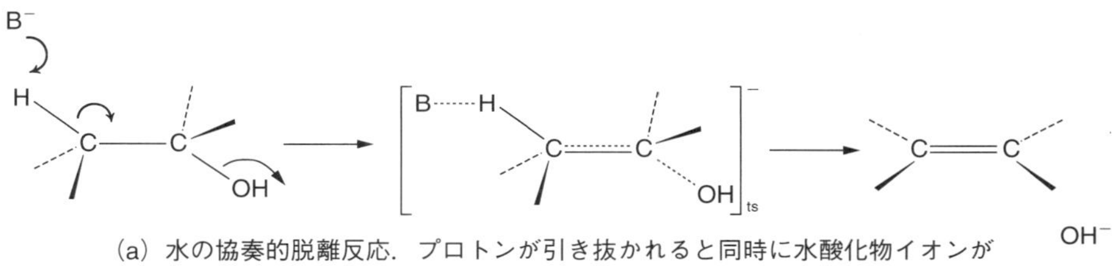

(a) 水の協奏的脱離反応．プロトンが引き抜かれると同時に水酸化物イオンが解離していく

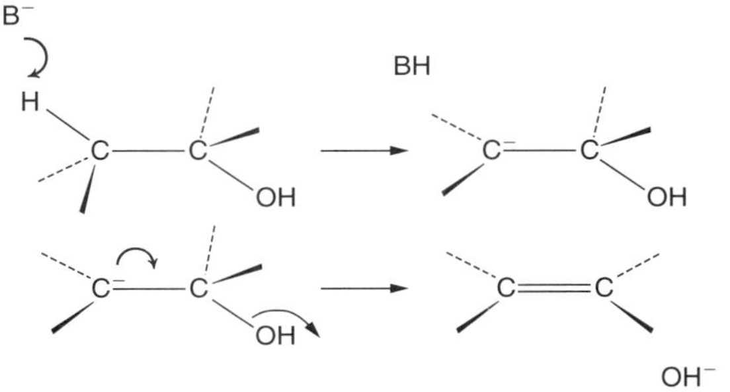

(b) 水の2段階の脱離反応によるアルケンの生成．プロトンが引き抜かれて中間体のアニオンを生じ，続いて，このアニオンから水酸化物イオンが解離する

図 11・7　脱離反応の反応機構

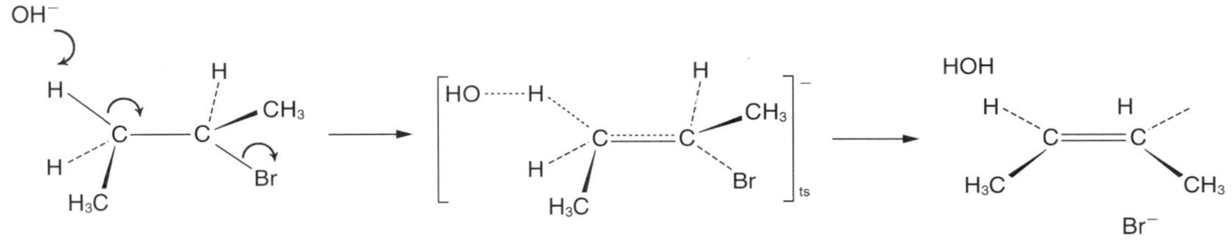

水酸化物イオンの孤立電子対が水素原子に移動する．炭素-水素結合の電子が炭素-炭素結合に移動する．臭素原子と炭素原子との間の結合から電子を引き寄せる

水酸化物イオン-水素原子，炭素-炭素の間の結合が生成し始め，同時に，炭素-水素，炭素-臭素間の結合が開裂しつつある

水と臭素イオンが解離し，アルケンが生成する

図 11・8　ブロモアルカンから臭化水素が脱離してアルケンを生成する協奏的脱離反応

ことがある．有機化学における協奏的脱離反応の例としては，加熱したエタノール水溶液中，水酸化ナトリウム存在下で 2-ブロモブタンがブト-2-エン（2-ブテン）を生じる反応があげられる（図 11・8）．水酸化物イオンは塩基として働き，炭素-水素結合からプロトンを引き抜き，結果として電子対の移動が起こる．それと同時に，分子の反対側に位置している臭素原子が炭素-臭素結合から電子対を受取って，臭素イオンとして解離する．生成物はブテンのシスまたはトランス異性体である．生化学的経路において酵素が触媒する脱水反応では，しばしば β-ヒドロキシカルボン酸（3-ヒドロキシカルボン酸，RCH(OH)CH₂COOH）が

協奏的脱離反応の基質となる．2段階脱離反応は，必ずというわけではないが，しばしば β-ヒドロキシケトン（3-ヒドロキシケトン，RCH(OH)CH₂COR′）や β-ヒドロキシチオエステル（3-ヒドロキシチオエステル，RCH(OH)CH₂COSR′）の脱離反応でみられる．

> 脱離反応では，隣り合った2個の炭素原子から一つずつ置換基が失われ，アルケンの二重結合が形成される．

植物において，L-フェニルアラニンなどの芳香族アミノ酸の生合成では，シキミ酸経路として知られている一連の脱離反応が起こる．この経路は非常に重要

Box 11・3　シキミ酸経路の反応の一つである水の脱離反応の反応機構

シキミ酸経路には，3-デヒドロキニン酸が脱水して3-デヒドロシキミ酸になる反応が含まれている．この反応は3-デヒドロキニン酸デヒドラターゼという酵素が担っている．反応機構は単純ではないが，詳細な研究によりこの反応が2段階で進むことがわかってきた．最初の段階は，塩基によって炭素-水素結合からプロトンが引き抜かれてカルボアニオンが生成する．次に，水酸化物イオンが脱離して二重結合が生成し，3-デヒドロシキミ酸となる．この過程を図11・9にまとめた．

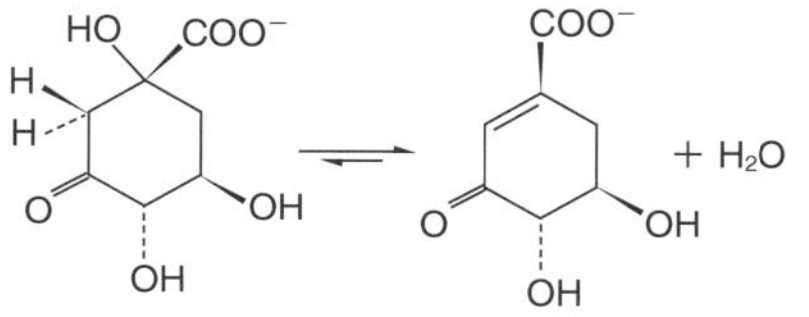

3-デヒドロキニン酸　　3-デヒドロシキミ酸

図 11・9　3-デヒドロキニン酸デヒドラターゼという酵素により，3-デヒドロキニン酸から水が脱離して3-デヒドロシキミ酸が生成する反応　反応は2段階機構で進む．

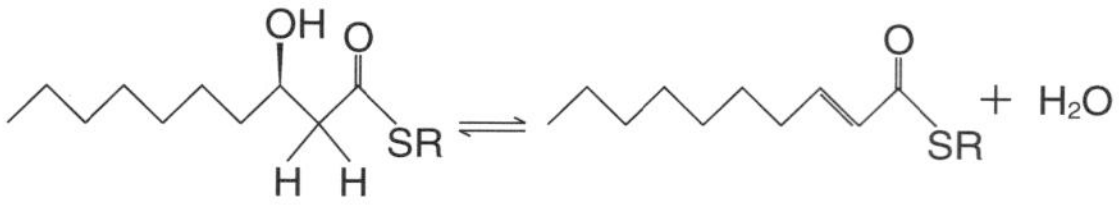

β-ヒドロキシデカノイルチオエステル　　*trans*-2-デカノイルチオエステル

図 11・10　酵素反応によってβ-ヒドロキシデカノイルチオエステルから水が脱離して *trans*-2-デカノイルチオエステルを生成する反応　この反応は2段階機構で進む．

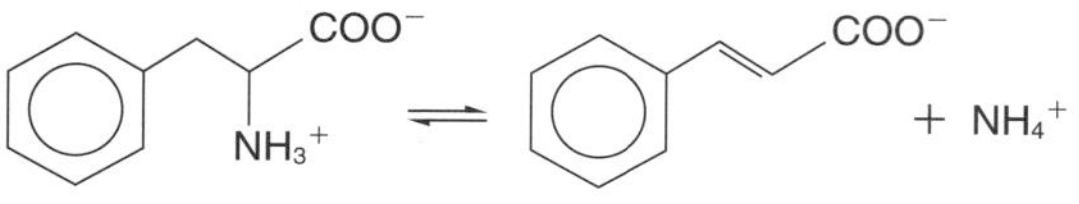

フェニルアラニン　　ケイ皮酸塩　　アンモニウムイオン

図 11・11　フェニルアラニンアンモニアリアーゼによる酵素反応でフェニルアラニンからアンモニアが協奏的に脱離する反応

で，動物には対応した経路がなく，そのため動物は食物からこれらのアミノ酸を摂取しなくてはならない．この反応機構は，Box 11・3と図11・9に示した．2段階の脱離反応には，β-ヒドロキシデカノイルチオエステルの可逆的脱水反応により *trans*-2-デカノイルチオエステルを生成する反応がある（図11・10）．この反応はβ-ヒドロキシデカノイルチオエステルデヒドラターゼ（脱水酵素）が担い，脂肪酸合成回路に含まれる反応の一つである．

アンモニアは，それ自体は脱離反応のよい脱離基とはいえないが，酵素触媒がこの反応過程を可能とする．フェニルアラニンのような多くのL-アミノ酸が酵素，アンモニアリアーゼを利用して，この脱離反応をひき起こしている．脱離は協奏的な機構で起こり，生成物としてケイ皮酸塩を与える（図11・11）．

問 11・5

2段階脱離反応と協奏的脱離反応の違いを丁寧に説明せよ．

11・7　分極した二重結合への求核付加反応

加水分解反応は，細胞内代謝における重要な反応である．加水分解酵素は生物が摂取した食物をより小さな分子に分解する．それらの分子は吸収され，エネルギー生成や生合成経路に利用されている．加水分解は，カルボニル基のように，分極した二重結合の電気陽性（ルイス酸）な端に求核剤が攻撃することによって起こる．求核剤の攻撃によって生成した付加生成物から，電気陽性の炭素原子にもともと結合していた置換基が脱離して再び二重結合となる．加水分解と類似の反応に，置換基の変換反応がある．この反応では，基質からある置換基が取除かれ，水以外の別の置換基が結合する．加水分解と置換基の変換反応の比較を，図11・12に示した．

> 分極したカルボニル基の二重結合は，付加反応に続いて脱離反応を受けることがある．

有機化学ではエステルの加水分解が二重結合への求核付加のよいモデルとなる．反応は，水酸化ナトリウムのようなアルカリを使い，水溶液中でエステルとともに加熱すると，アルコールとカルボン酸のナトリウム塩が生成する．反応機構は，まず求核剤であるヒドロキシ基の孤立電子対が炭素-酸素二重結合の炭素原子を攻撃する．それによって，中間体のアニオン性付

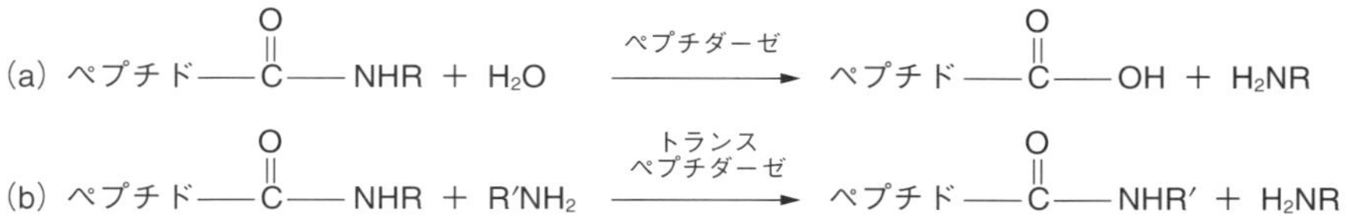

(a) ペプチド—C(=O)—NHR + H₂O →[ペプチダーゼ] ペプチド—C(=O)—OH + H₂NR

(b) ペプチド—C(=O)—NHR + R'NH₂ →[トランスペプチダーゼ] ペプチド—C(=O)—NHR' + H₂NR

図 11・12 (a) ペプチダーゼによる求核付加反応と，それに続く脱離反応によってペプチドの加水分解が起こる反応と，(b) トランスペプチダーゼによる同様の反応で，アシル基を別のアミンへと移動させる反応

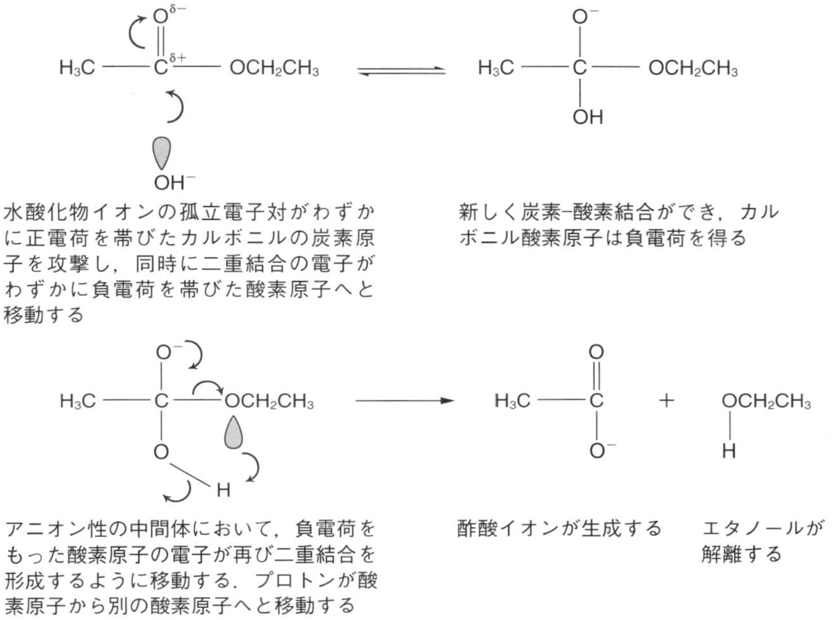

H₃C—C(=O^{δ−})(^{δ+})—OCH₂CH₃ ＋ OH⁻ ⇌ H₃C—C(O⁻)(OH)—OCH₂CH₃

水酸化物イオンの孤立電子対がわずかに正電荷を帯びたカルボニルの炭素原子を攻撃し，同時に二重結合の電子がわずかに負電荷を帯びた酸素原子へと移動する

新しく炭素–酸素結合ができ，カルボニル酸素原子は負電荷を得る

H₃C—C(O⁻)(OH)—OCH₂CH₃ → H₃C—C(=O)—O⁻ ＋ OCH₂CH₃ + H

アニオン性の中間体において，負電荷をもった酸素原子の電子が再び二重結合を形成するように移動する．プロトンが酸素原子から別の酸素原子へと移動する

酢酸イオンが生成する　　エタノールが解離する

図 11・13 エステル化合物である酢酸エチル（エタン酸エチル）の分極した二重結合への水酸化物イオンの求核付加反応と，それに引き続く脱離反応によってエタノールと酢酸イオンを生成する反応

加化合物が生成し，ついで脱離反応によって再び二重結合となることで，アルコールとカルボン酸塩が生成する．図 11・13 に酢酸エチル（エタン酸エチル）の例を示したが，水酸化ナトリウム水溶液中で加水分解を受けて，エタノールと酢酸ナトリウムとなる．生体反応でも同様の反応が起こっており，セリンプロテアーゼであるキモトリプシンの酵素反応によって，ペプチドの芳香族アミノ酸に隣接した結合が水によって選択的に開裂する．この反応機構については Box 11・4 と図 11・14 に示した．

細胞内では，タンパク質のプロセシングはしばしばシステインプロテアーゼの酵素反応による加水分解反応を含んでいる．この加水分解によってペプチド結合はチオエステルを中間体として経由し，アミンとカルボン酸に変換される．この反応については Box 11・5

と図 11・15 に示した．

> **問 11・6**
>
> 求核剤と分極した二重結合との反応では，しばしば付加反応に続いて脱離反応が起こる．ペプチドの加水分解反応を例にして，その反応機構を示せ．

11・8 フリーラジカルの反応

フリーラジカル（遊離基，free radical）は太陽光や紫外光のエネルギーが単純な有機分子と相互作用することによって生成する．たとえば，大気は非常に微量のフロンを含んでいる．フロンは炭素原子に結合した塩素原子やフッ素原子をもっていて，噴霧剤や冷媒

Box 11・4 芳香族アミノ酸残基に隣接する部位におけるペプチドの加水分解反応の反応機構

この反応を担う酵素は，活性部位の三つのアミノ酸残基が連動して機能することによって加水分解反応を進行させる．その一部を単純化した図が図 11・14 である．この反応ではまず活性部位の三つのアミノ酸残基によってエステルが生成する．酵素の活性中心に存在するセリンのヒドロキシ基がアミド結合のカルボニル二重結合の電気陽性の炭素原子を攻撃して中間体であるアニオン性の付加化合物を生成する．このアニオンは脱離反応を起こし，アミンと酵素に結合したヒドロキシ基とカルボン酸によって形成されたエステルを与える（図11-14・左）．すなわち，この最初の反応段階では，Ser 57 がペプチド分子と共有結合することによって，アミン分子を放出する．続いて酵素の活性部位のアミノ酸残基である His 195 は水分子からプロトンを引き抜き，その水分子がわずかに正電荷を帯びたカルボニル炭素原子を攻撃する．中間体の酸素アニオン上の電子が再び二重結合を形成すると同時に，Ser 57 は His 195 からプロトンを引き抜く．最後の段階では，生成するカルボン酸誘導体が酵素の活性部位の Ser 57 や His 195 から解離する．

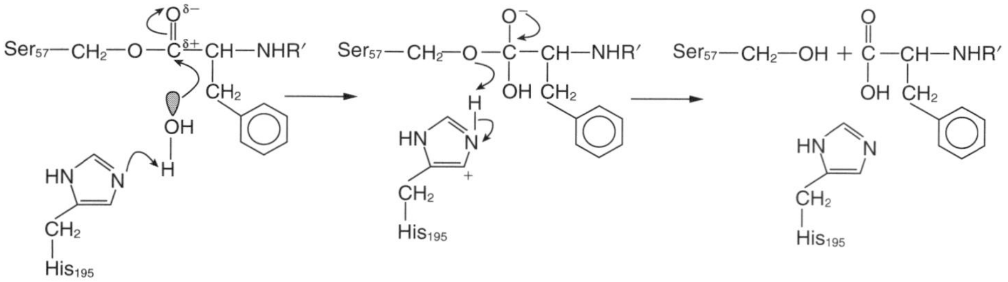

| カルボニル結合が，His 195 によって生成したヒドロキシ基の攻撃を受ける | 脱離反応が進行し，カルボン酸と酵素に結合した Ser 57 が解離する | 生成したカルボン酸が酵素の活性部位から解離する |

図 11・14　キモトリプシンによる芳香族アミノ酸残基に隣接する部位におけるペプチドの加水分解反応の鍵段階

Box 11・5 システインプロテアーゼによるタンパク質加水分解反応の反応機構

システインプロテアーゼの酵素反応では，活性部位に存在するシステイン残基が共有結合性の触媒として機能している．その反応機構は，まずシステイン残基が求核剤としてペプチドのカルボニル基の電気陽性の炭素原子を攻撃して，中間体のチオエステルが生成してアミンを放出する．このチオエステルが水の求核反応を受けることにより，最終的にカルボン酸を放出し，酵素のシステイン残基はもとに戻る．エンドプロテアーゼの一種であるパパインの酵素反応を例示したが，この酵素はペプチドのアルギニンやリシンなどの塩基性アミノ酸部位を優先的に切断する．反応機構を図 11・15 に示した．

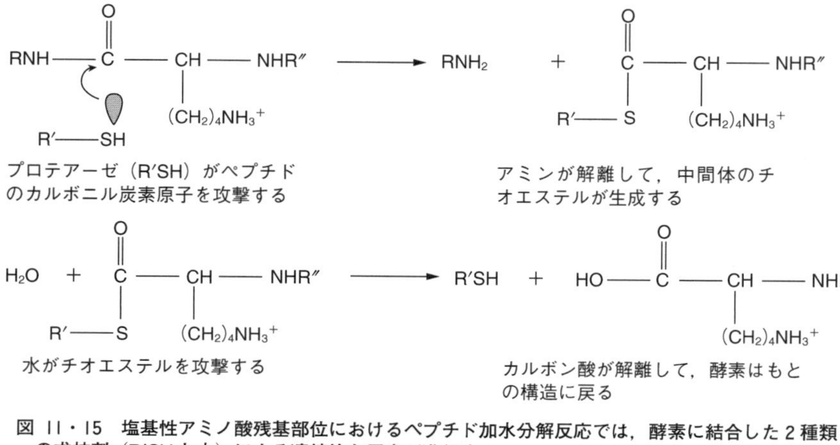

| プロテアーゼ（R'SH）がペプチドのカルボニル炭素原子を攻撃する | アミンが解離して，中間体のチオエステルが生成する |

| 水がチオエステルを攻撃する | カルボン酸が解離して，酵素はもとの構造に戻る |

図 11・15　塩基性アミノ酸残基部位におけるペプチド加水分解反応では，酵素に結合した2種類の求核剤（R'SH と水）による連続的な反応が進行する　この反応を担う酵素はパパインである．

として用いられてきた．フロンは太陽光によって分解して塩素ラジカル（Cl·）を発生し，これが大気の上層部でオゾン（O_3）と反応して酸素分子（O_2）とクロロオキシラジカル（ClO·）を生成する．この反応機構は以下の通りである．

$$CF_3CF_2Cl \longrightarrow CF_3CF_2· + Cl·$$
クロロペンタフル　　ペンタフル　　塩素
オロエタン　　　　　オロエチル　　ラジカル
　　　　　　　　　　ラジカル

$$O_3 + Cl· \longrightarrow O_2 + ClO·$$
オゾン　塩素ラジカル　酸素分子　クロロオキシ
　　　　　　　　　　　　　　　　ラジカル

この過程は重要なオゾン層の破壊をひき起こし，有害な短波長の紫外線が地上にまで届くようになってしまう．この反応機構で特に重要なことは，生成したクロロオキシラジカルがさらに連鎖的に反応をして未反応のオゾン分子も破壊することである．

> **大気中の酸素による酸化は通常，フリーラジカル過程である．**

酸素分子の電子構造を議論した際に（2章参照），反結合性π軌道に二つの不対電子があると述べた．酸素（O_2）は生体においては強力な酸化剤である．酸素は化合物から電子対を受取り，酸化する働きがあるが，さらに，適当な供与体がある場合には一つの電子を受取ることもできる．後者の例として，還元型のフラビン（$FADH_2$）がある．この分子は1電子を失うとフリーラジカル中間体であるフラビンセミキノン（FADH·）になり，さらに不対電子を一つ失うと酸化型フラビン（FAD）となる（図11・16）．酸素は還元されて過酸化水素（H_2O_2）になる．フリーラジカルは，通常，炭素原子上に不対電子をもった分子種である．フリーラジカルは反応性が高く，適当な不対電子供与体と反応して対電子を形成しようとする．

FADはモノアミンオキシダーゼの補因子として働き，アミンからアルデヒドへのフリーラジカル酸化反応を担う．反応機構は，二度のFADからの1電子移動によってイミンが生成し，次いで加水分解を受けてアルデヒドになる（図11・17）．同様のラジカル機構で進む反応として，コハク酸デヒドロゲナーゼによる酵素反応でコハク酸塩が酸化されてフマル酸塩になる反応がある（図11・18）．アミノ酸は，FAD存在下，D-アミノ酸オキシダーゼによって酸化反応を受け，2-ケトカルボン酸を生成する．

植物の中で木の組織はかなりの量のリグニンを含んでいる．乾燥木材の約1/3がリグニンである．この物質はフェニルプロパノイド構造がランダムに結合してできる複雑な構造をもつ芳香族化合物である．フェニルプロパノイドとはベンゼン環に炭素数3個の置換基が結合したものであり，リグニンの生合成前駆体の一つはコニフェリルアルコールである（図11・19）．

コニフェリルアルコールもしくは関連前駆体のフリーラジカルカップリング反応によって，分子同士が1箇所もしくは複数箇所で結合し合い，巨大で網目状に結合した構造をもつ分子リグニンとなる．ラジカルカップリング過程はまずフェノキシラジカルの生成によって起こる（図11・19）．この反応は，植物中に広く存在しているペルオキシダーゼ，フェノラーゼ，チロシナーゼなどの酵素の一つによってひき起こされる．酵素反応によって一度フリーラジカルが生成すれば，それ以降のラジカル重合は単なる化学反応として進行する（図11・19）．

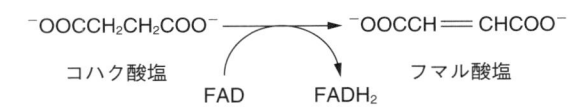

$$^-OOCCH_2CH_2COO^- \longrightarrow \ ^-OOCCH=CHCOO^-$$
コハク酸塩　　　　　　　　　　　　　　フマル酸塩
　　　　　　　FAD　　FADH$_2$

図11・18　FAD存在下，コハク酸デヒドロゲナーゼによりコハク酸がフマル酸に酸化される反応　反応はフリーラジカル機構で進行する．

> **問11・7**
>
> フラビンは三つの酸化還元状態で存在しうる．この性質が分子状酸素を用いる生体内での酸化反応過程にどのように重要であるかを説明せよ．

$$FADH_2 \xrightleftharpoons[+H^++1e^-]{-H^+-1e^-} FADH· \xrightleftharpoons[+H^++1e^-]{-H^+-1e^-} FAD$$
還元型FAD　　　　FADセミキノン　　　　酸化型FAD

図11・16　リボフラビンの三つの酸化還元状態

$$RCH_2CH_2NH_2 \longrightarrow RCH_2CHNH_2· \longrightarrow RCH_2CH=NH \xrightarrow{H_2O} RCH_2CHO + NH_4^+$$
　　　　　　　　FAD　FADH·　　　　FADH·　FADH$_2$

図11・17　FADとモノアミンオキシダーゼによるアミンからアルデヒドへのフリーラジカル酸化反応

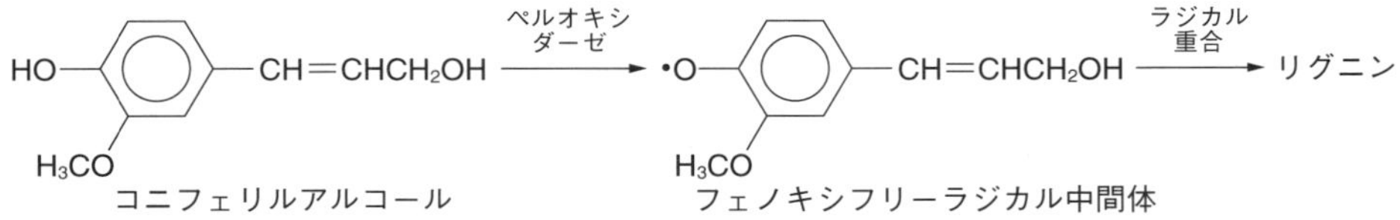

図 11・19 コニフェリルアルコールからリグニンの生合成過程におけるラジカル形成の概略図

11・9 生合成における炭素-炭素結合形成

多くの細胞内反応過程で必須な段階の一つに炭素-炭素結合形成反応がある．生合成とは，基本的にこのような過程を経て細胞内に炭素化合物を生成することである．こうして生成する化合物は，炭化水素やアミノ酸などの一次代謝産物であり，細胞機能や生命維持に必須である．次いで二次代謝産物も細胞にとって重要ではあるが，生きていくのに必ずしも必須ではない．

▶ 炭素-炭素結合形成は生合成の鍵段階である．

生体内における炭素-炭素結合は以下の三つの方法のいずれかで形成される．
1）カルボアニオン（C⁻）が，分極したカルボニル結合の正電荷を帯びた末端（炭素原子）に求核攻撃をする．
2）カルボニウムイオン（カルボカチオン，C⁺）が，炭素-炭素二重結合（アルケン）の負電荷を帯びた電子雲に求電子攻撃をする．
3）炭素フリーラジカルが，炭素-炭素二重結合（アルケン）を攻撃するか，もしくは2分子のフェノキシフリーラジカルが結合する．

カルボアニオンの経路は生合成経路では最も頻繁に見られる反応である．この反応はカルボアニオン（ルイス塩基）から供与される電子対とその適当な受容体（ルイス酸）が必要である．有機化学反応での例として，アルカリ水溶液中でアセトン（プロパノン）がもう1分子のアセトンとアルドール縮合する場合を考えてみる．反応機構を図11・20に示す．最初の段階では，水酸化物イオンがアセトンからプロトンを引き抜

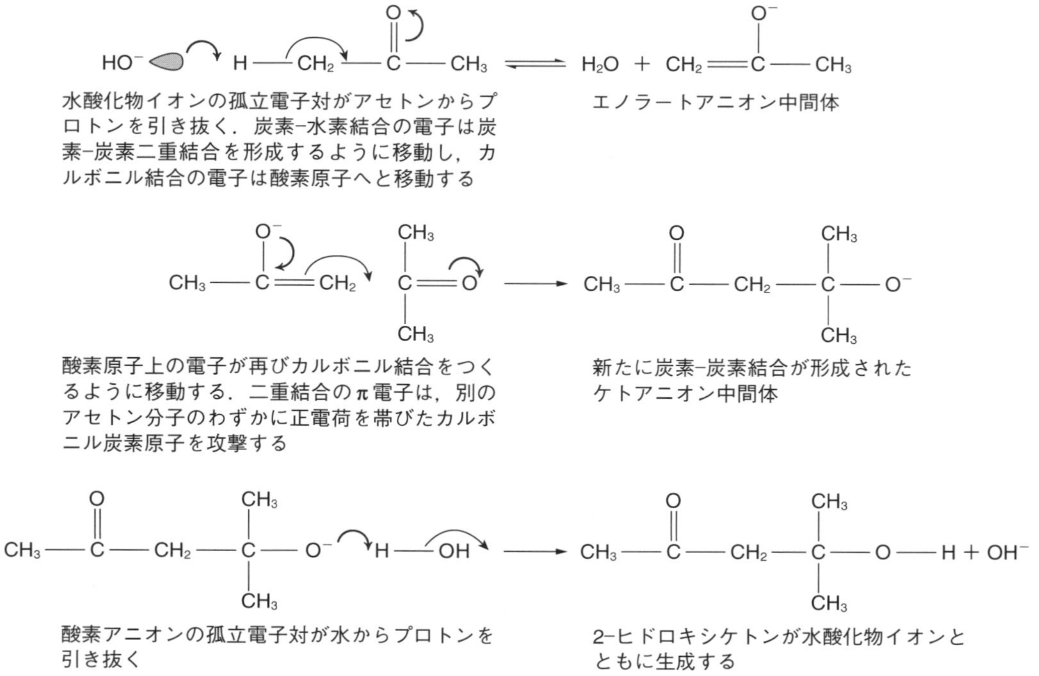

図 11・20 アセトンのアルドール縮合による炭素-炭素結合形成反応の反応機構

き，カルボアニオンを生成する．この中間体の二重結合のπ電子が，別のアセトン分子のわずかに正電荷を帯びたカルボニル炭素原子を攻撃して，新たな炭素-炭素結合が形成される．このようにしてできたアニオンが水からプロトンを引き抜いてヒドロキシケトンが生成し，水酸化物イオンが再生する．単純なカルボアニオンを生成するために必要な過酷な条件は細胞内では起こりえない．そのため，酵素の介在が必要であり，カルボアニオンの負電荷をいくつかの原子に分散させて安定化する．

　生合成経路におけるアルドール縮合もしくは関連するカルボアニオン経由の反応例としてカルビン回路がある．ジヒドロキシアセトンリン酸はグリセルアルデヒド 3-リン酸と可逆的な反応を起こしてフルクトース 1,6-ビスリン酸を生成する．この反応に関与する酵素はフルクトース-1,6-ビスリン酸アルドラーゼである．この反応はカルビン回路の主要な反応の一つであり，また光合成過程にも含まれている．動物では，フルクトース 1,6-ビスリン酸は，単糖をピルビン酸塩に異化する解糖系や，炭素数 3 または 4 の前駆体から炭化水素を生合成する糖新生などにもかかわる化合物である．

　生合成においてカルボニウムイオンを中間体とする主要な反応はアリルピロリン酸をテルペンに変換する反応である．植物では，非常に多くのテルペン分子が重要な役割を担っている．動物では，ホルモンやステロイド，脂質が同様に重要な化合物である．この反応は，正電荷をもつカルボニウムイオン中間体が**求電子剤** (electrophile) として電気陰性中心，特に炭素-炭素二重結合のπ電子を攻撃する**求電子置換反応** (electrophilic substitution) である．最初のジメチルアリルピロリン酸 (DMAPP) は五つの炭素原子をもつため，テルペンの炭素数は 5 の倍数になる．ショウノウ，メントール，ゲラニオール，ピネンなどのテルペンは 10 個の炭素原子をもち，ペンタレノラクトン抗生物質の前駆体であるペンタレネンは 15 個の炭素原子をもつ．DMAPP（$(CH_3)_2C=CHCH_2OPPi$, OPPi:$OPO(OH)OPO(OH)_2$）からテルペン合成の最初の段階は，ピロリン酸基（OPPi）の脱離によるカルボニウムイオン（$(CH_3)_2C=CHCH_2^+$）の生成である．このイオンがもう 1 分子の DMAPP の二重結合のπ電子を攻撃して，新しい炭素-炭素結合が形成される．

　生合成におけるラジカル中間体は，おもに木材などの植物成分であるリグニンの生成反応に含まれている（11・8 節参照）．二つのラジカルが一つずつ不対電子対を出し合って結合すると，新しい電子対，すなわち炭素-炭素結合が形成される．リグニンの生合成では，さまざまな形の炭素-炭素結合が形成される．こうした複雑な結合の形成が，ラジカル反応を経る過程によって生成する化合物に共通の特徴である．

まとめ

　化学反応の過程は反応機構を考えることによって理解できる．有機化合物に限っていえば，反応性部位は官能基や結合の性質によって同定することができる．わずかな数の反応機構によって多くの反応を説明することができる．求核剤が物質の電気陽性の部位に引き寄せられ，その結果，ある官能基が他の官能基に変わる反応を求核置換反応という．アルケン分子の二重結合のπ電子が求電子剤を攻撃することにより，二重結合への付加反応が起こる．これを非極性二重結合への求電子付加反応という．適当な条件下では，反応は可逆的である．反応物質から二つの置換基が抜けて，アルケンなどが生成する反応は脱離反応である．カルボニル化合物は分極した二重結合をもつため，その電気陽性末端は求核剤を引き寄せ，付加反応を起こす．ある場合には脱離反応を伴って再び二重結合となり，生成物となる．この一連の反応を付加脱離反応とよぶ．

　これまで述べてきた反応機構では，すべて結合を形成したり開裂したりする際に電子は対になって動いていた．ある種の反応機構では，電子が単一で動いている．この反応の多くは酸素を含んでおり，フリーラジカル反応とよぶ．以上のいずれの反応も生体反応の中に見いだすことができる．細胞内で起こっている反応もこれらの有機化学の式で表すことができる．このようにして，同化作用や異化作用の過程をよりいっそう理解することができる．しかし，大きな違いがある．有機化学では比較的単純な反応物に対して，強力な試薬や強い反応条件を用いる必要がある．これに対し代謝過程においては，反応は温和な条件で生理的な pH, 生理的な温度で進行する．反応物は多様であり，小さい分子であったり非常に巨大な分子であったりする．また，容易に化学的変化を起こすような部位でないときもある．これらの困難さを克服するために，特異的で強力な酵素触媒が反応に介在し，反応機構を制

御しているのである．

もっと深く学ぶための参考書

Bugg, T. (1997) *An Introduction to Enzyme and Coemzyme Chemistry*, Blackwell Science, London.（実践的アプローチに重点を置いて反応機構を詳しく解説した役立つ本）

Fersht, A. (1985) *Enzyme Structure and Mechanism*, 2nd ed., Freeman, Oxford.（酵素の生化学機構についてわかりやすく解説している）

章末問題

問 11・8 a）"反応性部位" という用語は何を意味しているか．

b）以下の化合物（i）〜（iii）を例として用いて，どのようなルイス酸性反応性部位やルイス塩基性反応性部位が分子内に存在しているのかを説明せよ．

（i）ブタン（$CH_3CH_2COCH_3$）
（ii）2-アミノプロペン（$CH_3CH(NH_2)CH_3$）
（iii）エタン酸メチル（CH_3COOCH_3）

問 11・9 求核置換および脱離反応という二つの反応機構はそれぞれ協奏的に起こる場合がある．この章の中から適当な例をあげて，この反応機構の概念を示せ．

問 11・10 "細胞内の反応においてアルケンの二重結合を生成する脱離反応はしばしば二重結合に対する付加反応を伴う". クエン酸回路の中の反応を例にして，この根拠を示せ．

問題 11・11 a）生合成において炭素-炭素結合を形成する反応機構のうち重要なものを二つ示せ．

b）この反応経路の例を一つ示し，その重要性を説明せよ．

12 硫黄とリン

12・1 序

　無機元素である硫黄とリンはすべての生命体に必須の元素である．硫黄原子は，ある種の細菌では酸素原子の代わりに用いられている．硫黄原子は細菌や植物に硫酸塩として取込まれ，還元されてから，タンパク質や補酵素に組込まれる．チオール基として，硫黄原子は酸化還元を仲介したり，反応促進剤として機能する一方で，ポリペプチド間に共有結合を形成して架橋し，タンパク質の立体構造を規定する役割を果たしている．

　リン原子は生命体ではおもにリン酸塩およびリン酸エステルやポリリン酸エステルの関連物質として見いだされる．細胞における"リン酸塩"の役割はさまざまである．タンパク質のリン酸エステルは代謝活性の制御やホルモン作用にかかわっている．糖のリン酸エステルは，代謝分解過程で糖を活性化する機能を果たしたり，ヌクレオチドの構成成分となる．アデノシン 5′-三リン酸（ATP）などのヌクレオチドはエネルギー貯蔵や物質輸送にかかわっている．リン酸ジエステルは，DNA や RNA が高分子となるときのヌクレオチド間の結合に使われ，DNA や RNA を構築するうえで重要な構造要素である．

12・2 リン原子と硫黄原子の電子殻と原子価

　周期表（表 1・4 および表 1・5 参照）のリンと硫黄および酸素と窒素の部分を図 12・1 に示した．リンと硫黄は，それぞれ原子番号が 15，16 であり，15 個もしくは 16 個の電子が電子殻に存在する．どちらの元素も周期表の第 3 周期に属し，窒素と酸素のすぐ下に位置している．したがって，リン原子と硫黄原子はそれぞれ窒素原子や酸素原子と共通した性質をもっていると考えられる．表 2・1 をみると，周期表の同じ族にある各元素の原子価の類似点と相違点がわかる．つまり，窒素原子とリン原子の原子価はいずれも 3 価か 5 価である．酸素原子の原子価は 2 価であり，硫黄原子は 2 価以外に 4 価と 6 価をとる．周期表の第 2 周期と第 3 周期の原子間の類似点と相違点を理解するためには，これらの原子における軌道の配置を考えるとよい．

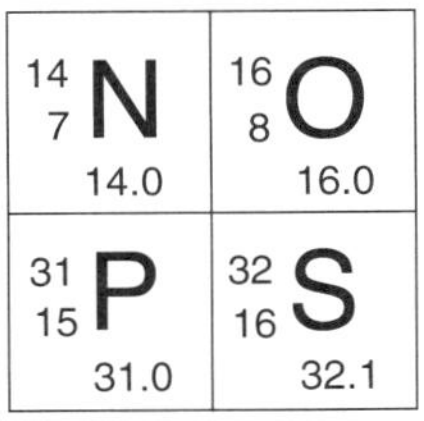

　表 1・5 によると，第 2 周期と第 3 周期の元素は第 3 電子殻に d 軌道が存在することによって違いが生じる．リン原子と硫黄原子の価電子の電子配置を書くと以下のようになる．

	3s	3p	3d
リン	2	1 1 1	
硫黄	2	2 1 1	

　また，1・7 節で述べたように，以下の表に示す記号や数字を用いて，硫黄は [Ne]$3s^2 3p_x^2 3p_y^1 3p_z^1$，リンは [Ne]$3s^2 3p_x^1 3p_y^1 3p_z^1$ と表すこともできる．図 1・8 に示したように，エネルギー準位図として表すこともできる．

記号や数字	意味するもの
数字	電子殻
アルファベット	軌道の種類
上付の数字	軌道に存在する電子の数

　リン原子の 3 価，硫黄原子の 2 価は，それぞれ 3p 軌道を埋めるのに必要な電子数に対応する．リン原子の 5 価は 3s 軌道の電子対の電子を一つ移した以下の電子配置に対応している．

	3s	3p	3d
リン	1	1 1 1	1

図 12・1　周期表での窒素，酸素，リン，硫黄の位置関係

$^{14}_{7}$N 14.0	$^{16}_{8}$O 16.0
$^{31}_{15}$P 31.0	$^{32}_{16}$S 32.1

この場合，第3電子殻に電子が一つずつ入った軌道が五つ存在する．この五つの軌道を結合によって電子で埋めればリン原子は安定な構造となる．4価の硫黄原子は3p軌道の電子対の電子を一つ移した電子配置に対応する．

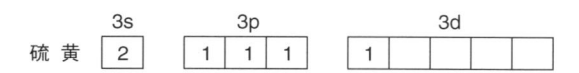

	3s	3p	3d
硫黄	2	1 1 1	1

この電子配置は四つの不対電子をもっている．6価は，3sと3p軌道の両方の電子対の電子を一つずつ移した電子配置に基づいている．

	3s	3p	3d
硫黄	1	1 1 1	1 1

この電子配置は一つの電子しか入っていない軌道が六つ存在する．

> 硫黄やリンの原子価が変わるのは，電子対を形成している3s軌道や3p軌道の電子が移動して不対電子となるためである．

生体分子で一般にみられる原子価は，リン原子では5，硫黄原子では2,4,6である．

例題 12・1

a) 二酸化硫黄の構造を示せ．
b) 二酸化硫黄中の硫黄原子の原子価はいくつか．
c) このとき，硫黄原子の軌道で電子対が対でなくなる軌道があれば示せ．

◆解答◆
a) 二酸化硫黄の構造は O=S=O である．
b) 二酸化硫黄における硫黄原子の価数は4である．これは，硫黄原子から出ている結合の数を数えればよい．
c) 4価の硫黄原子は3p軌道の電子対が不対電子になることに基づく．

問 12・1

a) 三酸化硫黄の構造を示せ．
b) 三酸化硫黄中の硫黄原子の原子価はいくつか．
c) このとき，硫黄原子の軌道で電子対が対でなくなる軌道があれば示せ．

12・3 硫黄原子

多くの植物や微生物は，硫黄を**酸化された**（oxy）アニオンの形で取込んでいる．その主要な二つのアニオンは，亜硫酸塩（SO_3^{2-}）と硫酸塩（SO_4^{2-}）であり，硫酸アンモニウムのように農作物の肥料として使われている．亜硫酸塩は4価の硫黄原子をもち，大気中の二酸化硫黄が水に溶解することによって生成し，亜硫酸となる．

$$SO_2 + H_2O \rightleftharpoons H_2SO_3$$

二酸化硫黄は多くの化学反応の副生物であり，亜硫酸は酸性雨の成分の一つである．溶液中で，亜硫酸は以下のように電離する．

$$H_2SO_3 \rightleftharpoons H^+ + HSO_3^- \rightleftharpoons 2H^+ + SO_3^{2-}$$

このとき，25℃におけるpK_1，pK_2はそれぞれ1.8, 6.92である．

> 大気中の硫黄は酸性雨の一因である．

大気中の二酸化硫黄は酸素によって酸化されて，三酸化硫黄を生成する．

$$2SO_2 + O_2 \rightleftharpoons 2SO_3$$

または，

$$SO_2 + O_3 \rightleftharpoons SO_3 + O_2$$

三酸化硫黄は6価の硫黄原子をもち，水によく溶ける性質があり，硫酸を生成する．

$$SO_3 + H_2O \rightleftharpoons H_2SO_4$$

硫酸は化学工業でよく用いられる化合物であるが，溶液中でできるアニオン体，すなわち硫酸塩は生物学的に重要である．溶液中では硫酸は以下のように電離する．

$$H_2SO_4 \rightleftharpoons H^+ + HSO_4^- \rightleftharpoons 2H^+ + SO_4^{2-}$$

硫酸は強酸だが，HSO_4^- の電離定数pK_2は1.92で，弱酸である．

硫酸イオンは以下の反応（Rはアルキル基）によって，硫酸エステルを生成する．

$$ROH + SO_4^{2-} \rightleftharpoons ROSO_3^- + OH^-$$

硫酸エステルは多くの体内グリコサミノグリカン（ムコ多糖）の構成成分であり，硫酸イオンの負電荷がタ

12. 硫黄とリン

表 12・1 硫黄原子を含む生体分子の例

硫黄原子含有化合物の名前	構造式	生物学的機能
ビオチン	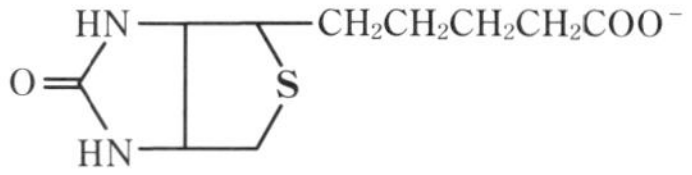 (構造式: イミダゾリジノン環と硫黄を含むチオフェン環、CH₂CH₂CH₂CH₂COO⁻側鎖)	カルボキシ基転移反応
コンドロイチン硫酸	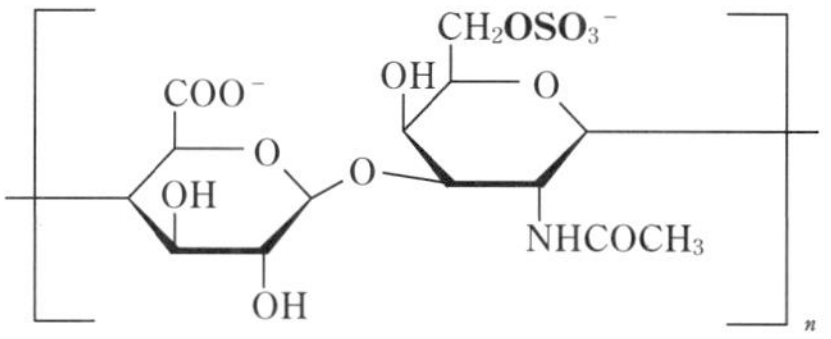 (構造式: グルクロン酸とN-アセチルガラクトサミン-6-硫酸の繰返し単位)	軟骨の成分
補酵素A	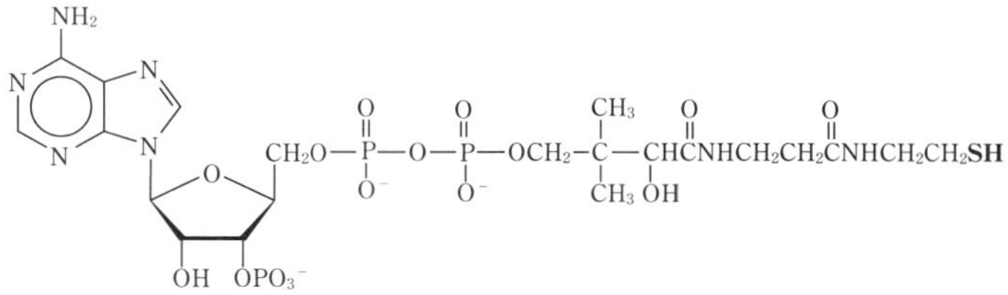 (構造式: アデニン-リボース-リン酸-パントテン酸-システアミン、末端にSH)	多くの生体触媒反応
システイン	H₂N−CH(CH₂SH)−COOH	アミノ酸
グルタチオン	H₃N⁺CH(COO⁻)CH₂CH₂CONHCH(CH₂SH)CONHCH₂COO⁻	生体酸化還元反応
ヘパリン硫酸	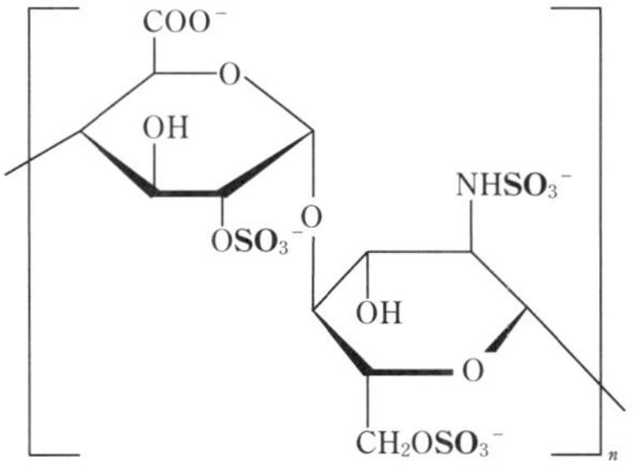 (構造式: ウロン酸-2-硫酸とグルコサミン-N,6-二硫酸の繰返し単位)	抗凝固薬
ケラタン硫酸	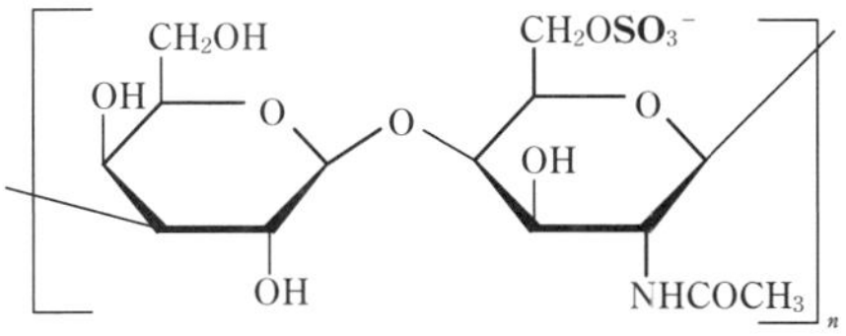 (構造式: ガラクトースとN-アセチルグルコサミン-6-硫酸の繰返し単位)	軟骨の成分
リポ酸	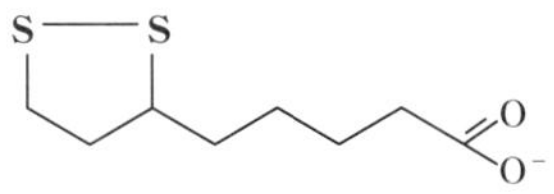 (構造式: 1,2-ジチオラン環にペンタン酸側鎖)	脂肪酸代謝物
メチオニン	CH₃SCH₂CH₂CH(NH₃⁺)COO⁻	アミノ酸

(つづく)

表 12・1 (つづき)

硫黄原子含有化合物の名前	構造式	生物学的機能
S-アデノシルメチオニン	アデニン, $CH_3S^+CH_2CH_2CHCOO^-$, NH_3^+ (リボース環, OH OH)	メチル基転移反応
スルファニルアミド	$H_2N-\text{C}_6H_4-SO_2NH_2$	抗生物質
硫酸塩	SO_4^{2-}	肥料
亜硫酸塩	SO_3^{2-}	汚染物質, 殺菌剤
チアミン	(ピリミジン環 NH_2, H_3C, N)-CH_2-N^+(チアゾール環 S, CH_3)-CH_2CH_2OH	生体触媒反応に用いられるビタミン
チオグアニン	SH, H_2N 付きプリン環	代謝拮抗剤

ンパク質の適当な部位と強いイオン性相互作用によって結合する. コンドロイチン硫酸, ケラタン硫酸やヘパリンなどのグリコサミノグリカンの成分となる硫酸エステルなどを表 12・1 に示した.

> 硫酸エステルは, グリコサミノグリカン中のタンパク質-糖相互作用を助ける.

それ以外の生物学的に重要な化合物も表 12・1 に示した. 酸化された硫黄のアニオンを含む化合物を除くと, 表に示した化合物の硫黄原子は常に 2 価である. 植物や微生物が取込む硫黄原子は 4 価の亜硫酸塩か 6 価の硫酸塩である. したがって, 表 12・1 に示した化合物に組込まれるためには, 硫黄原子は生命体の中で還元されて 2 価になる必要がある. 硫酸塩の還元においては, 以下に示すように, 硫酸塩は生体内に存在する輸送体 (キャリヤー) に結合し, まず亜硫酸に還元され, そして次に硫化水素に還元される.

輸送体 + SO_4^{2-} ⟶ 輸送体-SO_4^- + 電子 + プロトン
⟶ 輸送体-SO_3^- ⟶ SO_3^{2-} + H_2O + 輸送体
⟶ SO_3^{2-} + 電子 + プロトン ⟶ H_2S

硫酸塩は, チオレドキシンから電子を受取って還元され, 亜硫酸塩は NADPH により還元されて水と硫化水素を生成する.

硫黄原子の同化作用は硫黄循環 (図 12・2 参照) の一部であり, 図 8・1 に示した炭素循環と類似している.

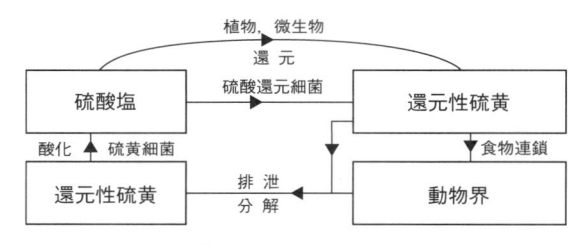

図 12・2 硫黄循環

例題 12・2

なぜ硫黄原子は生命体の中に取込まれたときに, 還元されなければならないかを説明せよ.

◆ 解 答 ◆

硫黄原子は通常, 硫酸塩として吸収され, この硫黄原子は高い酸化数をもつ. 多くの生体分子の合成においては, 硫化水素のような還元型の硫黄原子が用いられることが多い. すわなち, 硫黄原子が還元されることによって同化作用が進行する.

問 12・2

a) 補酵素 A における硫黄原子の原子価はいくつか.

b) 硫黄源である硫酸塩との原子価の違いは，どのようにして克服するのか.

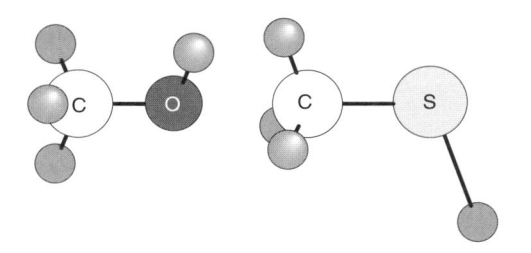

図 12・3 メタノール（左）とメタンチオール（右）の比較

12・4 チオール基とチオエステル

チオール類は一般式 RSH で表される化合物で，SH はチオール基，R はアルキル基を指す．メタノールとメタンチオールの構造を図 12・3 に示した．ヒドロキシ基とチオール基は，周期表の同族原子からなることから予想できるように類似点もあるが，相違点もある（12・1 節参照）．ヒドロキシ基の酸素原子とチオール基の硫黄原子はともに 2 価であり，溶液中では類似した形状をとっている．表 3・2 からわかるように，酸素原子の電気陰性度 (3.5) は炭素原子 (2.5) に比べて大きく，硫黄原子 (2.5) は炭素と同じである．ヒドロキシ基はチオール基とは異なり，溶液中で分子間水素結合を形成することができる．チオール類は，対応するアルコール類と比べると，分子量が大きいにもかかわらず，より揮発性である．硫化水素が腐った卵の臭いで知られているように，硫黄原子をもつ化合物の多くが不快臭を放つが，この一因はチオール類の揮発性による．最外殻が第 3 殻のほうが第 2 殻の場合よりも原子半径が大きくなるので，硫黄原子は酸素原子よりも大きい．また，第 2 殻と第 3 殻の電子殻の大きさが異なることから，硫黄-炭素結合 (259 kJ mol^{-1}) は炭素-炭素結合 (348 kJ mol^{-1}) よりも弱い．

2 分子のチオール基は酸化されて二つの硫黄原子間で共有結合を形成する．

$$R\text{-}S\text{-}H + R'\text{-}S\text{-}H \rightleftharpoons R\text{-}S\text{-}S\text{-}R' + 2H^+ + 2e^-$$

この結合をジスルフィド結合（架橋）とよぶ．ジスルフィド構造はポリペプチド鎖内もしくはポリペプチド鎖間でのシスチン形成に重要であり，この構造によってタンパク質の三次元構造を保っている．葉緑体に含まれる ATP 合成酵素などの酵素の生物活性は，ジスルフィド結合の酸化や還元によって，そのスイッチが入ったり切れたりする．チオール基の可逆的な酸化過程は 13 章で説明する標準還元電位で測ることができる．標準的な値は $-0.23 \sim -0.29$ V くらいであり，この値は，生物学的な酸化還元反応の中間的な値であることから，酸化剤としても還元剤としても働くことができる．グルタチオン分子（表 12・1 参照）は細胞内の酸化状態を正常に保つ機能がある．すなわち，図 12・4 に示したように，タンパク質が酸化されてできるジスルフィド結合の修復にかかわっている．さらにグルタチオンは細胞内の酸化反応で生成する，危険で反応性の高い過酸 (R-O-O-H) を除去する役割ももっている．

2 グルタチオン-SH + ROOH $\rightleftharpoons$

グルタチオン-S-S-グルタチオン + ROH + H$_2$O

この反応によって生成するアルコールは，反応性も低く危険性も少ない．グルタチオンは酵素によって還元され，通常の細胞では還元型と酸化型の比率が 500：1 に保たれている．

隣接した位置に二つのチオール基をもつ分子にリポ酸がある（表 12・1）．このチオール基は，細胞内で脂肪酸の β-ケト酸構造の酸化的脱カルボキシ反応によるエネルギー産生に関与している．

チオール類はカルボン酸と反応してチオエステルを

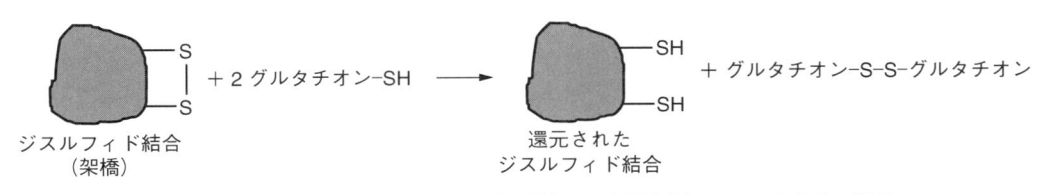

図 12・4 グルタチオンによるタンパク質中の不必要なジスルフィド結合の還元

生成する．

$$\text{RSH} + \text{HOOCR}' \rightleftharpoons \text{RSCOR}' + \text{H}_2\text{O}$$
チオール　有機酸　　　チオエステル　水

チオエステルの構造とカルボン酸エステルの構造を図12・5に示した．チオエステルはカルボン酸エステルと比べると反応性が高い．それは，後者では共役による安定化があるが（図12・6），チオエステルではこの効果はないからである．この性質は，チオエステルにおける炭素‐硫黄結合が，カルボン酸エステルの炭素‐酸素結合よりも弱いということでもあり，そのため，細胞がチオエステルを化学反応の中間体として用いるようになった．

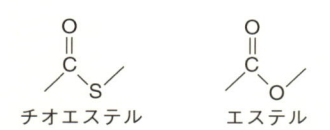

図 12・5　エステルとチオエステルの比較

図 12・6　有機カルボン酸エステルの共役安定化

補酵素 A（表12・1参照）のようなチオール類が多くの生体内化学反応において中間体としてチオエステルとなる．

問 12・3

a）生体内の酸化還元反応におけるチオール基の役割を二つ説明せよ．
b）生体内化学反応において，カルボン酸エステルよりもチオエステルが反応中間体として用いられる理由を説明せよ．

12・5　リン酸塩，ピロリン酸塩，ポリリン酸塩

生物圏におけるリン原子の多くはリン酸アニオンとして存在している．通常のリン酸アニオンは PO_4^{3-} の式で表され，リン原子は5価である．四つの酸素原子はリン原子の周りに正四面体構造に位置し，そのうち一つの酸素原子がリン原子と二重結合で結合している．二重結合の電子は四つの酸素原子すべてに等しく非局在化することにより，それぞれ部分負電荷をもった対称的な配置となる．

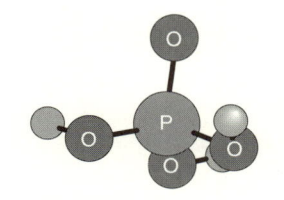

図 12・7　リン酸における，酸素の正四面体構造

リン酸塩の三つの負電荷はプロトン化されて，リン酸（構造を図12・7に示した）となる．リン酸の重要な性質はこの酸性に関係している．リン酸は以下の式のようにプロトンを段階的に放出する．

$$H_3PO_4 \rightleftharpoons H^+ + H_2PO_4^-$$
$$\rightleftharpoons 2H^+ + HPO_4^{2-} \rightleftharpoons 3H^+ + PO_4^{3-}$$

このときの pK_1，pK_2，pK_3 はそれぞれ2.2，7.2，12.4である．したがって，生理的な pH では，大部分のリン酸は $H_2PO_4^-$ と HPO_4^{2-} の混合物で存在している．pK_2 が中性に近いことから，リン酸塩は生物系実験でよく緩衝液として用いられている．

リン酸イオンは高極性であり，水にただちに溶解する．タンパク質に取込まれたときには，この負電荷によって塩を形成する．リン酸カルシウム塩は生命体では最も重要な化合物である．多くのリン酸カルシウム塩は不溶性であり，あるものは頑強な結晶を形成する．ヒドロキシアパタイト，$Ca_{10}(PO_4)_6(OH)_2$ は骨，歯，エナメル質の主成分の一つであり，棒状の結晶を形成し，コラーゲンと複合体を形成する．リン酸カルシウムとリン酸マグネシウムの結晶はともに腎結石の主成分でもある．

二つのリン酸のリン原子が酸素原子を介して結合した化合物がピロリン酸である（図12・8）．二つのリン酸塩が架橋することによって，イオンとなりうる置換基が二つ減っているため，2分子のリン酸が6価で

図 12・8　二つのリン酸が縮合してピロリン酸を生成する

あるのに対して，ピロリン酸は4価の酸である．酸素原子で二つのリン原子をつなぐ結合を**無水リン酸結合**（phosphoanhydride bond）とよぶ．ピロリン酸塩にもう1分子のリン酸塩が結合するとトリリン酸塩となる．このような"ポリリン酸"とそのエステルは生体化合物における重要な反応性部位である．これらの化合物はリン酸塩に富んだ肥料である過リン酸肥料などにも用いられている．ピロリン酸塩はパン製造における添加剤として用いられ，パンを発酵させる過程を補助する．

ピロリン酸塩の酸素原子上の負電荷はマグネシウムやカルシウムなどの金属イオンと結合する．このような金属が結合すると無水リン酸結合の加水分解反応の標準自由エネルギーに大きな影響を与える（図12・9）．ピロリン酸ナトリウムの加水分解反応では標準自由エネルギー変化は $36\,\mathrm{kJ\,mol^{-1}}$ であるが，ピロリン酸マグネシウムになると $19\,\mathrm{kJ\,mol^{-1}}$ まで低下する．

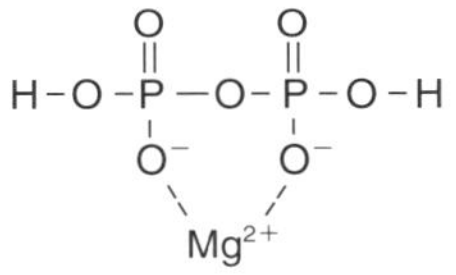

図 12・9 マグネシウムの結合はピロリン酸の結合を曲げる

いくつかの要因によって，標準状態での無水リン酸結合の加水分解反応では大きな自由エネルギーが生じる．そのうちの二つをここで取上げる．無水リン酸結合のリン–酸素結合は極性で，両方のリン原子が正の双極子をもつ．この隣接した双極子は静電的反発の要因となり，加水分解反応によって消失する．また，二つのリン酸が加水分解反応によって生成すると，これらは共鳴によってより安定化される．

12・6 リン酸エステル

リン酸塩とアルコールが反応して水を脱離するとエステルが生成する．

$$\mathrm{ROH + HOPO_3^{2-} \rightleftharpoons ROPO_3^{2-} + H_2O}$$

リン酸エステルと有機酸エステルは似た結合である（図12・10参照）．

リン酸エステルは炭水化物や糖類がもつヒドロキシ基で形成され，解糖や糖新生などで重要な中間体となる．たとえば，グルコース1′-リン酸，グルコース6′-リン酸，グリセルアルデヒド3′-リン酸は解糖で最

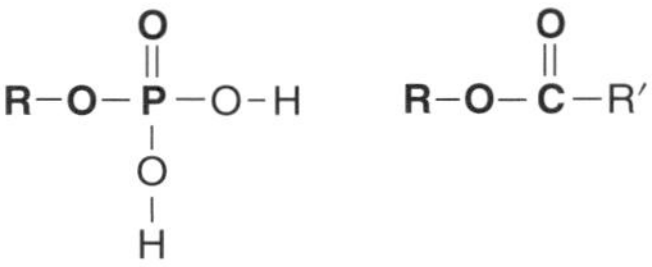

図 12・10 有機酸のカルボキシルエステルとリン酸エステルの類似点

も重要な役割を果たしている．リン酸エステル基が結合している炭素原子の位置が重要である．

例題 12・3

いくつかのリン酸エステルを図12・11(a)に示す．リン酸エステル基が結合している炭素原子を示し，番号を付けよ．

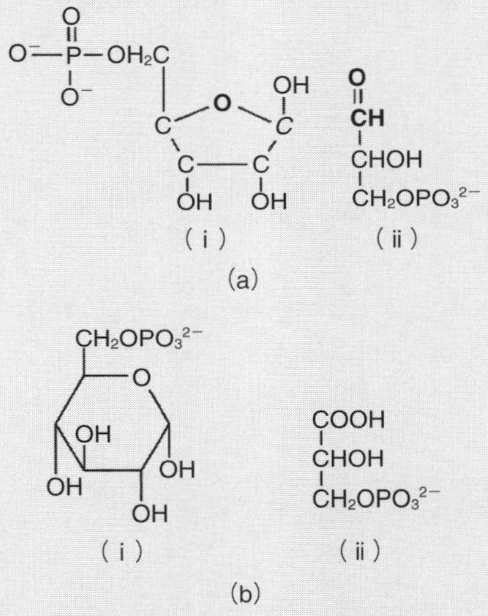

図 12・11 リン酸エステルの例（水素原子は一部省略されている）

◆ 解 答 ◆

まず，リン酸エステル基の結合位置に番号を付けるために，番号付けを決めている炭素原子を見つけなければならない．まず，(a)の(i)の化合物では，太字で示したフラノースの酸素原子であり，1位の炭素原子は，その隣の斜体で示した炭素原子になる．したがって，リン酸エステル基が結合している炭素原子は5位であり，この糖は5′-リン酸という名前になる．この場合，糖がリボースなので，リボース5′-リン酸と命名できる．(a)の(ii)の化合物の場合も，同様に行う．太字で示したアルデヒド基が1位の炭素原子となるので，リン酸エステルは3位に結合していることになる．したがって，この化合物はD-グリセルアルデヒド3′-リン酸である．

問 12・4

二つのリン酸エステルを図 12・11(b) に示す．リン酸エステル基が結合している炭素原子を示し，番号を付けよ．

糖類はしばしばピロリン酸やトリリン酸のエステルとしても存在している．これらのエステル結合の番号付けも，糖のリン酸エステルと同じ方法で決められる．

リボースは RNA を形成するヌクレオチドの構造単位の一つである．ヌクレオチドでは，リボースの 1 位に 4 種類の塩基の一つが共有結合している（図 12・12 の ATP 参照）．リボヌクレオチドでは，塩基はグアニンやアデニンなどのプリンか，ウラシルやシトシンなどのピリミジンである．デオキシ核酸では，リボースの代わりに 2 位の炭素原子にヒドロキシ基が結合していないデオキシリボース（図 12・13 参照）であり，塩基のウラシルの代わりにチミンが使われている．

タンパク質はセリンやチロシン残基の側鎖のヒドロキシ基を使ってリン酸エステルを形成することができる．リン酸エステル形成は酵素活性を大きく変える場合があり，たとえば，グリコーゲンホスホリラーゼなどの酵素では，リン酸エステル化によってタンパク質の立体構造が大きく変わり，活性が変化する．

リン酸エステルはもう 1 分子のアルコールによってさらなるエステル化を受け，リン酸ジエステルを形成することができる．

$$ROH + R'OPO_3^{2-} \rightleftharpoons RO(R'O)PO_2^- + OH^-$$

生物学的に重要なリン酸ジエステルとして，サイクリックアデノシン 3′,5′—リン酸（cAMP）やサイクリックグアノシン 3′,5′—リン酸（cGMP）などが知られており，化学伝達物質として働く（図 12・14 参照）．リン酸ジエステルは DNA や RNA の鍵構造であり，図 12・15 に太字で示したリン酸ジエステル結合によりヌクレオチド同士をつないでいる．リン酸ジエステルの pK_a は 1～2 の間であるため，生理的な pH ではリン酸ジエステルイオンだけが存在している．すなわち，DNA や RNA は中性条件下では全体として負に帯電している．そのため，たとえば，ヒストンが DNA の二重らせんに結合するように，リン酸ジエステル結合中のリン酸基は正の電荷をもつタンパク質と塩結合を形成する．

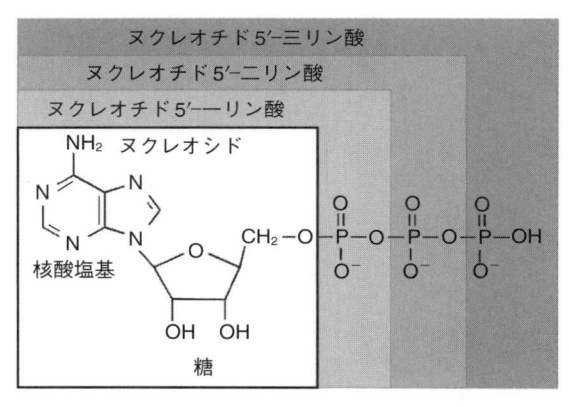

図 12・12 アデノシン 5′-三リン酸（ATP）で示した核酸塩基，ヌクレオシド，ヌクレオチドの関係

図 12・13 DNA 中にある糖，デオキシリボース

図 12・14 重要な化学伝達物質であるリン酸ジエステル，cAMP と cGMP

図 12・15 核酸（DNA，RNA）におけるリン酸ジエステル結合（太字で表示．水素原子の一部は省略してある）

リン酸ジエステル結合はリン脂質の親水性部位の構造でもある．脂質については 9 章で扱っている．ジアシルグリセロールはヒドロキシ基を一つもっており，リン酸化されてホスファチジン酸になる．

ジアシルグリセロール ＋ リン酸
　　　　　―→ ホスファチジン酸 ＋ 水

ホスファチジン酸は，さらに，アルコールによってエステル化される．たとえば，エタノールアミンとは以下のような反応を起こし，ホスファチジルエタノールアミンのようなリン脂質になる．

ホスファチジン酸 ＋ エタノールアミン
　　　　　―→ ホスファチジルエタノールアミン ＋ 水

問 12・5

a) 生物学的に重要なリン酸ジエステルを 3 種類あげよ．
b) なぜリン酸ジエステルが中性条件下で負電荷をもっているかを説明せよ．

12・7　細胞のエネルギー代謝における
　　　　リン酸エステルと ATP の機能

生体におけるリン酸エステルの最も重要な役割は，細胞のエネルギー代謝における中間体としての機能である．細胞は酸化反応によって得られるエネルギーを適切な仕事をするためのエネルギー形態に変換する必要がある．たとえば，脂肪の酸化によって得られるエネルギーを筋肉収縮をひき起こすようなエネルギーへ変換する必要がある．生命体は温度感受性であり，もしも高温をエネルギーとして使う（蒸気機関の場合のように）ならば，不可逆的に損傷してしまう．そのため，酸化反応によって得られるエネルギーを体内で用いるエネルギーへと変換するような化合物（化学結合）が介在する．その化学結合としてしばしば化合物のリン酸化や脱リン酸化反応が用いられる．いくつかのリン酸塩の加水分解反応による標準自由エネルギー変化を表 12・2 に示した．エネルギー移動における最も重要な化合物はアデノシン 5′-三リン酸（ATP）である（図 12・12 参照）．

ATP には生物学的に重要なエネルギー輸送を担うために適した性質が二つある．一つは，細胞におけるATP とアデノシン 5′-二リン酸（ADP）の濃度では，加水分解反応の自由エネルギー変化は 40 kJ mol^{-1} 程度であり，反応は自発的に起こると予想されるが，ATP の加水分解反応は，その活性化エネルギーが高いために，中性溶液中では代謝経路と比べてほとんど無視できる程度にしか起こらないことである．したがって，エネルギーは不必要な加水分解によって浪費されるようなことはなく，必要に応じて酵素反応によって放出される．もう一つは，ATP の加水分解反応によって得られるエネルギーが，筋肉収縮や膜の内外でのイオン濃度勾配の維持，生合成反応といったエネルギー的に不利な反応をひき起こすのに十分な大きさであるということである．表 12・2 に示した他の化合物，たとえばホスホエノールピルビン酸では，加水分解反応によって大きなエネルギーを放出するが，ATP の場合のように高い活性化エネルギーをもっているわけではない．

ATP からエネルギーを得る過程は複雑であり，さまざまな要因に依存している．一つは，多くの細胞では，ATP と ADP の濃度比を，平衡状態とは大きく異なるところで維持していることである．このことは，細胞内で加水分解反応によって得ることができるエネルギーを増やすことになる（16 章参照）．もう一

表 12・2　有機リン酸の加水分解における自由エネルギー変化 (pH 7.0，マグネシウム存在下)

加水分解反応（水の表記は省略）		−ΔG°′/ kJ mol^{-1}
反応物	生成物	
ホスホエノールピルビン酸	ピルビン酸 ＋ リン酸	62
クレアチンリン酸	クレアチン ＋ リン酸	43
アデノシン 5′-三リン酸	アデノシン 5′-二リン酸 ＋ リン酸	32
アデノシン 5′-三リン酸	アデノシン 5′-一リン酸 ＋ ピロリン酸	32
グルコース 1′-リン酸	グルコース ＋ リン酸	21
α-グリセロリン酸	グリセロール ＋ リン酸	10
グルコース 6′-リン酸	グルコース ＋ リン酸	13

つは，ATPのリン酸が金属イオン，特にマグネシウムイオンと結合しており，加水分解反応のエネルギーに影響を及ぼしている（12・5節参照）ことである．第三の要因として，反応物と生成物がいずれも酸であり，反応はpHの影響を受けることである（pHによって水素イオン（H⁺）は生成物になったり反応物になったりする）．

まとめ

リン原子と硫黄原子は第3殻のd軌道を使うことにより複数の原子価をとることができる．生体内に吸収される際の硫黄原子は通常6価であり，硫黄原子含有生体分子の生合成のためには硫黄原子は還元されなければならない．チオール類は細胞の酸化還元を制御するとともに，タンパク質の構造を担う要素となる．チオール基のエステル化によって得られるチオエステルは，細胞内の代謝反応を低エネルギーで起こす経路を担っている．硫酸エステルはペプチドグリカンの重要な構造要素であり，電荷をもった分子種との相互作用部位となる．リン酸は3価の酸である．pH 7.4では，リン酸のうち二つのプロトンが解離し，リン酸水素イオンとなる．リン酸塩は骨の重要な構成成分である．リン酸塩の構造は電子の非局在化によって安定化されている．二つもしくはそれ以上のリン酸が縮合反応することにより，ピロリン酸，トリリン酸，ポリリン酸が得られる．ピロリン酸の無水リン酸結合は容易に切断され，加水分解反応によってエネルギーを与える．リン酸とアルコールが結合して得られるリン酸エステルは細胞内の代謝反応の重要な中間体である．酵素のリン酸化は代謝経路の制御にかかわっている．リン酸化糖はヌクレオチドの部分構造であり，リン酸基の位置はエステル化されているヒドロキシ基をもつ炭素原子の番号で示す．ヌクレオチドであるATPは酸化反応で得たエネルギーを体内で用いるエネルギーへと変換する化合物として働く．環状ヌクレオチドは細胞伝達物質として働き，代謝反応を担うタンパク質のエステル化を制御している．ヌクレオチド同士がリン酸ジエステル結合で連結することによってRNAやDNAが形成される．リン酸ジエステルはリン脂質の構造単位であり，生体膜に存在している．

もっと深く学ぶための参考書

Corbridge, D.E.C. (1980) *Phosphorus—An Outline of Its Chemistry, Biochemistry and Technology*, Elsevier, Amsterdam ; New York.

Fox, M.A., and Whitesell, J.K. (1997) *Organic Chemistry*, pp. 131-133 and 622-623, Jones and Bartlett, Sudbury, MA．［邦訳：稲本直樹 監訳，"フォックス・ホワイトセル有機化学"，丸善（1999）］

章末問題

問 12・6 a）グルタチオンの還元型，酸化型の構造を記せ．

b）還元型および酸化型グルタチオンに含まれる硫黄原子を含む官能基の名前をそれぞれ記せ．

問 12・7 リン酸がpH 7.2の緩衝液として適している理由を説明せよ．必要ならば6章を参照せよ．

問 12・8 a）ピロリン酸の構造式を記し，無水リン酸結合がどれかを明示せよ．

b）無水リン酸結合の加水分解反応が大きな自由エネルギーを生み出すことができる要因を二つあげよ．

c）無水リン酸結合の加水分解反応における自由エネルギー変化に影響を与える要素を三つあげよ．

問 12・9 a）リン酸エステルからリン酸ジエステルが生成する反応を一般式で示せ．

b）リン酸ジエステルの機能を三つあげよ．

13 酸化反応と還元反応

13・1 序

生きた細胞の中で起こる化学反応の多くに，酸化と還元が関与している．酸化反応は，炭水化物などのエネルギーを貯蔵している化合物からのエネルギー放出に関与する．酸化反応がどれだけのエネルギーを産出するかを計算できるようになることは重要である．同様に，光合成における暗反応などの，生物学におけるいくつかの還元反応では，反応を進行させるためにエネルギーが必要となる．生体内での酸化反応や還元反応は，たいていの場合，可逆反応である．この可逆反応がどちらの方向に進行するのか，濃度変化が反応の方向にどのような影響を及ぼすのかを予測できるようになる必要がある．

13・2 酸化は還元と連動している

糖であるグルコースが完全に酸化される反応をみてみよう．

$$C_6H_{12}O_6 + 6\,O_2 \rightleftharpoons 6\,CO_2 + 6\,H_2O$$
グルコース　　酸素　　　二酸化炭素　　水

グルコースの炭素原子や水素原子は酸素原子と結合することにより**酸化され**（oxidized），酸素原子は**還元される**（reduced）．この二つの過程は連動している．反応において，ある分子の酸化は，他の分子（もしくは同じ分子の別の部分）の還元と連動して**いなければならない**．この例では，グルコースは酸化され，酸素が還元されている．このような過程は，連動を強調するために，しばしば酸化還元過程とよばれる．還元と酸化（REDuction OXidation）という二つの単語を組合わせて"REDOX"という単語となり，酸化と還元が関与している化学反応は redox 反応，日本語では酸化還元反応とよばれることが多い．分子 A の還元と，分子 B の酸化が関与する反応を一般的に書き記すと，

$$A_{ox} + B_{red} \rightleftharpoons B_{ox} + A_{red}$$

となる．分子 A は分子 B を酸化する物質で，**酸化剤**（oxidant）とよばれる．分子 B は分子 A を還元する物質で，**還元剤**（reductant）とよばれる．酸化剤として機能する分子自体は還元されなければならない．

> REDuction（還元）- OXidation（酸化）
> ⇩　　　　　　　　⇩
> REDOX（酸化還元）

いくつかの酸化反応は望まれていないのに起こってしまい，たとえば，脂肪の腐敗や，がんのリスクを増大させる．こうした反応は，望まれない反応が起こってしまう化合物よりも容易に酸化される分子を添加することによって防ぐことができる．このような分子は**抗酸化剤**（antioxidant）とよばれる．アスコルビン酸（ビタミン C），トコフェロール（ビタミン E）がその例である．

13・3 酸化還元過程における化学変化

グルコースの完全な酸化は酸化還元反応の一例である．酸化還元反応の一般的な規則は，関与している化学物質の構造変化を考えることによって理解できる．

グルコースの炭素原子の多くは水素原子と結合しているが，酸化された後は，すべての炭素原子と水素原子が酸素原子と結合している．酸化では，電子または水素の引き抜き，もしくは分子への酸素の付加が起こる．その逆が還元である．このような目印を探すことによって，ある化学物質がいつ酸化されたかがわかる．ただし，水素が付加する過程のすべてが還元反応なのではない．たとえば，水素イオンを受取った塩基は還元されていない（6 章参照）．化学物質が還元されていることの最も有力な証拠は，電子の付加である．

> 酸化：電子の引き抜き，水素の引き抜き，酸素の付加
> 還元：電子の付加，水素の付加，酸素の引き抜き

例題 13・1

a）次の反応で，どの分子が還元され，どの分

子が酸化されているかを示せ．
(i) リンゴ酸＋NAD$^+$ ⟶
　　　　　オキサロ酢酸＋NADH＋H$^+$
(ii) シトクロム b(Fe^{2+})＋シトクロム c_1(Fe^{3+})
　　　　　⟶ シトクロム b(Fe^{3+})
　　　　　＋シトクロム c_1(Fe^{2+})
b) 反応(i)および(ii)において，どちらの反応物が酸化剤か．

◆解答◆
a) (i) NAD$^+$は1個のプロトンと2個の電子を受取っているため還元されている．還元は酸化と連動しているため，リンゴ酸のオキサロ酢酸への変換は酸化でなければならない．
(ii) シトクロム c_1 は1個の電子を受取っているため還元されている．シトクロム b は1個の電子を奪われており，酸化されている．
b) 酸化剤は還元される（もしくは他の化合物を酸化する）物質であるため，(i)ではNAD$^+$，(ii)ではシトクロム c_1 である．

問 13・1

a) 次の反応で，どの分子が還元され，どの分子が酸化されているかを示せ．
(i) アセトアルデヒド（エタナール）＋NAD$^+$
　　　　　⟶ 酢酸（エタン酸）＋NADH
(ii) シトクロム c(Fe^{2+})＋Cu^{2+}
　　　　　⟶ シトクロム c(Fe^{3+})＋Cu$^+$
b) 反応(i)および(ii)において，どちらの反応物が還元剤か．

13・4 酸化還元反応を分解する

13・2節では酸化還元反応において，各分子がどんな分子に変換されるかを考えることによって，どちらが還元されて，どちらが酸化されたかがわかった．クレブス回路（TCA回路）におけるリンゴ酸の酸化をもう一度みてみよう．

　　リンゴ酸＋NAD$^+$
　　　　　⟶ オキサロ酢酸＋NADH＋H$^+$

この反応をリンゴ酸とNAD$^+$それぞれについて考えると右上のようになる．

リンゴ酸は2個の電子とプロトン（太字で示す）を失っているため，明らかに酸化されている．NAD$^+$は，2個の電子と1個のプロトンを得ているため還元

$$\begin{array}{c} \text{COOH} \\ \text{HOCH} \\ \text{CH}_2 \\ \text{COOH} \end{array} \rightleftharpoons \begin{array}{c} \text{COOH} \\ \text{O=C} \\ \text{CH}_2 \\ \text{COOH} \end{array} + 2\,\text{H}^+ + 2\,\text{e}^-$$
　　リンゴ酸　　　　オキサロ酢酸

$$\text{NAD}^+ + 2\,\text{e}^- + 2\,\text{H}^+ \rightleftharpoons \text{NADH} + \text{H}^+$$

されている．

このリンゴ酸の酸化とNAD$^+$の還元を**半反応**（half-reaction）の例として取上げることにする．半反応式は以下のように書ける．

$$\text{OX} + n\,\text{e}^- + m\,\text{H}^+ \longrightarrow \text{RED}$$

ここで，n は反応に関与した電子の数，m は反応に関与したプロトンの数である．すべての半反応式はこのように書くのが一般的である．

例題 13・2

次の反応を半反応へと分解し，おのおのの半反応式を書け．
1) HOOC—**CH$_2$**—**CH$_2$**—COOH＋FAD ⟶
　　　　コハク酸
　　HOOC—CH=CH—COOH＋FADH$_2$
　　　　フマル酸
2) シトクロム b(Fe^{2+})＋シトクロム c_1(Fe^{3+})
　　　　　⟶ シトクロム b(Fe^{3+})
　　　　　＋シトクロム c_1(Fe^{2+})

◆解答◆
1) 移動した電子の数を考えるに当たって重要なのは，共有結合が**2個**の電子をもっていることである．コハク酸の中心の2個の炭素原子（太字で示してある）は，単結合でつながっており，2個の水素原子とも結合している．フマル酸の中心の炭素原子は，炭素-炭素二重結合をもち，1個の水素原子と結合している．フマル酸は一つの炭素-炭素共有結合を獲得し，2個の炭素-水素結合を失うので，1個分の共有結合を失っていることになる．これは分子から2個の電子が失われていることを意味している．また2個のプロトンも失われている．すなわち半反応式は，

　　コハク酸 ⟶ フマル酸＋2e$^-$＋2H$^+$

還元の半反応式を書く場合は逆となり，以下のように書き直せる．

フマル酸 + 2e⁻ + 2H⁺ ⟶ コハク酸

FAD の半反応式は,

$$FAD + 2e^- + 2H^+ \longrightarrow FADH_2$$

2) シトクロム c_1(Fe^{3+}) + e⁻
    ⟶ シトクロム c_1(Fe^{2+})

シトクロム b(Fe^{3+}) + e⁻
    ⟶ シトクロム b(Fe^{2+})

問 13・2

次の反応を半反応に分解し,おのおのの半反応式を書け.
1) リンゴ酸 + NAD⁺
    ⟶ オキサロ酢酸 + NADH + H⁺
2) シトクロム c(Fe^{2+}) + Cu²⁺
    ⟶ シトクロム c(Fe^{3+}) + Cu⁺

図 13・2 水素電極

図 13・3 二つの半反応の電位の差は電圧計を用いて測定され,ボルト（V）の単位で表される

13・5 酸化還元半反応を標準化する

酸化還元反応には,一つの分子からもう一つの分子への電子移動が関与している.電子の移動は,電流（アンペア（A）の単位で測定される）であり,1 組の酸化還元半反応は電池のようである.実際,通常の電池はすべて,酸化還元反応で構築されている.電池の両極の電位の差は,電圧計を使って測定されてボルト（V）で表されるが（図13・1）,2 個の酸化還元半反応の間の電位の差も,V で表される.

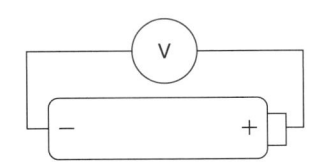

図 13・1 電池の電圧の差は,電圧計を使って測定され,ボルト（V）で表される

酸化還元の半反応を比較する際には,すべての半反応式は同じ方向に書く.半反応の電子が流れる方向は,標準となる半反応と比較することによって予測することができる.この標準となる半反応とは,

$$2H^+ + 2e^- \longrightarrow H_2$$

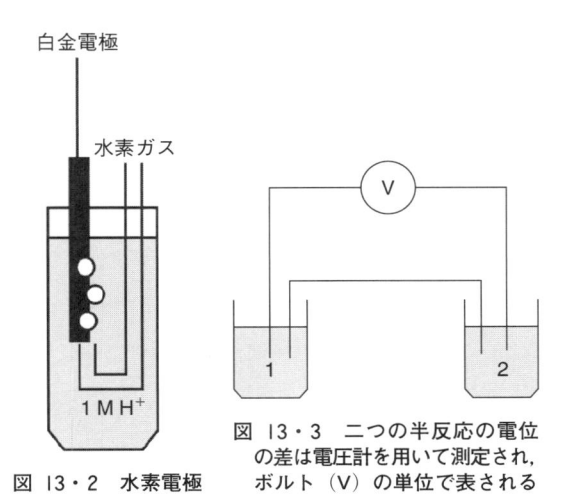

である.

これは水素/プロトンの半反応であり,電極の構築に用いられる.標準水素電極は,標準条件の水素ガスを泡立てながら通した 1 mol dm⁻³ の強酸溶液に電極を浸したものである（図13・2）.標準条件とは,酸化体と還元体が,溶質ならば**濃度**（concentration）が 1 mol dm⁻³ であり,気体ならば標準気圧（1 atm）であることを指す.電極には,白金のような化学的に安定な導体が用いられる.この電極を簡略的に書くと,Pt｜H₂(g)｜H⁺ となる.縦の線は個々の要素の間の連結を示している.酸化還元の半反応は同じ系内で起こり,1 対の酸化体と還元体の組合わせをハイフンでつないで表記する.この水素電極の電位を 0.0 V とする.この値を基準とした電位は,**標準還元電位**（standard reduction potential）とよばれ,$E°$ で表す.しかし,pH 0 となる 1 mol dm⁻³ の [H⁺] は,生物学においては適切な環境ではない.そのため,pH 7.0 に変換した値が用いられることが多い.pH 7.0 での水素電極の電位は -0.42 V となる.

ある半反応の系に別の電極を入れ,標準電極と回路を形成すると電位差が生じる.標準還元電位は電圧計を用いてこの方法で測定される（図13・3）.生物学に関連したいくつかの半反応の標準還元電位を表 13・1 に示す.

13・6 電子の流れを予測する

酸化還元反応において,電子がどちらの方向に流れるかを予測できるようになることは重要である.そのために二つの半反応の標準還元電位を用いることがで

表 13・1　いくつかの半反応の標準還元電位

酸化体	還元体	電子の数(n)	$E°$/V
コハク酸 + CO_2	α-ケトグルタル酸	2	−0.67
酢酸	アセトアルデヒド	2	−0.60
フェレドキシン(酸化型)	フェレドキシン(還元型)	1	−0.43
$2H^+$	H_2	2	−0.42
NAD^+	$NADH + H^+$	2	−0.32
$NADP^+$	$NADPH + H^+$	2	−0.32
リポ酸(酸化型)	リポ酸(還元型)	2	−0.29
グルタチオン(酸化型)	グルタチオン(還元型)	2	−0.23
FAD	$FADH_2$	2	−0.22
エタナール(アセトアルデヒド)	エタノール	2	−0.20
ピルビン酸	乳酸	2	−0.19
オキサロ酢酸	リンゴ酸	2	−0.17
フマル酸	コハク酸	2	0.03
シトクロム b(3+)	シトクロム b(2+)	1	0.07
デヒドロアスコルビン酸	アスコルビン酸	2	0.08
ユビキノン(酸化型)	ユビキノン(還元型)	2	0.10
シトクロム c(3+)	シトクロム c(2+)	1	0.22
Cu^{2+}	Cu^+	1	0.16
Fe^{3+}	Fe^{2+}	1	0.77
$1/2\,O_2/H_2O$	H_2O	2	0.82

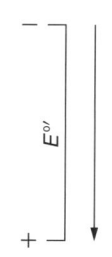

図 13・4　エネルギーの発生を伴う電子の流れ

きる．電子は低い $E°$ の半反応から，高い $E°$ の半反応のほうへと流れる（電子は負の電荷をもっているので，より正の半反応のほうへと流れると考えるとわかりやすい）．

例題 13・3

a) 次の半反応の間で，電子がどちらの方向に流れるのかを予測せよ．
(i) リンゴ酸-オキサロ酢酸と，NADH-NAD^+
(ii) ユビキノン(還元型)-ユビキノン(酸化型)と，シトクロム c(還元型)-シトクロム c(酸化型)

b) (i) と (ii) において，どちらの半反応が酸化方向に進み，どちらが還元方向に進むか．

◆ 解 答 ◆

a) 表 13・1 の酸化還元半反応の $E°$ の値をみてみよう．
(i) リンゴ酸-オキサロ酢酸は −0.17 V であり，NADH-NAD^+ は −0.32 V である．電子は NADH（低い値）から，オキサロ酢酸（高い値）へと流れる．
(ii) ユビキノン(還元型)-ユビキノン(酸化型)は +0.10 V であり，シトクロム c(還元型)-シトクロム c(酸化型) は +0.22 V である．電子はユビキノンからシトクロム c へと流れる．
b) (i) NADH が酸化され，オキサロ酢酸が還元される．
(ii) ユビキノンが酸化され，シトクロム c が還元される．

問 13・3

a) 次の酸化還元半反応の間で，電子がどちらの方向に流れるかを予測せよ．
(i) 乳酸-ピルビン酸と，NADH-NAD^+

(ii) アスコルビン酸(還元型)-アスコルビン酸(酸化型)と，Fe^{2+}-Fe^{3+}
b) (i) と (ii) において，どちらの半反応が酸化方向に進み，どちらが還元方向に進むか．

13・7 自由エネルギーと標準還元電位

自由エネルギー変化 $\Delta G°$ は，半反応の標準還元電位の差から算出できる．これは以下の式となる（式の導出は，巻末付録の導出 13・1 を参照）．

$$\Delta G° = -n\Delta E°F$$

ここで，n は移動する電子の数．$\Delta E°$ は二つの半反応の間の標準還元電位の差（V），F はファラデー定数とよばれる定数である．ファラデー定数は，ボルトをジュールの単位へと変換する定数とみなすこともでき，その値は 96,500 J V^{-1} mol^{-1} である．$\Delta E°$ は電子を受取る受容体側の $E°$ から，電子を与える供与体側の $E°$ を引いた値として計算する．反応が自動的に進行することを意味する，負の値の $\Delta G°$ は，$\Delta E°$ が正の値のときに得られる．

例題 13・4

次の酸化還元反応の $\Delta G°$ を計算せよ．
1) NAD$^+$ + リンゴ酸 + H$^+$
　　　　　　　　　　　⟶ オキサロ酢酸 + NADH
2) コハク酸 + FAD ⟶ フマル酸 + FADH$_2$

◆ 解 答 ◆

表 13・1 の酸化還元半反応の，移動する電子の数と $E°$ の値をみてみよう．
1) リンゴ酸-オキサロ酢酸は -0.17 V であり，NADH-NAD$^+$ は -0.32 V である．記された反応では，2個の電子がリンゴ酸から NAD$^+$ へと流れるため，リンゴ酸が電子の供与体となる．すなわち，

$$\Delta E° = -0.32 - (-0.17) = -0.15\,V$$

$\Delta G° = -n\Delta E°F$ に代入すると，

$$\begin{aligned}\Delta G° &= (-2) \times (-0.15) \times 96{,}500\,J\,mol^{-1}\\&= +28{,}950\,J\,mol^{-1}\end{aligned}$$

2) フマル酸-コハク酸は -0.03 V であり，FADH$_2$-FAD は -0.22 V である．記された反応では，2個の電子がコハク酸から FAD へと流れるため，コハク酸が電子の供与体となる．すなわち，

$$\Delta E° = -0.17 - (-0.03) = -0.14\,V$$

$\Delta G° = -n\Delta E°F$ に代入すると，

$$\begin{aligned}\Delta G° &= (-2) \times (-0.14) \times 96{,}500\,J\,mol^{-1}\\&= +27{,}020\,J\,mol^{-1}\end{aligned}$$

$\Delta G°$ の値が正なので，これらの反応が自動的に進行しないことを示している．

問 13・4

次の酸化還元反応の $\Delta G°$ を計算せよ．
1) ピルビン酸 + NADH + H$^+$
　　　　　　　　　　⟶ 乳酸 + NAD$^+$
2) Cu^{2+} + Fe^{2+} ⟶ Cu$^+$ + Fe^{3+}

13・8 標準でない条件下での酸化還元反応

酸化還元反応が起こっていく過程で，反応物の濃度は変化していく．この際，標準還元電位は，二つの半反応が進行した状態での電位として計算し直さなければならない．反応が進行した結果，電子の動きは止まり，おのおのの濃度は特定の値に保たれる．個々の半反応に対し，**ネルンストの式**（Nernst equation）を用いて還元電位を計算すると，こうした標準でない条件も考慮することができる．ネルンストの式は，

$$\Delta E = \Delta E° + \frac{2.3RT}{nF}\log_{10}\frac{[ox]}{[red]}$$

であり，ここで [ox]，[red] はそれぞれ，酸化された種，還元された種の濃度（mol dm^{-3}），R は気体定数で 8.3 J K^{-1} mol^{-1}，そして T はケルビンで表された温度である．この式の誘導は，巻末付録の導出 13・8 に示してある．310 K の体温だと，$2.3RT/F$ は 0.06 V となり，式は以下のように単純化される．

$$\Delta E = \Delta E° + \frac{0.06}{n}\log_{10}\frac{[ox]}{[red]}$$

もしも，[ox] = [red] なら，$\Delta E = \Delta E°$ である．

例題 13・5

次の酸化還元反応の ΔG を算出せよ．

NAD$^+$ + リンゴ酸 + H$^+$ ⟶
　　　　　　　　　オキサロ酢酸 + NADH

ただし37 °Cで，[NAD$^+$]は10^{-3} mol dm^{-3}，[NADH]は10^{-5} mol dm^{-3}であるとする．

◆解答◆
1) 表13・1の酸化還元半反応の$E°$の値をみてみよう．リンゴ酸-オキサロ酢酸は-0.17 Vであり，NADH-NAD$^+$は-0.32 Vである．
2) ネルンストの式を使い，NADHとNAD$^+$の濃度に対応した，NADH/NAD$^+$半反応のΔEを算出する．

$$\Delta E = -0.32 + \frac{0.06}{2}\log_{10}\frac{[10^{-3}]}{[10^{-5}]}$$
$$= -0.32 + 0.03 \times (+2)$$
$$= -0.26 \text{ V}$$

記された反応では，2個の電子がリンゴ酸からNAD$^+$へと流れるため，リンゴ酸が電子の供与体となる．すなわち，

$$\Delta E = -0.26 - (-0.17) = -0.07 \text{ V}$$

$\Delta G = -n\Delta E F$に代入すると，

$$\Delta G = (-2) \times (-0.07) \times 96{,}500 \text{ J mol}^{-1}$$
$$= +13{,}510 \text{ J mol}^{-1}$$

例題13・5は興味深い．生きた細胞内では，吸熱反応の平衡の位置は，反応物と生成物の濃度に応じて変化する．たとえば，TCA回路において，もしもNADHの濃度がミトコンドリア内での酸化によって低く保たれると，リンゴ酸からオキサロ酢酸への吸熱反応は起こりやすくなる．

問13・5

次の酸化還元反応のΔGを算出せよ．

NADH ＋ ピルビン酸 ── 乳酸 ＋ NAD$^+$

ただし37 °Cで，[ピルビン酸]は3×10^{-3} mol dm^{-3}，[乳酸]は6×10^{-4} mol dm^{-3}であるとする．

まとめ

酸化反応と還元反応は生物において重要である．酸化と還元は，電子の喪失，電子の受容に相当する．ある化合物の還元は，別の化合物の酸化と連動している．酸化還元反応は，半反応に分解される．半反応間での電子の流れの方向は，標準還元電位，または標準的でない条件下ではネルンストの式を用いて求める還元電位から予測できる．

もっと深く学ぶための参考書

この章の土台となっている熱力学の原理の多くは，以下の教科書で述べられている．

Atkins, P.W. and de Paula, J. (2005) *The Elements of Physical Chemistry*, 4th ed. Ch. 9, Oxford University Press, Oxford.［邦訳：千原秀昭，稲葉 章訳，"アトキンス 物理化学要論 第4版"，東京化学同人（2007）］

Price, N.C., Dwek, R., Ratcliffe, R.G., and Wormald, M.R. (2001) *Principles and Problems in Physical Chemistry for Biochemists*, 3rd ed., Ch. 6, Oxford University Press, Oxford.

Wrigglesworth, J. (1997) *Energy and Life*, pp. 47. 56, Taylor and Francis, London.

章末問題

問13・6 グルタチオン還元酵素は，グルタチオンとNADPHとの間の電子移動を触媒する．この反応を要約すると，

グルタチオン（酸化型）＋NADPH＋H$^+$
── 2 グルタチオン（還元型）＋NADP$^+$

となる．

a) 標準条件下において，反応はどちらの方向に進行するか．
b) 標準条件下における自由エネルギーの変化を算出せよ．
c) 生きた細胞内での還元型グルタチオンの酸化型に対する比は，通常，500：1である．この［red］：［ox］の比率における，反応の自由エネルギー変化を算出せよ．

問13・7 ミトコンドリアの電子伝達系では，電子はユビキノンとシトクロムcとの間で動く．

a) どちらの方向に電子が流れるのが，エネルギー的に有利か．
b) 標準条件下で，ユビキノンからシトクロムcへ電子が移動するときの$\Delta G°$を算出せよ．

14 生体と金属

14・1 序

　金属はすべての生物にとって重要な構成要素である。生体内に含まれる金属は、ほとんどすべて、イオンとして生体分子に結合したり、溶液中で遊離の状態で存在している。金属はイオン結合もしくは配位結合で結合した状態で存在し、溶液中では錯体（配位化合物）を形成していることが多い。金属は大きく二つに分類できる。一つはアルカリ金属もしくはアルカリ土類金属であり、もう一つは遷移金属である。それ以外のセレンのような金属は、どちらかというと生物にとって主要な金属ではない。金属は、浸透圧の調節、骨などの組織の構造要素やタンパク質や酵素の補因子として、また電子移動において酸化還元反応を担うなど、さまざまな生命機能を担っている。多くの金属は生体に対しては毒である、必須金属であっても、食事によって摂取しすぎた場合には毒となる。

14・2 生体内の金属の一般的性質

　多くの金属はイオンとして溶解している。生命科学者にとっての金属元素の重要性を表1・1と表1・2に示す。この表においては、以下の元素が金属である。

- 主要な金属元素：ナトリウム、カリウム、カルシウム
- 微量しか存在しない金属元素：セレン、マグネシウム、マンガン、鉄、コバルト、銅、亜鉛、モリブデン

これらの元素は大きく二つに分類できる。一つは遷移金属であり、もう一つは典型元素でアルカリ金属やアルカリ土類金属が含まれる。両者の共通した性質については14・3節と14・4節で述べる。

　金属は溶液中でイオンとなる。水中における金属イオンの生成を一般式で書くと以下のようになる。

$$M \longrightarrow M^{n+} + n e^{-}$$

ここで、Mは金属、M^{n+}は$+n$価の金属イオンを示しており、電子は水もしくはそれ以外の電子受容体に受け渡される。この反応は生命体が毒性のある金属を吸収した際には重要となるが、金属イオンは水中で塩の解離によって生じるほうがより一般的である。金属イオンとその塩は生体膜における浸透圧調節や刺激応答で重要な働きをしている（14・8節参照）。

　金属イオンは電荷をもっており、以下の式のように、水と配位化合物を形成して水和物イオンとなる。

$$M^{n+} + m\,H_2O \rightleftharpoons [M(H_2O)_m]^{n+}$$

ここで、水和数（m）は通常4から8の間の値をとる。たとえば、遷移金属は以下の式のように6段階の水和を経て六水和物となることができる。

$$M^{+} + H_2O \rightleftharpoons [M(H_2O)]^{+} + H_2O$$
$$\rightleftharpoons [M(H_2O)_2]^{+} + H_2O$$
$$\rightleftharpoons [M(H_2O)_3]^{+} + H_2O$$
$$\rightleftharpoons [M(H_2O)_4]^{+} + H_2O$$
$$\rightleftharpoons [M(H_2O)_5]^{+} + H_2O \rightleftharpoons [M(H_2O)_6]^{+}$$

六水和物の生成は、金属が適当な配位子（リガンド）と、この場合は水であるが、配位結合を形成する性質の例といえる。通常、配位子は孤立電子対（すなわちルイス塩基）をもっている。

　$[M(H_2O)_6]^{+}$の生成は完全に可逆的であり、配位子（この場合は水分子）は遊離の水分子と常に入れ替わっている。ただしこのとき、金属に結合している配位子の数は常に同じである。配位子には交換速度が非常に遅いものもある。この速度は金属-配位子複合体が解離する速度に依存している。

例題 14・1

以下の化合物もしくはイオンのうち、金属イオンと配位化合物を形成できるものはどれか。
 （i）NH_3　　（ii）CH_4　　（iii）CH_3Cl
 （iv）SCN^{-}

◆ 解 答 ◆

　金属イオンは孤立電子対をもっている分子やイオンと配位化合物を形成する。化合物もしくはイオンのルイス構造式を省略せずに書いてみると、

孤立電子対の有無がはっきりする．図 14・1 に (i) から (iv) までのルイス構造式を示した．このうち，(i), (iii), (iv) が孤立電子対をもっており，金属と配位化合物を形成することができる．

図 14・1 化合物のルイス構造式

問 14・1

以下の化合物もしくはイオンのうち，金属イオンと配位化合物を形成できるものはどれか．
(i) CH_3NH_2 (ii) Cl^-
(iii) CH_3COO^- (iv) NH_4^+

一般に，金属-配位子複合体が m 個の連続した段階により生成する化学式は以下のように書くことができる．

$$M^{n+} + mL \rightleftharpoons [ML_m]^{n+}$$

ここで，M^{n+} は金属イオン，L は配位子を表している．m は配位数とよばれる．アンモニアのように，一つの電子対を一つの原子に与えるような配位子が大部分であり，これを単座配位子とよぶ．ある種の配位子は一つの金属に対して配位結合を形成できる原子を二つもしくはそれ以上もっている．このような配位子をキレート配位子とよぶ．単純な構造のキレート配位子は配位子として働く原子を二つもち，二座配位子とよぶ．たとえば，1,2-ジアミノエタン（エチレンジアミン）は二つのアミノ基が配位結合を形成することができ，カルボキシラートアニオンは二つの酸素原子が金属イオンにキレートする（図 14・2 参照）．種々の多座配位子も知られており，たとえば，図 14・3 に示したヘムのポルフィリン環がその例（四座配位子）である．図 14・4 に示したエチレンジアミン四酢酸 (EDTA) はよく用いられる六座のキレート配位子であり，1 分子の EDTA が 1 分子の金属原子に配位して八面体の配位化合物を形成する（表 14・1 参照）．キレート配位子は非常に効率よく金属イオンと配位結合を形成する．この形成反応はエネルギー的に有利である．キレート配位子が結合することによって少なくとも 2 分子の単座配位子が解離し，系の中のエントロピーが増大するためである．

図 14・2 二座配位子の例

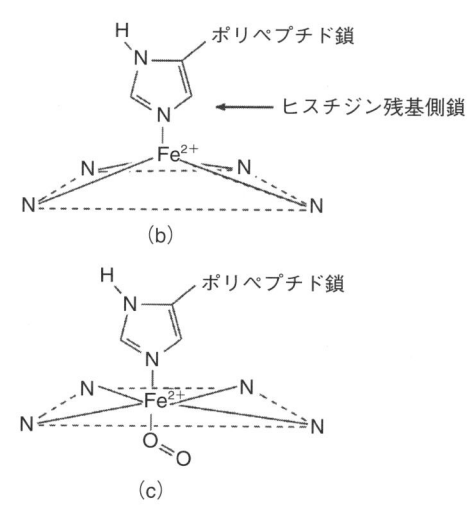

図 14・3 ミオグロビンと酸素の結合における鉄の役割 (a) 鉄はポルフィリン環の中央で，四つの窒素原子と配位結合をしている．(b) デオキシミオグロビンは，ポリペプチドのヒスチジン残基側鎖と第 5 の配位結合を形成している．(c) 酸素分子は第 6 の配位子として鉄原子と配位結合し，八面体構造を形成する．

表 14・1 金属–配位子複合体構造の例（すべての可能な形状を示したものではない）

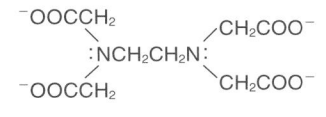

配位数	形　状	例
3	三方錐	$[SnCl_3]$
	三方平面	$[Cu(CN)_3]^{2-}$
4	四面体	$[FeCl_4]$
5	四角錐	Fe²⁺ イミダゾール–ポリペプチド錯体
6	八面体	$[Co(H_2O)_6]^{2+}$

図 14・4　六座配位子，EDTA

細胞の内部はさまざまな物質によって構成されており，多くの金属イオンは単独で存在しているのではなく，さまざまな物質と強く結合している．このことは，金属の濃度を推測するときには非常に重要な意味をもってくる．血漿中のカルシウムイオン濃度はおよそ 25 mmol dm^{-3} 程度である．しかし，そのほとんどが有効に使われるわけではなく，細胞で有効に使われるカルシウム濃度は 1 mmol dm^{-3} 程度である．また，細胞質における遊離のカルシウムイオン濃度は 1 μmol dm^{-3} と非常に低い．

配位化合物の形状は配位子の数と性質によって決まる．いくつかの生物学的に重要な配位化合物の形状を表 14・1 に示した．配位数が 6 の複合体がもつ八面体構造は最もよくみられる構造であり，多くの金属が八面体構造の配位化合物を形成する．

問 14・2

タンパク質の試験法の一つに，Cu²⁺ イオンがポリペプチド骨格（図 14・5）と配位結合を形成し，呈色する方法がある．
1）銅と配位結合を形成しうるポリペプチド骨格の原子は何か．
2）なぜ 1 本のポリペプチド鎖が銅とキレートを形成すると考えられるか説明せよ．

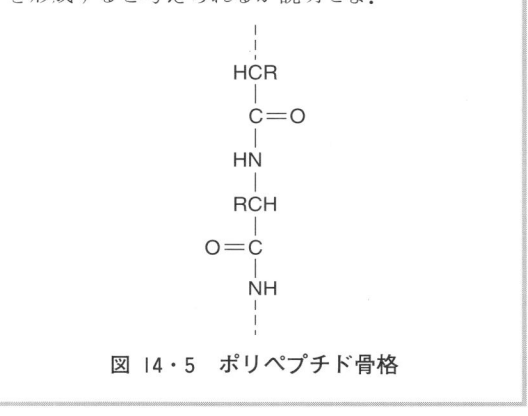

図 14・5　ポリペプチド骨格

14・3　アルカリ金属の性質

アルカリ金属は周期表の一番左の列に位置する元素である．表 1・5 に示したように，その族はリチウムから始まっている．生物学的に重要なアルカリ金属はナトリウム（Na）とカリウム（K）であり，これらの元素は生物圏で最も多いアルカリ金属である．カリウムは細胞の可溶性カチオンとして最も多く見いだされる．また，ナトリウムは海水と血液中の最も多い金属成分である．この二つの元素の性質は似ていて，化学的に反応性が高く，空気中ですぐに酸化される．水中では水酸化物が生成して強アルカリ性を示し，この性質がこの族の名称となっている．すべての 1 族元素（アルカリ金属）の電子配置は，前周期の希ガスの電子配置に次の s 軌道へ電子を一つ加えたものとなる．たとえば，リチウムの電子配置は 1s²2s¹ となる．一つ電子を失うことによって 1 価のカチオン Li⁺ となり，この電子配置は希ガスと同じく非常に安定な 1s² となる．

溶液中では，アルカリ金属は水和されて，6 分子の水と配位結合する（リチウムは例外で配位数は 4 である）．水分子はナトリウムやカリウムに対して八面

構造に位置する（表14・1）．奇妙なことに，イオンの大きさが大きくなるほど，その水和物の大きさは小さくなる．これらのアルカリ金属の中で，カリウムは水和物で最も小さなイオン半径をもち，イオンを水和するエネルギーが最も小さい．水和物の大きさとエネルギーは生体膜をイオンが移動する際に重要な要素となる．

問 14・3

1）表1・5を参考にして，ルビジウムがカリウムと比べて大きなイオン半径をもつかどうか考えよ．
2）ルビジウムイオンとカリウムイオンの大きさを決める要素を一つあげよ．

14・4 アルカリ土類金属

ここに分類される元素は周期表の左から2列目（2族）に位置している．この中には，生物学的に重要な元素であるマグネシウムとカルシウムが含まれている．両者は水に溶けて，アルカリ性を示す．カルシウムの機能については12章で述べた．また，マグネシウムの役割として無水リン酸の加水分解反応の自由エネルギーを変化させることについても述べた．この二つの金属は同じような電子配置をしており，前の周期の希ガスよりも二つ電子が多い．したがって，2電子を失うことで安定な希ガスと同じ電子配置となり，生物圏ではほぼ2価の金属カチオンとして存在している．

カルシウムとマグネシウムはほとんどすべてが配位化合物（14・2節参照）もしくは塩として存在している．カルシウムはリン酸や炭酸と安定な塩を形成し，いずれも溶解性が低い．カルシウム塩は不溶性であるため，強靱で安定な結晶が容易に生成する．このような結晶を生命体は利用して，貝殻（海洋無脊椎動物）や骨（高等脊椎動物）などのように固い組織をつくっている．

問 14・4

アルカリ土類金属の標準的な価数はいくつか．

14・5 遷移金属

遷移金属は生物学的に重要な元素であるマンガン，鉄，コバルト，銅，亜鉛，モリブデンなどを含んでいる．遷移金属やそのイオンの電子配置は複雑で，部分的に電子が埋まっているd軌道をもっている．このような金属の価数を簡単に推測することはできず，多くの場合，価数は変化する．たとえば，溶解性の鉄の場合，2価と3価が安定に存在する．このとき，価数は1電子分異なっており，互いに容易に変換し合うことができる．したがって，鉄などの遷移金属は電子キャリヤーとして優れた性質をもち，生命のいくつかの機能がこの性質に関連している．

14・6 酸素キャリヤーとしての金属の役割

金属はタンパク質の補因子としての役割を担っているが，その働きには2種類ある．一つは，ヘムなどのように，補欠分子団の一部として働く場合であり，タンパク質機能の一部を担っている．二つ目はタンパク質に直接結合している場合である．タンパク質が金属を利用して機能を発揮する例は多い．金属イオンの補因子としての役割は多様で，触媒機能を補助したり，配位結合を促進したり，酸化還元反応の際の電子のキャリヤーとして働く．その詳細については本書の域を越えているので，章末にあげたFrausto da SilvaとWilliamsの成書（1991年発行）を参照してほしい．

配位結合が担う機能に関しては酸素運搬タンパク質への分子状酸素の結合がよい例であろう．酸素運搬は，おもにミオグロビン，ヘモグロビン，ヘムエリトリンなどの鉄含有タンパク質や，ヘモシアニンなどの銅含有タンパク質が担っている．ミオグロビンとヘモグロビンの機能については，生化学の教科書によく取上げられているので，ここでは，鉄の役割について簡単に紹介するにとどめる．

鉄の配位数は通常，6であるが，5の場合もある．ミオグロビンの中の鉄はポルフィリン環中央に位置し，四つの窒素原子と配位結合を形成している（図14・3a）．酸素が配位していない状態であるデオキシミオグロビンでは，鉄はヒスチジン残基の側鎖とも配位結合を形成し，配位数は5となる（図14・3b）．酸素分子は高い親和性をもって，ヒスチジン残基の反対側に配位結合し，鉄の周りに八面体構造を形成する（図14・3c）．酸素が結合すると，鉄および結合しているヒスチジン残基が酸素のほうに引っ張られ，その結果，タンパク質の構造が変化する．タンパク質内に"ポケット"となる空間が形成され，酸素が弱く結合している状態になる．ミオグロビンは酸素と非常に高い親和性をもつことから，血中から筋肉へと酸素を引

き込む機能をもっている．重要なことは，ミオグロビン中の鉄は酸素が結合した際に Fe^{3+} に酸化されないような仕組みをもっていることである．

表 14・2 酵素の触媒反応を補助する金属の例

金属	酵素
コバルト	メチル酵素で使われているビタミン B_{12}
亜鉛	多くの加水分解酵素，アルコールデヒドロゲナーゼ
鉄	シトクロムオキシダーゼ，カタラーゼ，レダクターゼ（還元酵素）
モリブデン	硝酸レダクターゼ，硫酸レダクターゼ
ニッケル	ウレアーゼ
銅	オキシダーゼ（酸化酵素）
セレン	グルタチオンペルオキシダーゼ
マンガン	光合成酵素

問 14・5

タンパク質の機能における金属の役割を三つあげよ．

問 14・6

以下にミオグロビンに酸素が結合する反応の各段階を示した．正しい順番に並べよ．
1) 酸素がヘム鉄に結合する．
2) ヘム鉄の配位数は 5 である．
3) ポケットとなる空間が形成され，酸素分子が弱く結合した状態になる．
4) ヘム中の鉄が移動する．
5) 配位数が 6 に変化する．

14・7 生体触媒を補助する金属

酵素（ほとんどの酵素はタンパク質である）の 25％ が活性発現に金属との強い結合を必要としている．酵素に含まれている金属の例を表 14・2 に示す．

酵素が金属を利用している例として亜鉛を取上げてみる．亜鉛は比較的豊富に存在する金属であり，酵素が利用しやすい性質をもっている．亜鉛は 2 価が安定であり，化学反応において電子受容体（ルイス酸）として働くことができる．亜鉛を含む酵素は多い．亜鉛の触媒としての機能を議論することは本書の域を逸脱しているが，簡単にその役割について紹介する．カルボキシペプチダーゼはペプチド結合（11 章参照）を開裂する亜鉛含有酵素である．亜鉛はいくつかの様式でこの触媒反応を担っている．亜鉛は二つのヒスチジン残基および一つの水分子に配位している．亜鉛の最初の役割として，ペプチドが亜鉛の近傍に結合したときに，亜鉛イオンは加水分解にかかわる水がプロトンと水酸化物イオンに解離するのを補助する．この水酸化物イオンがペプチドの炭素原子と結合を形成する．この結合によって，ペプチドのカルボニル基が負電荷を帯びる．亜鉛の第二の役割は，カルボニル基の不安定な負電荷を安定化することであり，次いで，ペプチド結合が開裂する．そして，第三に，生成したカルボキシラトイオンと亜鉛が結合する．亜鉛の機能については，Box 14・1 に図 14・6 とともに示した．

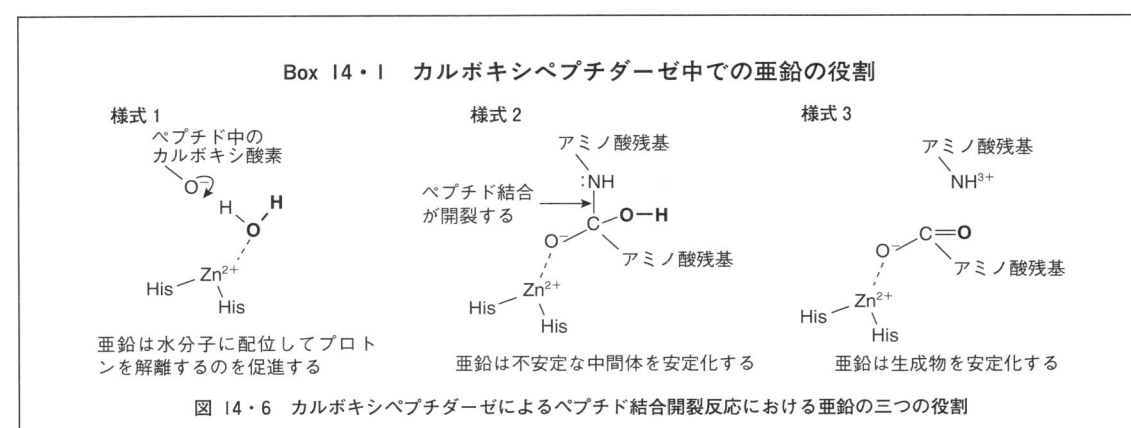

Box 14・1　カルボキシペプチダーゼ中での亜鉛の役割

様式 1：亜鉛は水分子に配位してプロトンを解離するのを促進する

様式 2：亜鉛は不安定な中間体を安定化する（ペプチド結合が開裂する）

様式 3：亜鉛は生成物を安定化する

図 14・6　カルボキシペプチダーゼによるペプチド結合開裂反応における亜鉛の三つの役割

> **問 14・7**
>
> 酵素が広く亜鉛を利用している理由を三つあげよ．

14・8 電荷輸送における金属の役割

遷移金属は生体内の酸化還元反応における電子移動を幅広く担っている（13章参照）．その理由は，多くの遷移金属が複数の安定な酸化還元状態をとることができるからである．たとえば，鉄では，一般に，第一鉄（ferrous）として知られる2価の状態 Fe^{2+} と，第二鉄（ferric）として知られる3価の状態 Fe^{3+} が存在する．銅，モリブデン，コバルトなどの他の金属も酸化還元において機能していることが知られている．その中で，鉄は最もよく調べられており，種々の異なる様式でタンパク質に配位している．たとえば鉄はヘムの補欠分子団（図14・3a参照）として，ペルオキシダーゼやシトクロムなどの多くの酸化還元酵素に結合している．また，鉄はタンパク質中で硫黄原子と結合している場合もあり，タンパク質の中に局在して鉄-硫黄クラスターを形成することが知られている．鉄-硫黄クラスターの構造には，1原子以上の鉄を含んだいくつかの種類がある（図14・7）．どのクラスターも1電子移動剤として働く．鉄-硫黄クラスターの構造によって標準還元電位（13章参照）は負の値となる．たとえばフェレドキシンでは $-0.6\,V$ である．結合している金属イオンの標準還元電位は，配位している原子の種類や金属周辺の疎水性によって決まる．鉄の標準還元電位は，何が配位子として配位しているかによって変化し，たいてい $-0.4\,V$ から $+0.4\,V$ の間の値をとる．

金属イオンは電荷をもっているので，細胞内で金属イオンが移動することは電荷の移動を意味している．金属イオンの移動は非常に速く，その性質は生体組織において迅速な応答をひき起こす手段として用いられている．神経の活動は，ナトリウムイオンとカリウムイオンが神経細胞の膜を通過することによって，また，筋肉収縮はカルシウムイオンの移動と細胞内への放出によってひき起こされる．図14・8はどのようにイオンが生体膜を通過して膜内外の電荷分布に変化をもたらすかを示している．最初，塩が膜のサイドAに溶解しているときは，膜の両側で電荷の分布はない．膜はカチオンだけが透過できるようにできていて，カチオンが拡散などによってサイドBに移動する．すると，膜の内外で電荷の不均化が起こり，サイドBは正の電荷を帯びる．

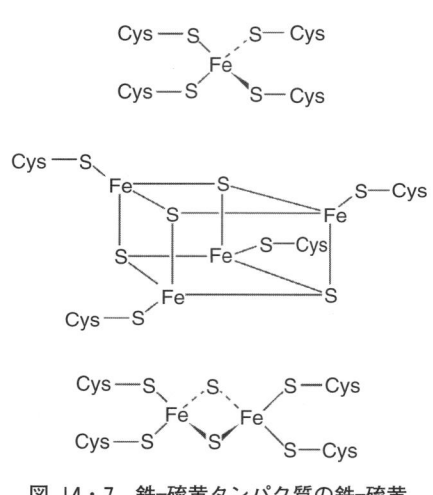

図 14・7 鉄-硫黄タンパク質の鉄-硫黄クラスターの構造

塩は解離してイオンとなるが，電荷の不均化は起こらない

カチオンがサイドBに移動する

電荷の不均化（膜電位）が膜の両側で起こる（サイドBが正電荷）

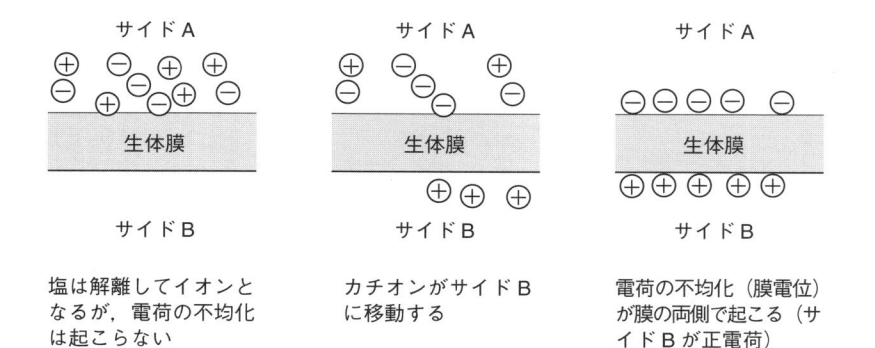

図 14・8 カチオンが膜を通り抜けることで，膜の内外に電荷の差（膜電位）が生じる

問 14・8

タンパク質が金属を適切な場所に保持する仕組みを二つ説明せよ．

問 14・9

図 14・9 は細胞質と血漿とを分けている膜である．神経伝達によって膜にカルシウム特異的な穴（孔）が開く．この開口によって，細胞質のカルシウム濃度はどのようになると考えられるか説明せよ．

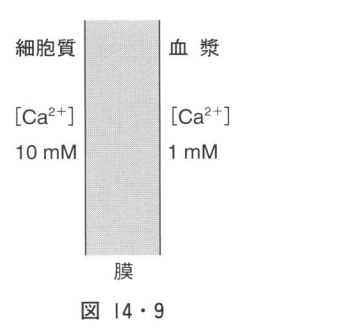

```
細胞質          血漿
[Ca²⁺]        [Ca²⁺]
10 mM          1 mM

         膜
      図 14・9
```

14・9 金属の毒性

金属は，毒性を指標として二つの種類に分類できる．たとえば亜鉛のように，ある種の金属は，低濃度では生体に有用であるが，あるレベルを超えて摂取すると毒性を示す．その他の生物圏に不要な金属，たとえば水銀などは，あるレベルに達するまでは見かけ上問題ないが，それ以上の摂取量では多くの場合，毒性を示す．このような性質の毒性は一般的に見られるものであるが，銅や水銀の毒性の場合には特に重要である．

低濃度の亜鉛は，さまざまな加水分解酵素や酸化還元酵素など，多くの重要な酵素の補因子として必須である．亜鉛は食事により摂取され，ヒト組織における濃度はメタロチオネインとよばれる金属結合タンパク質の合成が関与したフィードバック機構によって調節されている．高濃度の亜鉛（一度に 1 g もしくは長期間にわたって 100 mg/日の量）を摂取したときには，毒性が現れる．この効果は，一部，亜鉛が銅の代謝を抑制する性質に起因しており，銅欠乏症を招く．必須金属の過剰摂取の影響を表 14・3 に示した．

水銀はきわめて毒性が高い．その一因は，水銀がメチル水銀のように有機化合物と容易に結合して膜透過性の化合物を生成することによる．金属水銀はただちに酸化されて水銀イオン（Hg^{2+}）となる．体の中で最も活動的な組織，特に神経系や腎臓が，その悪影響を受けやすい．水銀の毒性に関しては，水銀を工業的に扱ってきた人にもたらされた影響を長い間検証したことにより，よく理解されているが，その毒性がどのような生体内の機構によって発揮されているかには不明な点が多い．水銀がタンパク質のシステインの側鎖に強く結合し，その機能に影響することは重要であると考えられている．このような金属の毒性を表 14・4 に示した．

表 14・3 必須金属を過剰摂取した場合のヒトに対する影響

金 属	過剰摂取の影響
クロム	肺がん，皮膚炎（男）
マンガン	神経機能，歩行障害（マンガン中毒）として知られている
鉄	ヘモクロマトーシス（過剰な鉄の蓄積）
コバルト	肺機能，吐き気，心臓，血液，甲状腺機能不全
ニッケル	気道の機能，がん，ニッケル過敏症
銅	肝臓障害（および死），高血圧
亜 鉛	ヘム生合成の低下，銅欠乏症
セレン	毛髪や爪の喪失，皮膚損傷，歯の崩壊
モリブデン	痛風，銅欠乏症

表 14・4 生物圏に不要な金属の毒性

金 属	毒性の影響
アルミニウム	アルミニウム肺症（咳，たんなど），肺繊維症，神経機能（特にアルツハイマー病）
ヒ 素	腸管機能不全，発がん性，皮膚損傷，その他ほとんど主要な組織が悪影響を受ける
カドミウム	腎臓機能不全，発がん性
鉛	食欲不振，消化不良，便秘，脳障害，一般的な神経障害
タリウム	便秘（緩下薬の効果はない），足の痛み，不眠，異常な喉の渇き

問 14・10

必須金属のうち，過剰に摂取すると毒性を示すものを三つあげよ．

まとめ

金属は溶液中でカチオンとなったり，配位化合物を形成したりするという共通の性質をもっている．金属がイオンを形成する性質は神経機能や浸透圧調節に重要である．金属はしばしばルイス塩基などの配位子と結合して配位化合物を形成する．配位化合物を形成するとその形状は金属イオンの性質を変えるので，ある種の金属は多彩な生物機能を担っている．配位子が1箇所で結合している場合，単座配位子とよび，複数箇所で結合している多座配位子はキレート配位子として知られている．1族の金属も2族の金属も，それぞれ類似の性質をもっており，原子価は定まっている．遷移金属はそれぞれ複数の原子価をもっている．金属は酵素やタンパク質の補因子，酸化還元のキャリヤーとして働き，生物機能を補助している．多くの金属は高濃度では毒性を示す．

もっと深く学ぶための参考書

Frausto da Silva, J.J.R., and Williams, R.J.P. (1991) *The Biological Chemistry of the Elements— The Inorganic Chemistry of Life*, Oxford University Press, Oxford. (無機生物化学について詳細に記述した読みやすい教科書)

Hay, R.W. (1984) *Bio-inorganic Chemistry*, Ellis-Horwood Ltd., New York. (無機化学研究の手法についての記述がすぐれている)

章末問題

問 14・11 "四座のキレート配位子"という言葉の意味を説明せよ．

問 14・12 八面体構造を形成している配位金属の配位数はいくつか．

問 14・13 アルカリ金属とアルカリ土類金属の異なる性質を二つ示せ．

問 14・14 遷移金属のどのような性質が電子キャリヤーに用いられているかを説明せよ．

15 エネルギー

15・1 序

生物はいろいろな目的でエネルギーを必要としている．植物は光合成のために太陽光からのエネルギーが必要である．動物や植物はともに成長，再生，修復，そして組織を維持するためにエネルギーを必要としているのである．後者の過程に必要なエネルギーは，食料を摂取し，その化学反応によって得られる．この章では，化学変換におけるエネルギーの役割，専門用語でいうところの化学熱力学として知られている事項について検討する．

15・2 熱力学第一法則

熱力学第一法則 (the first law of thermodynamics) は，エネルギー保存の法則として下記のように記述することができる．

(系の内部の) エネルギーは，他のエネルギーに変換されるだけで，増えることも，失われることもない．

たとえば，筋肉はアデノシン 5′-三リン酸 (ATP) という化合物として貯蔵されている化学エネルギーを運動エネルギー，つまり動作にかかわるエネルギーに変換している．このようなエネルギーの転換はエネルギー変換とよばれ，変換を起こすような装置のことをエネルギー変換器とよぶ．

エネルギーのタイプ

運動エネルギー
重力 (位置) エネルギー
熱エネルギー
化学エネルギー
電気エネルギー
磁気エネルギー
光エネルギー
音響エネルギー
核エネルギー

例題 15・1

a) 脊椎動物では，どのような変換器によって音響エネルギーを電気エネルギーに変えているか．
b) 光合成による糖の合成において，どのようなエネルギー変換が起こっているか．

◆ 解 答 ◆

a) 耳が音響エネルギーを電気エネルギーに変換し，神経インパルスとなって脳に送られる．
b) 光合成の過程で，植物は太陽光のエネルギーを化学エネルギーに変換し，グルコースやデンプンの化学結合として蓄えている．

問 15・1

a) 電気エネルギーを光エネルギーに変える仕組みにはどのようなものがあるか．
b) 運動によってどのようなエネルギー変換が起こるか．

15・3 エネルギーの単位

SI 単位系では，エネルギーの単位はジュール (J) である．化学反応の多くは何十万 J というエネルギーを生み出すので，1000 J に相当するキロジュール (kJ) という単位を使うほうが便利である．

異なる反応におけるエネルギー変化を同一レベルで比較するためには，反応物の量も考慮に入れる必要がある．そのため通常は，化学反応におけるエネルギー変化量を反応物 1 mol 当たりのキロジュール，すなわち $kJ\,mol^{-1}$ で表す．

15・4 エネルギーの測定

与えられた系がもっている全エネルギーを測ることはできない．全エネルギーとは，物質の化学結合として蓄えられているエネルギー，原子や電子の動きに蓄えられている運動エネルギー，電子や陽子に荷電して

いる電気エネルギー，原子核において陽子や中性子の間の相互作用による核エネルギーなどの和である．全エネルギーを測定することができないため，エネルギーの**変化量**を取扱わなければならない．

15・5 内部エネルギー U とエンタルピー H

与えられた系の全エネルギーを測定することはできないが，それでもこのエネルギーを**内部エネルギー**(internal energy) と名付け，記号 U で表す．内部エネルギーの変化量は測定することができ，この変化量を記号 ΔU で表し，"デルタユー"と発音する．

すべての化学変化は内部エネルギーの変化をひき起こす．多くの場合，このエネルギーは二つの形で現れる．すなわち，熱と仕事である．仕事とは，何かをする際に費やされるエネルギーを指す．生化学反応では，この仕事には，反応によって生成した気体が逃げるために大気圧を押し上げるようなものも含まれる．

化学反応や生化学反応の多くは大気圧下で起こり，大気圧に対して仕事をすることになるので，化学者や生化学者は内部エネルギーの代わりに，実際の反応から測定可能なエネルギー値を用いる．このエネルギーは**エンタルピー**(enthalpy) とよばれ，記号 H で表す．エンタルピー変化は，測定可能であり，記号 ΔH で表す．ある反応のエンタルピーとは，仕事が大気圧に対してなされた後に残されたエネルギー量である．また，固体もしくは液体のみで起こる反応では，体積変化はとても少なく，ΔU と ΔH はほとんど等しいと考えてよい．

熱を放出する反応では，反応混合物は温かくなり，**発熱反応**(exothermic) とよばれ，エンタルピー変化は**負の符号** (negative) となるが，これは反応物が生成物に変換する際にエネルギーを失うことを示している．一方，加熱で起こる反応は，**吸熱反応**(endothermic) とよばれる．そのような反応では反応混合物は冷たくなり，エンタルピー変化は**正の符号** (positive) となって，反応物は生成物へ変換される際にエネルギーを獲得する．

15・6 熱量測定

化学反応におけるエネルギー変化は熱量測定法によって調べることができる．この方法では，**熱量計** (calorimeter) とよばれる特別な断熱容器中で化学反応を行う．

化学反応によって発生する熱は，容量のわかっている水に伝搬し，水の温度を上昇させる．水の質量，比熱容量，温度上昇から，その反応での熱量を計算することができる．水の比熱容量は，1 g の水の温度を 1 K 上昇させるために必要な熱量のことである．

熱量計において水が得た熱量
＝反応において放出された熱量
＝温度変化(ΔT)×グラム表示での水の質量(m)
　　×1 g 当たり 1 K 当たりの
　　　ジュール表示の水の比熱容量 (C)

反応を密閉した容器（**断熱ボンベ熱量計**，bomb calorimeter）で行うとき，測定される熱量は，その反応の ΔU を表している．一方，反応を開放系の大気圧で行う場合は，測定値は ΔH となる．

例題 15・2

開放系の熱量計において 2.3 g のエタノールを燃焼させる．発生する熱によって 1000 g の水の温度が 16.3 K 上昇した．エタノール燃焼によるエンタルピー変化量を計算し，kJ mol^{-1} で表せ．ただし，水の比熱容量を 4.18 J K^{-1} g^{-1} とする．

◆ 解 答 ◆

水に吸収された熱量
　　　　　＝16.3×1000×4.18＝68,134 J
この熱量を放出したエタノールの量＝2.3 g
　エタノールの分子量＝46 g mol^{-1}
　2.3 g のエタノール＝$\frac{2.3}{46}$＝0.05 mol
1 mol 当たり放出したエネルギー
　　＝$\frac{68,134}{0.05}$ J mol^{-1}＝1,362,680 J mol^{-1}
この値を kJ mol^{-1} に直して有効数字を考慮すると，
　エタノール燃焼におけるエンタルピー変化量
　　　＝1363 kJ mol^{-1}

問 15・2

開放系の熱量計において 1.8 g のグルコースを燃焼させると，500 g の水の温度が 13.5 K 上昇した．エタノール燃焼によるエンタルピー変化量を計算し，kJ mol^{-1} で表せ．

15・7 ヘスの法則

ヘスの法則（Hess's Law）は以下の通りである．

ある一つの状態から他の状態になるときのエネルギー変化量は，その経路に依存しない．

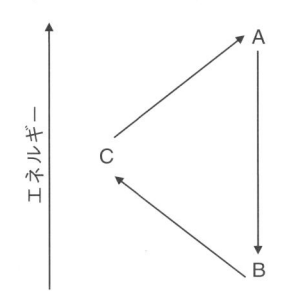

図 15・1

図 15・1 を見て考えてほしい．状態 A は状態 B よりも高いエネルギー状態にあり，状態 C は両者の間のエネルギー状態にある．状態 A から始めて，状態 B，状態 C とたどって再び状態 A に戻るとき，総エネルギー変化はゼロである．というのも，最初に出発した状態に戻ってきたからである．ヘスの法則によれば，状態 A から状態 B に至る過程で放出されるエネルギーと，状態 B から状態 C を経由して状態 A に行くのに必要なエネルギーは等しい．もしこの法則が成り立たないとすると，この系を循環させることによりエネルギーを取出すことができることになってしまう．たとえば，状態 A から状態 B に至るときのエネルギー放出量が，状態 B から状態 C を経て状態 A に至るときに必要なエネルギーより大きいと仮定すると，このサイクルを回るごとに，エネルギーが少しずつ余ることになる．これはエネルギーをつくり出すことになるので，熱力学第一法則に反している．

ヘスの法則を使うと，直接に測定することの難しい，あるいは不可能な化学反応のエネルギーの値を計算することができる．

例題 15・3

グルコース ($C_6H_{12}O_6$) をピルビン酸 ($C_3H_4O_3$) に変換する反応は TCA（クレブス）回路の重要な過程である．

$$C_6H_{12}O_6(s) + O_2(g) \longrightarrow 2\,C_3H_4O_3(l) + 2\,H_2O(l)$$
グルコース　　酸素　　　　　ピルビン酸　　　水

以下の燃焼反応のエンタルピー変化を用いて，この変換反応におけるエンタルピー変化を計算せよ．

(1) $C_6H_{12}O_6(s) + 6\,O_2(g)$
$$\longrightarrow 6\,CO_2(g) + 6\,H_2O(l)$$
$\Delta H_1 = -2821 \text{ kJ mol}^{-1}$

(2) $C_3H_4O_3(l) + 5/2\,O_2(g)$
$$\longrightarrow 3\,CO_2(g) + 2\,H_2O(l)$$
$\Delta H_2 = -1170 \text{ kJ mol}^{-1}$

◆ 解　答 ◆

グルコースをピルビン酸に変換する反応式は，

$$C_6H_{12}O_6(s) + O_2(g) \longrightarrow 2\,C_3H_4O_3(l) + 2\,H_2O(l)$$

である．これが目的式である．そこで，反応式 (1) と反応式 (2) を使って，この式を導き出す．

1) 最初に，目的式と与えられた二つの反応式を比較して，反応物と生成物が，それぞれ矢印に対して目的式と同じ側になるように反応式を操作する．この場合，目的式の生成物であるピルビン酸は反応式 (2) では左側にある．これを目的式と同じになるように，反応式を逆向きにする．

(3) $3\,CO_2(g) + 2\,H_2O(l)$
$$\longrightarrow C_3H_4O_3(l) + 5/2\,O_2(g)$$
$\Delta H_3 = +1170 \text{ kJ mol}^{-1}$

反応式を逆向きにする場合には，ΔH の符号が逆転することに注意する必要がある．

この操作により，目的式の反応物と生成物が与えられた反応式においても正しい側となる．

2) 次に，目的式における反応物と生成物の係数が一致するように，与えられた反応式の係数を変換する．この場合，目的式ではピルビン酸の係数が 2 であり，反応式 (3) では 1 である．そこで，反応式 (3) を 2 倍して，

(4) $6\,CO_2(g) + 4\,H_2O(l)$
$$\longrightarrow 2\,C_3H_4O_3(l) + 5\,O_2(g)$$
$\Delta H_4 = +2340 \text{ kJ mol}^{-1}$

とする．このとき，ΔH も反応式と同じように 2 倍にする．

この操作によって，必要な反応物が式の左側に，生成物が右側にある反応式を得，それぞれ係数も目的式と一致している．目的式に現れないものについては特にこだわる必要はなく，これらは帳消しされることになる．

あとはこのようにして得た，反応物と生成物の場所と数が一致している反応式を足し合わせばよい．この場合では，反応式 (1) に反応式 (4) を足せばよい．そうすると，以下の式が得られる．

$6\,CO_2(g) + 4\,H_2O(l) + C_6H_{12}O_6(s) + 6\,O_2(g) \longrightarrow$
$\quad 2\,C_3H_4O_3(l) + 5\,O_2(g) + 6\,CO_2(g) + 6\,H_2O(l)$

反応式の両側にあるものをそれぞれ消してみると目的式が得られる．

$$C_6H_{12}O_6(s) + O_2(g) \longrightarrow 2\,C_3H_4O_3(l) + 2\,H_2O(l)$$
$$\Delta H_t = \Delta H_1 + \Delta H_4$$
$$\Delta H_t = -2821 + 2340 = -481 \text{ kJ mol}^{-1}$$

このようにして，グルコースからピルビン酸への変換反応のエンタルピー変化は -481 kJ mol^{-1} となる．負の符号から，この反応が発熱反応であることが確認できる．

重要なことは，反応式を操作するときは，同じ操作を ΔH にも施すことである．

問 15・3

酵母における嫌気呼吸では，グルコースを分解してエタノールと二酸化炭素に変換する過程でエネルギーを得ている．

$$\underset{\text{グルコース}}{C_6H_{12}O_6(s)} \longrightarrow \underset{\text{エタノール}}{2\,C_2H_5OH(l)} + \underset{\text{二酸化炭素}}{2\,CO_2(g)}$$

この過程によって 1 mol のグルコースから得られるエネルギー量を，以下の燃焼反応のエンタルピー変化を用いて，計算せよ．

1) $C_6H_{12}O_6(s) + 6\,O_2(g)$
$\longrightarrow 6\,CO_2(g) + 6\,H_2O(l)$
$\Delta H_1 = -2821 \text{ kJ mol}^{-1}$

2) $C_2H_5OH(l) + 3\,O_2(g)$
$\longrightarrow 2\,CO_2(g) + 3\,H_2O(l)$
$\Delta H_2 = -1368 \text{ kJ mol}^{-1}$

15・8 生成エンタルピー

上記の例題のように，燃焼エンタルピーはヘスの法則の計算に必要なデータを与える．燃焼エンタルピーは容易に測定することができるので，多くの測定値が表にまとめられている．同様に，生成エンタルピー（生成熱）という値も表としてまとめられている．この値もやはりヘスの法則に基づく計算に用いられる．

ある物質の生成エンタルピー（ΔH_f）とは，1 mol の物質を，それを構成する元素からつくると考えたときのエンタルピー変化を指す．その物質ならびに構成元素は測定温度，圧力などの条件が標準状態にあるとする．この定義では，標準状態における元素の生成熱はすべてゼロとなる．

物質の標準状態とは，大気圧下，室温という，物質が最も安定な形態で存在している状態である．したがって，酸素は，大気圧下，298 K という標準状態で気体として存在する．同様の条件下で，水は液体であるし，炭素は固体，すなわち黒鉛が標準状態である．

生成エンタルピーを用いることで，どんな化学反応も二つの段階に分けて考えることができる．

1) 反応物を標準状態の構成元素に分解する．これは生成エンタルピーを求める過程と逆なので，ここで得られるエンタルピーは生成エンタルピーとは数値は同じで，その符号が逆となる．すなわち，この分解過程のエンタルピーを ΔH_1 で表すと，以下のように表せる．

$$\Delta H_1 = -\Sigma \Delta H_f(\text{反応物})$$

この式において，Σ は"総計の"という意味で，すべての反応物の生成エンタルピーを足し合わせたものとなる．

2) 標準状態での元素を用いて生成物を再構築する．この過程のエンタルピーを ΔH_2 で表し，全生成物の生成エンタルピーを意味する．

$$\Delta H_2 = \Sigma \Delta H_f(\text{生成物})$$

反応の総エンタルピーは，上記の二つの段階のエンタルピーの合計である．

$$\Delta H_{\text{反応}} = -\Sigma \Delta H_f(\text{反応物}) + \Sigma \Delta H_f(\text{生成物})$$
$$= \Sigma \Delta H_f(\text{生成物}) - \Sigma \Delta H_f(\text{反応物}) \quad (15\cdot1)$$

例題 15・4

ウレアーゼは尿素 $CO(NH_2)_2$ を加水分解して二酸化炭素とアンモニアを生成させる酵素である．

$$\underset{\text{尿素}}{CO(NH_2)_2} + \underset{\text{水}}{H_2O} \longrightarrow \underset{\text{二酸化炭素}}{CO_2} + \underset{\text{アンモニア}}{2\,NH_3}$$

この反応のエンタルピー変化を求めよ．ただし，尿素，水，二酸化炭素，アンモニアの生成エンタルピーはそれぞれ -333.5，-285.8，-393.5，$-46.1 \text{ kJ mol}^{-1}$ である．

◆ 解 答 ◆

まず，生成物の全生成エンタルピーを計算する．

$$\Sigma \Delta H_f(\text{生成物}) = \Delta H_f(CO_2) + 2\Delta H_f(NH_3)$$
$$= -393.5 + 2 \times (-46.1)$$
$$= -485.7 \text{ kJ mol}^{-1}$$

次に，反応物の全生成エンタルピーを計算する．

$$\Delta H_f(反応物) = \Delta H_f(CO(NH_2)_2) + \Delta H_f(H_2O)$$
$$\Sigma \Delta H_f(反応物) = -333.5 + (-285.8)$$
$$= -619.3 \text{ kJ mol}^{-1}$$

最後に，生成物の全生成エンタルピーから反応物の全生成エンタルピーを差し引くと反応のエンタルピー変化となる．

$$\Delta H_{反応} = \Sigma \Delta H_f(生成物) - \Sigma \Delta H_f(反応物)$$
$$= -485.7 - (-619.3) = 133.6 \text{ kJ mol}^{-1}$$

問 15・4

Acetobacter 属の細菌はエタノールを酸化して酢酸（エタン酸）とすることによってエネルギーを得る．

$$C_2H_5OH + O_2 \longrightarrow CH_3COOH + H_2O$$
エタノール　酸素　　　酢酸　　　水

この過程によって 1 mol のエタノールから得られるエネルギー量を計算せよ．ただし，エタノール，酢酸，水の生成エンタルピーはそれぞれ -277.7，-484.5，$-285.8 \text{ kJ mol}^{-1}$ である．

15・9 熱力学第二法則

熱力学第一法則を用いると，化学反応におけるエネルギー変化を計算することはできるが，その反応が実際に起こりそうか，そうでないかについてはわからない．実際に起こる反応の多くが発熱反応である．したがって，反応物が反応を起こすことによって低いエネルギー状態に達するならば，その反応が進行するだろうと考えることができる．しかし，実はそれほど単純ではなく，たとえば，いくつかの反応は吸熱反応であるにもかかわらず進行する．たとえば，例題 15・4 の場合がそうであるし，また，ほかにも多くの溶解反応が該当する．たとえば，塩化カリウムが水に溶解するときの反応である．

$$\text{KCl(s)} \longrightarrow \text{KCl(aq)} \quad \Delta H = +17.2 \text{ kJ mol}^{-1}$$

同様にして，四酸化二窒素（N_2O_4）は，温度が上昇するに従い，分解して二酸化窒素（NO_2）を生成する．

$$N_2O_4 \longrightarrow 2 NO_2 \quad \Delta H = +57.2 \text{ kJ mol}^{-1}$$

これらの反応が進行する理由を説明するには，熱力学第二法則におけるエントロピー（entropy）という新しい概念を導入する必要がある．

上にあげた吸熱反応では，例外なく，いつも生成物は反応物よりもより拡散した状態をとっている．上記の例でみると，塩化カリウムは溶解すると液体中に拡散する．また 1 分子の四酸化二窒素は分解反応を起こすことで，二つの分子に分かれ，それぞれ別の分子として自由にふるまう．エントロピーとはこの拡散（乱雑さ）の度合を見積もったものであり，反応することにより拡散の度合が大きくなれば，その過程によりエントロピーもより大きくなる．熱力学第二法則によると，

自発的に起こる変化では必ず，その系とその周辺の全エントロピーは増大する．

自発的変化とは，その系に対していかなる仕事もなされずに起こる変化を指す．

エントロピー変化は記号 ΔS で表し，熱力学第二法則は次のように言い換えることができる．

自発的変化では，$\Delta S_{全体}$ は，必ず正となる．

エントロピーの単位は，$\text{J K}^{-1} \text{mol}^{-1}$（1 K 当たり，1 mol 当たりのジュール）である．

系（system）とは，われわれが検討している世界の中の特定の部分のことである．それは反応物を入れた試験管やフラスコかもしれないし，実験室全体かもしれないし，あるいは地球全体かもしれない．とにかくわれわれは境界線を定義することによって，なんでも"系"と考えてよいのである．

外界（surroundings）とは，系の境界線から外側にある残りの世界全体を指している．

実際には，反応が進行するかしないかの決め手となるのがエンタルピー変化であることが多い．反応が起こるときのエネルギー変化を考えると，系や外界のエントロピーが増大したり減少したりすることは，反応の起こりやすさに影響を与えているだけに過ぎないことが多い．たとえば，発熱反応では系や外界を温める原因となる．このことにより系や外界での分子運動の平均速度は増大し，より拡散した方向へと導く．このように，発熱反応ではエントロピーの増加をもたらすこととなり，そのため，反応が進行しやすいのである．

吸熱反応では，エンタルピー変化は反応の進行に

とって好ましくない．なぜならば，系の冷却は分子運動の平均速度を低下させるため，拡散を起こさない傾向がある．しかしながら，上記の例で示したようにもし反応自体が拡散の増大を含むものであれば，エントロピー変化はこの反応自体からもたらされ，それがエネルギー的な不利益に勝っていれば反応は進行する．

15・10 自由エネルギー

反応によってもたらされるエンタルピーとエントロピー変化の効果をまとめると以下のような式になる．

$$\Delta G = \Delta H - T\Delta S \quad (15\cdot 2)$$

この式では，ΔH はその系でのエンタルピー変化，T は絶対温度，ΔS は系のエントロピー変化を表し，ΔG を自由エネルギー（freee energy）とよぶ．ΔG が負の値の場合は，反応は進行する．ΔG が正の値の場合は，反応は進行しない．

15・11 ΔH と $T\Delta S$ との関係

以下の四つの可能性がある．

1) ΔH が負の値で ΔS が正の値．この場合は，ΔG はどんな温度においても負の値となる．このような反応は，いかなる温度でも自発的に進行する．

2) ΔH が負の値で ΔS も負の値．この場合は $T\Delta S$ が ΔH よりも小さいときは，ΔG は負の値となる．しかし，温度が上昇すると，$T\Delta S$ が増大するので，ある温度以上では ΔG は正の値となる．このような反応は，この温度以下では自発的に進行するが，それ以上の温度では進行しない．

3) ΔH が正の値で ΔS も正の値．この場合は，$T\Delta S$ が ΔH よりも大きいときにだけ ΔG が負の値になる．したがって，T が小さいときには反応は進行せず，T が大きくなると，反応は自発的に起こる．

4) ΔH が正の値で ΔS が負の値．この場合，ΔG は，どんな温度においても正の値になり，その反応は決して自発的には起こらない．

これらの結果を表 15・1 にまとめる．

例題 15・5

動植物における好気呼吸では，グルコースが酸化されて二酸化炭素と水が生成する．

$$\underset{\text{グルコース}}{C_6H_{12}O_6} + \underset{\text{酸素}}{6\,O_2} \longrightarrow \underset{\text{二酸化炭素}}{6\,CO_2} + \underset{\text{水}}{6\,H_2O}$$

37 ℃ におけるこの過程の，グルコース 1 mol 当たりのエントロピー変化を計算せよ．ただし，反応のエンタルピーと自由エネルギー変化はそれぞれ $-2807.8\,\text{kJ mol}^{-1}$，$-3089.0\,\text{kJ mol}^{-1}$ である．

◆ 解 答 ◆

まず，温度をセルシウス温度（摂氏温度）からケルビンに換算する必要がある．

$$温度/\text{K} = 温度/℃ + 273$$
$$= 27 + 273 = 310\,\text{K}$$

各値を以下の式に代入する．

$$\Delta G = \Delta H - T\Delta S$$
$$-3089.0 = -2807.8 - (310 \times \Delta S)$$

2807.8 を両辺に足すと，

$$-3089 + 2807.8 = -2807.8 - (310 \times \Delta S) + 2807.8$$
$$-281.2 = -310 \times \Delta S$$

両辺を -310 で割る．

$$\frac{-281.2}{-310} = \frac{-310\Delta S}{-310}$$
$$0.907 = \Delta S$$
$$\Delta S = 0.907\,\text{kJ K}^{-1}\,\text{mol}^{-1} = 907\,\text{J K}^{-1}\,\text{mol}^{-1}$$

このようにして，37 ℃ におけるグルコースの酸化によるエントロピー変化は $+907\,\text{J K}^{-1}\,\text{mol}^{-1}$ となる．

問 15・5

TCA 回路には，フマル酸塩に水が付加してリンゴ酸塩になる過程がある．

$$\underset{\text{フマル酸塩}}{C_4H_2O_4{}^{2-}} + \underset{\text{水}}{H_2O} \longrightarrow \underset{\text{リンゴ酸塩}}{C_4H_4O_5{}^{2-}}$$

この反応の 25 ℃ におけるエントロピー変化を計

表 15・1 $\Delta H, \Delta S, \Delta G$ の関係

ΔH	ΔS	ΔG
負	正	どの温度でも負
負	負	低い温度では負
正	正	高い温度では負
正	負	どの温度でも正

算せよ．ただし，反応のエンタルピーと自由エネルギー変化はそれぞれ 14.9 kJ mol^{-1}, -3.7 kJ mol^{-1} である．

まとめ

熱力学第一法則は，エネルギーをつくり出すこともできないし，消滅させることもできないことを意味している．このことから，化学反応や生化学反応におけるエンタルピー変化をヘスの法則によって求めることができる．熱力学第二法則は，どんな反応でも，その結果として系および周辺の全エントロピーは増大することを意味している．この法則をもとに，自由エネルギー ΔG を定義することができ，これを指標として，ある反応が与えられた環境下で起こりうるかどうかを決めることができる．

もっと深く学ぶための参考書

Atkins, P.W., and de Paula, J. (2006) *Physical Chemistry*, 8th ed., Chs. 2 and 3, Oxford University Press, Oxford.［邦訳：千原秀昭，中村亘男訳，"アトキンス 物理化学 第8版"，東京化学同人（2009）］

章末問題

問 15・6 a）熱力学第一法則を説明せよ．
b）エネルギーの SI 単位は何か．

問 15・7 以下の語句を説明せよ．
a）発熱的　　b）吸熱的

反応の過程で，反応容器が熱くなったとしたら，どちらの反応が起こっていると考えられるか．

問 15・8 TCA 回路の過程で，グルコースはピルビン酸に変換される．

$$\underset{\text{グルコース}}{C_6H_{12}O_6} + \underset{\text{酸素}}{O_2} \longrightarrow 2\underset{\text{ピルビン酸}}{C_3H_4O_3} + 2\underset{\text{水}}{H_2O}$$

以下の燃焼エンタルピーを用いて，この反応のエンタルピー変化を計算せよ．

$$C_6H_{12}O_6 + 6\,O_2 \longrightarrow 6\,CO_2 + 6\,H_2O$$
$$\Delta H_{\text{燃焼}} = -2822 \text{ kJ mol}^{-1}$$

$$C_3H_4O_3 + \frac{5}{2}O_2 \longrightarrow 3\,CO_2 + 2\,H_2O$$
$$\Delta H_{\text{燃焼}} = -1168 \text{ kJ mol}^{-1}$$

問 15・9 フマル酸とマレイン酸は互いに幾何異性体である．

フマル酸とマレイン酸の生成エンタルピーはそれぞれ -810, -785 kJ mol^{-1} である．フマル酸からマレイン酸への異性化反応におけるエンタルピーを計算せよ．

16 反応と平衡

16・1 序

本章では，引き続き化学反応性について述べる．なぜならば，化学反応性は，生きている細胞における成長，再生，修復，恒常性に必須な生化学反応にかかわっているからである．これらの反応の多くは平衡反応である．すなわち，反応は完結しない．そこで平衡定数を決める自由エネルギー ΔG の役割を議論する．また，生きている組織で重要なのは，反応が進行する速度である．これは反応の活性化エネルギーにより支配されている．生命体は酵素を使って反応の活性化エネルギーを調節し，反応が進行する速度を制御しているのである．

16・2 ΔG と平衡

15章では ΔG の値によって反応が起こるか否かが決定づけられることを学んだ．簡潔にいえば，ΔG が負の値であれば反応は進行するが，正の値のときは進行しない．しかしながら，4章ではすべての反応が完了するまで進むわけではないことをみてきた．つまり，多くの反応は反応物と生成物の両方が混在している平衡点に到達するのである．このような反応では，ΔG の値はどれくらいなのであろうか．

ΔG と平衡定数 K_{eq} の間には単純な関係式があることがわかっている．

$$\Delta G = -RT \ln K_{eq}$$

R は気体定数とよばれるもので，$8.314\,\mathrm{J\,K^{-1}\,mol^{-1}}$ の値をもち，T はケルビン表示の温度である．この式をどのように導くかはこの教科書の範疇を越えているが，章末の"もっと深く学ぶための参考書"で勉強することができる．

この式を用いて，異なる ΔG の値が平衡定数に対して与える効果を調べることができる．

例題 16・1

グルコースを完全に酸化する際の自由エネルギー変化は $-3089.0\,\mathrm{kJ\,mol^{-1}}$ である．この反応の 37°C における平衡定数はいくつか．

$$C_6H_{12}O_6(s) + 6\,O_2 \longrightarrow 6\,CO_2(g) + 6\,H_2O(l)$$

◆ 解答 ◆

まず，温度をケルビン表示に直す．

$$37\,°C = 37 + 273\,K$$
$$= 310\,K$$

$\Delta G = -RT \ln K_{eq}$ の式を用いると以下のようになる．

$$\Delta G = -RT \ln K_{eq}$$
$$-3089.0 \times 10^3 = 8.314 \times 310 \times \ln K_{eq}$$
$$\ln K_{eq} = \frac{3089.0 \times 10^3}{8.314 \times 310}$$
$$= 1198.5$$
$$K_{eq} = 3.18 \times 10^{520}$$

この値は非常に大きい．この反応の平衡定数は以下のように書くことができる．

$$K_{eq} = \frac{[CO_3]^6[H_2O]^6}{[C_6H_{12}O_6][O_2]^6}$$

平衡定数の値は，平衡に到達したときの値であり，すべてのグルコースと酸素が二酸化炭素と水に変換されている．つまり，反応は完全に進行する．

▶ ΔG が負の大きい値のとき，反応は完全に進行する．

例題 16・2

フマル酸塩 ($C_4H_2O_4{}^{2-}$) に水が付加してリンゴ酸塩 ($C_4H_4O_5{}^{2-}$) が生成する反応の自由エネルギー変化は $-3.7\,\mathrm{kJ\,mol^{-1}}$ である．この反応の 37°C における平衡定数はいくつか．

$$C_4H_2O_4{}^{2-} + H_2O \longrightarrow C_4H_4O_5{}^{2-}$$

◆解答◆

37 °C = 310 K

$\Delta G = -RT \ln K_{eq}$ の式を用いると以下のようになる.

$$\Delta G = -RT \ln K_{eq}$$
$$-3.7 \times 10^3 = -8.314 \times 310 \times \ln K_{eq}$$
$$\ln K_{eq} = \frac{-3.7 \times 10^3}{-8.314 \times 310}$$
$$= 1.44$$
$$K_{eq} = 4.20$$

この反応の平衡定数は以下のように書くことができる.

$$K_{eq} = \frac{[C_4H_4O_5^{2-}]}{[C_4H_2O_4^{2-}][H_2O]}$$

K_{eq} が4.20であるということは, この反応が平衡に達したとき, ある程度の反応物が残っていることを示している. このことは ΔG が正であれ, 負であれ, 小さい値のときには当てはまる.

おおざっぱには以下のようにまとめることができる.

a) ΔG の値が -10 kJ mol^{-1} よりも小さいとき, 反応は完全に進行する. この値の場合, 反応が平衡に達したとき, 約98%の反応物が生成物に変換される.

b) ΔG の値が $+10 \text{ kJ mol}^{-1}$ よりも大きいとき, 反応はまったく進行しない. この値の場合, 反応が平衡に達したとき, 約2%の反応物しか生成物に変換されない.

c) ΔG の値がこの二つの値の間にあるとき, 平衡状態になる.

▶ ΔG が正または負の小さい値のとき, 反応は平衡に達する.

問 16・1

ロイシン $((CH_3)_2CHCH(NH_3^+)COO^-)$ とグリシン $(CH_2(NH_3^+)COO^-)$ の二つのアミノ酸が結合してジペプチド, ロイシルグリシンができる反応の ΔG の値は37 °Cで $+13.0 \text{ kJ mol}^{-1}$ である.

$(CH_3)_2CHCH(NH_3^+)COO^- + CH_2(NH_3^+)COO^-$
 ロイシン   グリシン
$\longrightarrow (CH_3)_2CHCH(NH_3^+)CONHCH_2COO^-$
     ロイシルグリシン
                             $+ H_2O$
                              水

1) この反応の平衡定数を計算せよ.
2) 平衡に達したときの反応混合物中の反応物と生成物の相対的な濃度について説明せよ.

16・3 活性化エネルギー

前節では, どれくらい反応が進みやすいか, 反応は完全に進むのか, あるいはある平衡状態に至るのかということが ΔG の大きさと符号で決まることをみてきた. 大事なことは, このことからは, 反応がどのくらいの速さで進行するのかについての情報は得られないことである. たとえば, 前節では, グルコースと酸素の反応の ΔG は非常に大きく, 負の値なので, 反応は完全に進むことを述べた. しかし, われわれはグルコースが空気 (すなわち酸素) に触れていてもかなりの長期間, 表だった変化もなく, 安定に保存できることを知っている. これは反応を開始させるためには大きなエネルギーを加える必要があるからであり, このエネルギーは通常の環境下では得られないものである. このような反応物に反応を開始させるために必要なエネルギーのことを**活性化エネルギー** (activation energy) とよぶ. このエネルギーは, 反応分子の結合を伸ばしたり, 開裂させたりするために必要で, その結果, 結合は攻撃を受けやすくなるのである. 反応の自由エネルギーと活性化エネルギーの関係を図に表すことができる (図16・1).

図16・1で, 生成物は反応物よりも低いエネルギーをもち, この反応の ΔG が負の値であることを示している. しかし, 反応物が生成物に変換される前にエネルギー量 E_a を加えなければ反応は進行しない, す

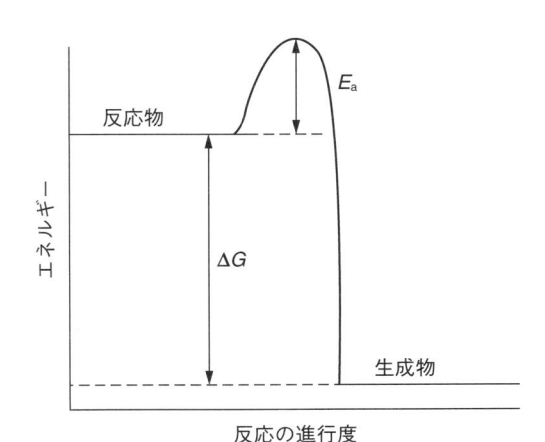

図 16・1 典型的な反応様式

16・4 反応速度に対する温度効果

物質の温度を上昇させると，物質を構成している粒子の動きがより速くなり，その結果，運動エネルギーが増加する．分子が速く動けば動くほど，分子はより衝突しやく，またエネルギー障壁を乗り越える十分なエネルギーをもつようになり，生成物形成へと反応が進む．分子がより高速で動くことで，毎秒起こる分子同士の衝突の頻度が増し，反応速度が増加するのである．

> 温度の上昇は常に反応速度を増加させる．

反応速度に対して温度を上げる効果は非常に顕著である．おおざっぱな経験則では，温度を10度上げると反応速度は2倍になる．これは分子の速度分布における温度効果から導かれる．図16・2に示したように，温度の上昇に関する二つの効果がある．

1) 温度が上昇すると，分子がもつ平均エネルギーも増加する．このことは分布曲線のピークの移動で示される．
2) さらに重要なのは，温度が上昇するにつれ，平均エネルギーよりも高いエネルギーをもつ分子の数が増加する．エネルギー E_a よりも高いエネルギーをもつ分子数の増加は温度上昇により反応速度が増加する要因となる．

16・5 アレニウスの式

反応速度に対する温度効果はアレニウスの式で表すことができる．

$$k = Ae^{-\frac{E_a}{RT}}$$

A はアレニウス因子または頻度因子とよばれるもので，分子1個が毎秒起こす衝突の頻度を表す．eは自然対数であり，約2.718である．E_a は活性化エネルギー，R は気体定数で，$8.314\,\mathrm{J\,K^{-1}\,mol^{-1}}$，$T$ はケルビン表示の温度，k は反応速度定数である．この式の両辺に自然対数を施すと，以下のようになる．

$$\ln k = \ln A - \frac{E_a}{RT}$$

異なる二つの温度 T_1 と T_2 における反応速度を測定すれば，この式を用いて反応の活性化エネルギーを求めることができる．

$$\ln\left(\frac{k_1}{k_2}\right) = -\frac{E_a}{R}\left(\frac{1}{T_1} - \frac{1}{T_2}\right)$$

このとき，k_1 と k_2 は，それぞれ温度 T_1 と T_2 における反応速度定数である．

例題 16・3

ある反応で，温度を298 Kから308 Kに上げたときに，その反応速度が2倍になった．この反応の活性化エネルギーはどれだけか．

◆ 解 答 ◆

反応速度が2倍になるということは以下のように書ける．

$$k_2 = 2\,k_1$$

$$\ln\frac{k_1}{k_2} = \ln\frac{1}{2}$$

これを以下の式に代入する．

$$\ln\left(\frac{k_1}{k_2}\right) = -\frac{E_a}{R}\left(\frac{1}{T_1} - \frac{1}{T_2}\right)$$

$$\ln\left(\frac{1}{2}\right) = -\frac{E_a}{R}\left(\frac{1}{298} - \frac{1}{308}\right)$$

以下の値を用いて計算する．

$$\ln\left(\frac{1}{2}\right) = -0.693$$

$$\frac{1}{298} - \frac{1}{308} = 1.09 \times 10^{-4}\,\mathrm{K^{-1}}$$

$$R = 8.314\,\mathrm{J\,K^{-1}\,mol^{-1}}$$

$$-0.693 = -\frac{E_a}{8.314}(1.09 \times 10^{-4})$$

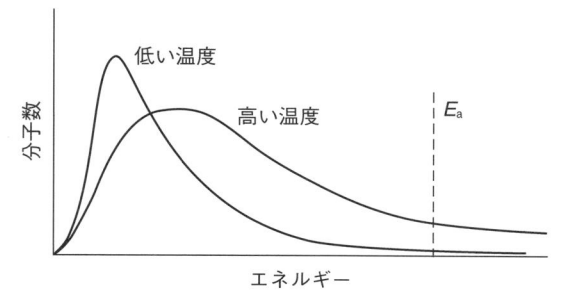

図 16・2 分子がもつエネルギーに対する温度上昇の効果

両辺を移動して以下のように計算できる．

$$-E_a = \frac{-0.693 \times 8.314}{1.09 \times 10^{-4}}$$
$$E_a = 52900 \text{ J mol}^{-1}$$
$$= 52.9 \text{ kJ mol}^{-1}$$

問 16・2

反応速度が 295 K で $1.24 \times 10^{-2} \text{ s}^{-1}$, 303 K で $3.16 \times 10^{-3} \text{ s}^{-1}$ である反応の活性化エネルギーを計算せよ．

16・6 触 媒

温度を上昇させることで，活性化エネルギーを越えるのに十分なエネルギーをもつ分子の数を増加させ，結果として反応速度を増加させることができる．同様の効果は活性化エネルギーを低くすることでも得られる．これが触媒の役割である．この効果を図 16・3 に示した．

> 触媒は，活性化エネルギーを低下させることにより，反応速度を増加させる．

触媒は反応の活性化エネルギーを低下させるので，より多くの分子が反応に必要なエネルギーをもつことになる．触媒は，反応物と生成物の間の自由エネルギー差によって決まる平衡の位置に関しては影響を与えない．単に平衡に至るまでの速度を変えるにすぎない．

> 触媒は，平衡状態には何の効果も示さない．

触媒の多くは反応物から生成物に至る別の経路を経ることで触媒効果を生み出す．これは一つ，あるいはいくつかの反応物が触媒表面に結合することによる．反応物と触媒表面との相互作用により，反応物中の結合を弱め，より反応が進行しやすくなる．

16・7 酵 素 触 媒

生物におけるほとんどすべての生化学反応は生物触媒である酵素によって制御されている．ほとんどの酵素はタンパク質分子であり，その活性はタンパク質を構成しているいくつかのペプチド鎖の折りたたみ構造に依存している．酵素は折りたたみ構造により，**基質** (substrate) とよばれる酵素の標的分子の結合部位，すなわち**活性部位** (active site) を提供する．この基質と酵素の結合は非常に特異的で，通常一つの酵素は，一つの基質あるいは非常に似通った基質群としか反応しない．たとえば，D-グルコースオキシダーゼは，D-グルコースとしか結合せず，L-グルコースや他の糖類とは結合しない．アルコールデヒドロゲナーゼは多くの低分子量アルコールとは結合するが，他の種類の分子とは結合しない．

酵素反応の反応機構の単純な模式図を図 16・4 に示した．

基質が相互作用する酵素の活性部位は基質に対して形も大きさもぴったりとしていて，基質が結合できるような構造となっている．その結果できる酵素と基質との結合体を酵素-基質複合体とよぶ．そして，反応（この図では結合の開裂）が起こるのである．最後に，酵素は生成物を放出して，再び他の基質分子を受け入れることができる．

実際には，相互作用は図に示した例よりも複雑である．酵素も基質も最初の結合が起こるにつれて，形を変える．基質は形を変えることで，基質内の結合にひ

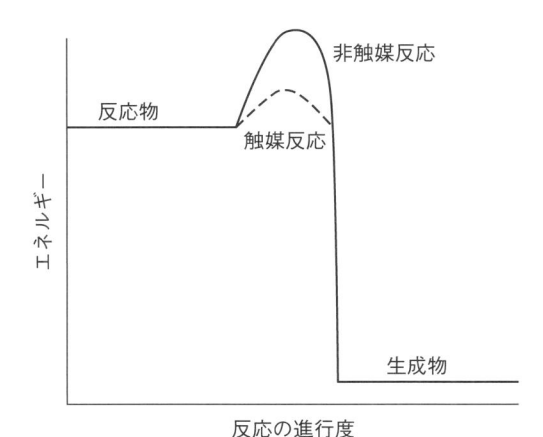

図 16・3 活性化エネルギーに対する触媒の効果

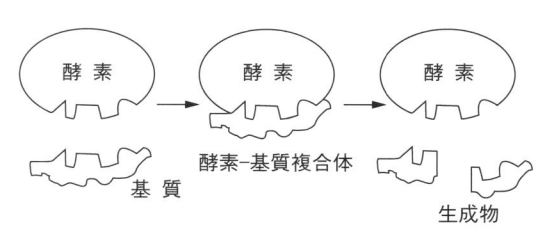

図 16・4 酵素触媒反応の反応機構

16・8 酵素反応の速度論

酵素触媒の過程は以下の一連の反応式で模式化することができる.

$$E + S \rightleftharpoons ES \rightarrow E + P$$

ここで，E は酵素，S は基質，ES は酵素-基質複合体，P は生成物である．この式を数学的に解析すると（巻末付録の導出 16・1），酵素反応における速度の式を得ることができる．この式は基質の濃度と酵素を特徴づける二つの定数からなる．

$$反応速度 = \frac{V_{max}[S]}{K_M + [S]}$$

この式はミカエリス-メンテンの式とよばれる．[S] は基質の濃度を表す．V_{max} と K_M は定数である．V_{max} は酵素が働くときの最大速度である．これは基質が大過剰に存在するときの反応速度であり，すべての酵素分子において，基質が反応するや否や，次の基質分子が供給されて反応するときの速度である．このような条件下では，速度を決める要因は，酵素に基質が供給される拡散速度である．K_M は**ミカエリス定数**（Michaelis constant）とよばれ，酵素に対する基質の結合の強さの尺度である．

16・9 V_{max} と K_M の決定

ミカエリス-メンテンの式は以下のように書き換えられる．

$$反応速度 = \frac{V_{max}[S]}{K_M + [S]}$$

$$\frac{1}{反応速度} = \frac{K_M + [S]}{V_{max}[S]}$$

右辺は下記のように二つの項に分けることができる．

$$\frac{1}{反応速度} = \frac{K_M}{V_{max}} \cdot \frac{1}{[S]} + \frac{1}{V_{max}}$$

1/(反応速度) に対して 1/[S] をプロットしたグラフを書くことで，1/(反応速度) 軸の切片から $1/V_{max}$ を，傾きから K_M/V_{max} を求めることができる．つまり，ある基質濃度の範囲で反応速度を測定して，このグラフを書くことで，K_M と V_{max} の値を得ることができる.

例題 16・4

二酸化炭素は炭酸脱水素酵素によって水和され，炭酸水素イオン（HCO_3^-）を生成する．

$$\underset{二酸化炭素}{CO_2} + \underset{水}{H_2O} \longrightarrow \underset{炭酸水素イオン}{HCO_3^-} + \underset{水素イオン}{H^+}$$

以下の酵素反応速度データが得られた．この酵素の K_M と V_{max} を求めよ．

$[CO_2]$/mmol dm^{-3}	0.76	1.51	3.78	7.57	15.1
初速度/ mmol dm^{-3} s^{-1}	0.0062	0.0116	0.0204	0.0287	0.0368

◆ **解 答** ◆

まず，データを，グラフを作成するために必要な形，すなわち $1/[CO_2]$ と 1/(反応速度) に変換する．

$(1/[CO_2])$/ mmol^{-1} dm^3	1.316	0.6623	0.2546	0.1321	0.06623
(1/反応速度)/ mmol^{-1} dm^3 s	161.3	86.21	49.02	34.84	27.17

次に，1/(反応速度) に対して $1/[CO_2]$ をプロットしたグラフを書く．

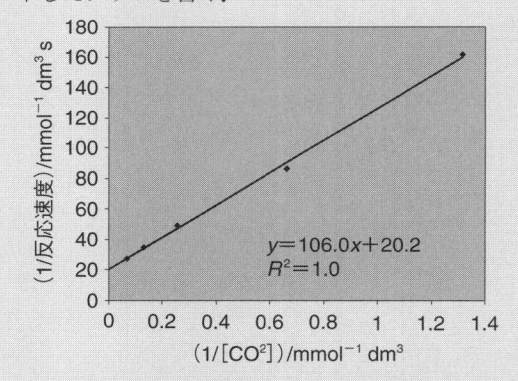

グラフから横軸の切片は 20.2，傾きは 106.0 である．

$$\frac{1}{V_{max}} = 20.2$$

$$V_{max} = \frac{1}{20.2}$$

$$= 0.050 \text{ mmol dm}^{-3} \text{ s}^{-1}$$

$$\frac{K_M}{V_{max}} = 106.0$$

$$K_M = 106.0 \times 0.050$$

$$= 5.25 \text{ mmol dm}^{-3}$$

問 16・3

ペニシリナーゼはペニシリンを加水分解する酵素である．同じ量のペニシリナーゼを用いてさまざまな濃度のペニシリン溶液の加水分解反応を行い，以下の結果を得た．

[ペニシリン]/ 10^{-5} mol dm^{-3}	0.1	0.3	0.5	1.0	3.0	5.0
初速度/ 10^{-8} mol dm^{-3} s^{-3}	1.10	2.50	3.40	4.50	5.80	6.10

この反応条件おけるペニシリナーゼの K_M と V_{max} を求めよ．

まとめ

すべての反応は平衡反応であり，平衡の位置は ΔG の値で決まる．ΔG が負の大きな値の場合は，平衡は生成物のほうに偏り，反応は完全に進行する．ΔG が正の大きな値の場合は，平衡は反応物のほうに偏り，反応はまったく進行しない．ΔG が正または負の小さい値（±10 kJ mol^{-1} 以内）のとき反応物と生成物がともにある程度の量存在し，反応は平衡に達する．

平衡の位置は ΔG によって決まるが，平衡に達するまでの反応速度は活性化エネルギー E_a の値で調節される．このエネルギーは反応が進行するように結合をひずませるのに必要である．触媒は反応の活性化エネルギーを低下させ，反応物から生成物に至るよりエネルギーの低い経路を提供する．生物はこのために，酵素という触媒反応を担うタンパク質を用いている．酵素は非常に特異的な触媒で，単一の基質か，もしくは少数の類似した基質群だけと反応する．酵素は，ミカエリス-メンテンの式で求められる二つの定数で特徴づけられる．一つは，酵素の最大反応速度 V_{max} であり，もう一つはミカエリス定数 K_M という酵素-基質複合体の安定性の尺度である．

もっと深く学ぶための参考書

Atkins, P.W., and de Paula, J. (2006) *Physical Chemistry*, 8th ed., Chs. 7 and 23, Oxford University Press, Oxford. ［邦訳：千原秀昭，中村亘男 訳，"アトキンス物理化学 第 8 版"，東京化学同人（2009）］

Nelson, D.L., and Cox, M.M. (2005) *Lehninger's Principles of Biochemistry*, 4th ed., Ch. 8, Worth, New York. ［邦訳：山科郁男，川嵜敏祐，中山和久 訳，"レーニンジャーの新生化学"，広川書店（2007）］

章末問題

問 16・4 ATP は加水分解されると ADP と無機リン酸 P$_i$ を生成する．この反応の ΔG は 37 °C で -30.9 kJ mol^{-1} である．この反応の 37 °C における平衡定数 K_{eq} を計算せよ．

問 16・5 グルコホスホムターゼはグルコース 1-リン酸からグルコース 6-リン酸への転位反応を担う酵素である．平衡定数は 37 °C で 19 である．この反応の 37 °C における ΔG を求めよ．

問 16・6 なぜ温度を上げると反応速度が増加するのかを説明せよ．

問 16・7 スクロースの加水分解の式は以下の通りである．

$$\underset{\text{スクロース}}{C_{12}H_{22}O_{11}} + \underset{\text{水}}{H_2O} \longrightarrow \underset{\text{グルコース}}{C_6H_{12}O_6} + \underset{\text{フルクトース}}{C_6H_{12}O_6}$$

この反応を酸性水溶液で行ったときの速度定数は 298 K で 6.1×10^{-5} s^{-1}，310 K で 3.2×10^{-4} s^{-1} である．この反応の活性化エネルギーを求めよ．

問 16・8 適当な図を用いて酵素触媒反応の反応機構を記せ．

問 16・9 イソクエン酸リアーゼは以下の反応を触媒する．

イソクエン酸塩 ⟶ グリオキサル酸塩 + コハク酸塩

この酵素反応を 32 °C で行ったときの結果は以下の通りである．

イソクエン酸塩の濃度/ 10^{-5} mol dm^{-3}	反応の初速度/ 10^{-9} mol dm^{-3} min^{-1}
1.0	2.86
2.0	4.21
3.0	5.00
4.0	5.52
5.0	5.88

この酵素反応の a) V_{max} と b) K_M を計算せよ．

17 光

17・1 序

光を理解することは，生命系に対する光の影響を認識するうえで重要である．対象物からわれわれの目へ反射された光は，目の中のある分子が光を吸収することで，その対象物を視覚させる．光の吸収は，周囲の環境を視覚として提供するだけでなく，われわれに優れた芸術作品を鑑賞させてくれる．植物は光を吸収する色素を使って，開花などの季節の変化のきっかけをつくっている．エネルギーの側面からも光は重要である．植物による光の吸収は光合成の過程を経て複雑な生体分子の合成のためのエネルギーとなる．

17・2 光とは電磁波の一種である

光は電磁波とよばれる，広範囲の放射エネルギーの一つである．電磁波には γ 線から電波まで含まれる．電磁波における可視光の位置付けを図17・1に示した．図17・1でわかるように，波長の領域により電磁波の一般的な呼称が決まる．たとえば，X線はとても波長が短く，電波の波長は $10^3\ \mu\mathrm{m}$ を超える波長である．波長や周波数が何を意味するかを詳細に調べることができれば，光そして電磁波をより理解することができる．

> 光とは電磁波の一部分である．

17・3 波長と周波数

光は，単純な正弦波として考えるとより簡単に理解することができる（図17・2）．波とはある形が軸に沿って定期的に繰返し起伏を起こすものと考えることができる．図17・2に示す正弦波は波が x 軸を進むにつれて起伏を繰返す．起伏と起伏の間の距離を波長とよぶ．波長を表す記号はギリシャ文字の λ（ラムダ）である．波は無限に繰返されるので，波長は波の形を定義するうえで重要である．図17・2に示した正弦波で，波長は連続した繰返し部分のどんな場所でも

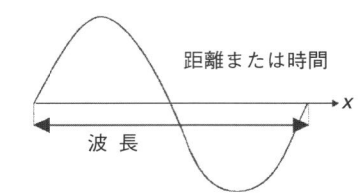

図 17・2 正弦波および波長．波長は連続した波の中で，同じ位置関係にある2箇所の距離である

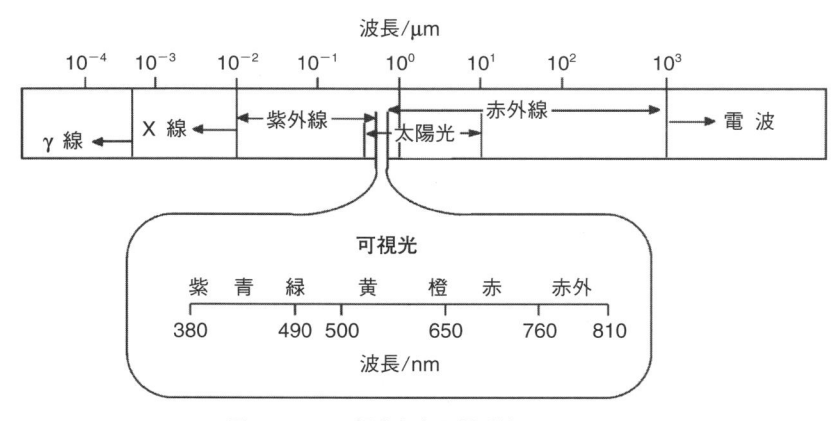

図 17・1 可視光を含む電磁波スペクトル

測定することができる.

例題 17・1

図 17・3 は正弦波を示しており，そこにいくつかの間隔に線と記号を付けた．どれが波長に対応するかを示せ．

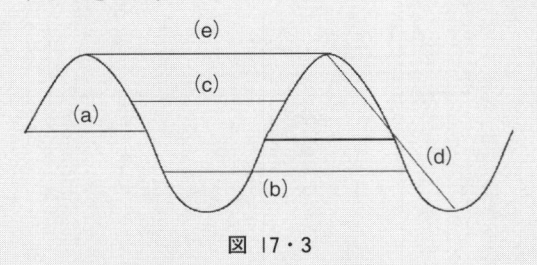

図 17・3

◆ 解 答 ◆

波長に対応するのは (b) と (e) である．その理由は，波長は，正弦波のどこでもよいが，繰返し単位の対応する 2 箇所の間の距離として測定できるからである．すなわち，(b) と (e) では，正弦波の異なるところで，波長を測っている．(a) と (c) では，波を半分しか考えておらず，波長ではない．(d) では，まだ波が完全に繰返していないので，波長ではない．(d) の直線で結ばれているのは波形の両極限である．

問 17・1

図 17・4 に示した波形に，いくつかの間隔を記号を付けて示した．どれが波長に対応するかを示せ．

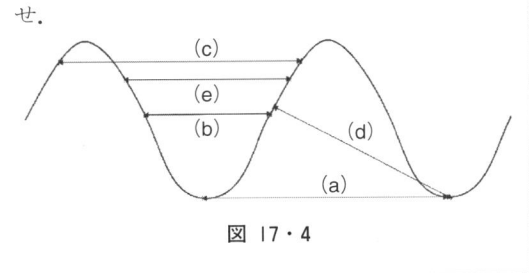

図 17・4

光は決まった速さで進む．よく知られているのは，太陽から地球まで光が到達する時間は 8 分であることである．x 軸を距離ではなく時間で図示することもできる．1 秒間に正弦波が繰返される回数を振動数とよぶ．振動数をギリシャ文字の ν（ニュー）で表すが，これは斜体で記した v（ブイ）の形に似ている．光の速さ（記号は c）は定数（$3\times10^8\,\mathrm{m\,s^{-1}}$）であり，そのため，波長と振動数は逆数の関係にある．すなわ

ち，波長が大きくなるにつれて振動数は小さくなるし，その逆も成立する．この関係は (17・1) 式で表される．

$$\nu\lambda = c \qquad (17\cdot1)$$

例題 17・2

550 nm の波長をもつ光の振動数を計算せよ．

◆ 解 答 ◆

1) 波長を m に換算する．

$$550\,\mathrm{nm} = 5.5\times10^{-7}\,\mathrm{m}$$

2) (17・1) 式を ν だけが一方にくるように変形する．そのためには両辺を λ で割ることにより，λ を相殺する．この操作によって $\nu = c/\lambda$ となる．

3) この式に数値を入れると，以下のようになる．

$$\nu = \frac{3\times10^8\,\mathrm{m\,s^{-1}}}{5.5\times10^{-7}\,\mathrm{m}}$$
$$= 5.45\times10^{14}\,\mathrm{s^{-1}}$$

問 17・2

254 nm の近紫外部の波長をもつ光の振動数を計算せよ．

17・4 光の量子論

電磁波は **量子**（quanta）とよばれるエネルギーの粒子の流れとしての性質ももっている．電磁波を量子とみなした場合には，光子とよばれる．図で表す場合には，しばしば光子をくねくねした矢印で表す（図 17・5）．光についての便宜的な考え方は，図 17・6 に示すように，波形を多くの小さな粒に分け，それらが波としてふるまうと捉えることである．光の振動数が増えるにつれて，それぞれの光子のエネルギー（E）

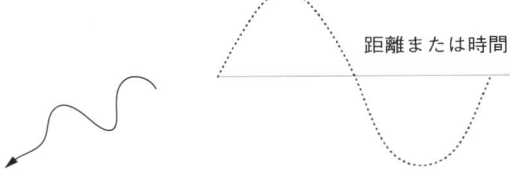

図 17・5 光子を表す記号

図 17・6 光は，波と量子という二つの性質を表す

も大きくなる．このことは (17・2)式で表すことができる．

$$E = h\nu \quad (17・2)$$

ここで，E はエネルギーを，ν は振動数を，h はプランク定数とよばれる定数 (6.62×10^{-34} J s) を表す．プランク定数は，エネルギーと振動数を関連づける定数である．これまで示した二つの式を合わせると，(17・2)式の振動数は E/h と表せるので，これを (17・1)式に代入すると，(17・3)式が導かれる．

$$E = \frac{hc}{\lambda} \quad (17・3)$$

この式では，光の波長が短くなるほど，そのエネルギーが大きくなることを示している．この式は光合成の機構に直接当てはめることができ，光合成の反応中心で利用されている光はある波長（それに対応するエネルギー）までに限られている．

例題 17・3

550 nm の波長をもつ光子のエネルギーを計算せよ．

◆ 解 答 ◆

1) 波長を m に換算する．

$$550\text{ nm} = 5.5\times10^{-7}\text{ m}$$

2) (17・3)式に数値を代入して以下のようになる．

$$E = \frac{(6.63\times10^{-34})\text{ J s}\times(3\times10^8)\text{ m s}^{-1}}{5.5\times10^{-7}\text{ m}}$$
$$= 3.62\times10^{-19}\text{ J}$$

問 17・3

a) 198 nm の波長をもつ光子のエネルギーを計算せよ．

b) 198 nm の波長をもつ光子は，550 nm のものよりもエネルギーは大きいか．

17・5 光の吸収

光（すなわちそのエネルギー）は発色団 (chromophore) とよばれる分子の特定の部位で吸収される．異なる分子は異なる波長の光を吸収する．たとえば，図 17・7 には，緑色植物の葉緑体の膜にある 2 種類の

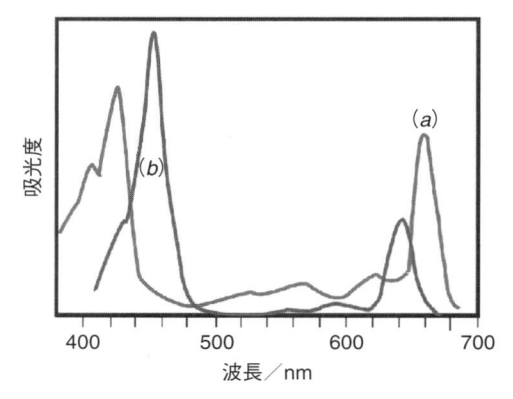

図 17・7 クロロフィル a と b の吸収スペクトル

クロロフィルの可視スペクトルを示す．二つの分子はその構造の違いから異なる光を吸収する．クロロフィル a の電子配置は，電磁波のうち紫外線 (UV) と可視光領域の光の吸収にかかわっている．化学結合中の電子による光の吸収は，エネルギー図によって表すことができる．図 17・8 のように，光子はくねくねした矢印で表す．分子内の電子は，光子を吸収することによってより高いエネルギー準位に上がる．分子の化学結合のうちの一つがこのエネルギーを吸収している．

▶ 紫外線と可視光は UV-可視領域と表すこともある．

表 17・1 軌道，電子配置と，炭素–炭素間の共有結合との関係

軌道の種類	炭素間の結合	形成する結合	反結合性軌道
s または p(p_x) の末端	単結合	σ	σ*
p_y または p_z	二重，三重結合	π	π*

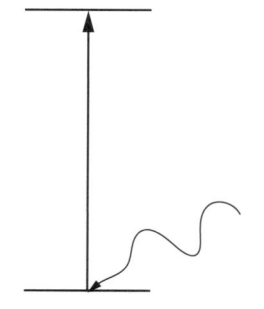

図 17・8 くねくねした矢印で表した光子により，分子内の電子はより高いエネルギー準位へと遷移する

生体分子中の炭素–炭素結合は，UV-可視領域の光吸収にかかわっている．1章と2章では，共有結合の電子配置についてまとめた．有機化合物中の化学結合にかかわる重要な要素を表17・1にまとめる．考慮すべき2種類の結合はσ結合とπ結合であり，前者はs軌道またはp$_x$軌道の電子を共有する結合（炭素–炭素単結合）であり，後者はp$_y$またはp$_z$軌道の電子を共有する結合（第2，第3の結合）である．どの結合も，互いに逆のスピンをもつ二つの電子からなる（図17・9）．電子が光子のエネルギーを吸収すると，結合内の電子対は互いに逆向きではなく，平行なスピンとなることもある．σ軌道とπ軌道の反結合性軌道の記号はそれぞれσ*とπ*である．光子を吸収すると，最高被占軌道（highest occupied molecular orbital，HOMO）から，より高い軌道，通常は反結合性軌道へと電子が遷移する．エネルギー遷移にはそのエネルギー差と**ちょうど**同じだけのエネルギー量を吸収する必要がある．そのエネルギーによって，逆向きのスピンをもつ電子対を引き離し，その結果として電子対のうちの一つの電子が最低空軌道（lowest unoccupied molecular orbital，LUMO）に遷移する．

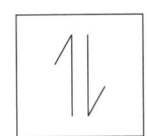

図17・9 逆向きのスピンをもつ電子対

(17・3)式は長波長の光は小さなエネルギー遷移を起こすことを示している．π–π*遷移（図17・10）は，σ–σ*遷移よりも必要とするエネルギーが小さい．可視光を吸収する多くの分子は共役した二重結合をもっている．共役はπ–π*遷移に必要なエネルギーを小さくする．図17・11に示すように，共役の数が増えるにつれて，遷移に必要なエネルギーの大きさは小さくなる．リコペン（図17・12）は，トマトの赤い色素であり，長く共役した鎖状構造をもっていて，長波長の光を効率よく吸収することができる．

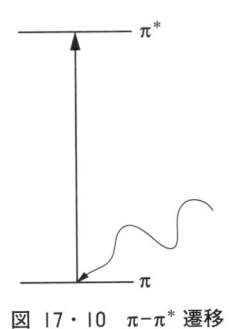

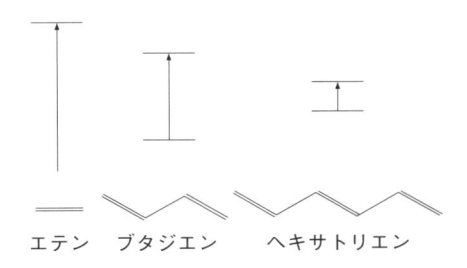

図17・11 π–π*遷移における共役系の影響

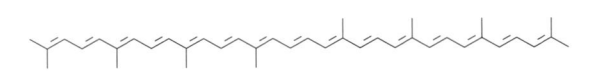

エテン　ブタジエン　ヘキサトリエン

図17・12 リコペンはトマトの赤い色素であり，二重結合が長く共役した構造をもつ

図17・10 π–π*遷移

例題 17・4

図17・13に示した化合物のうち，最も長波長の光を吸収すると予想される化合物はどれか．

(a)

(b)

(c)

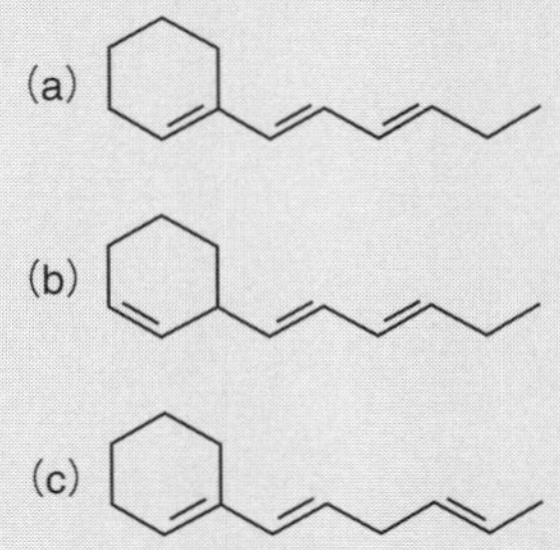

図 17・13

◆ 解 答 ◆

化合物(a)は三つの結合にわたって共役しており，化合物(b)と(c)は二つの結合にわたって共役している．したがって，化合物(a)のπ–π*遷移が最もエネルギー的に小さく，吸収する光の波長は最も長い．

問 17・4

図17・14に示した化合物のうち，最も長波長の光を吸収すると予想される化合物はどれか．

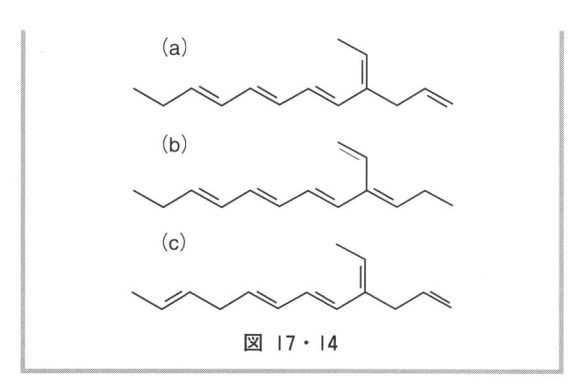

図 17・14

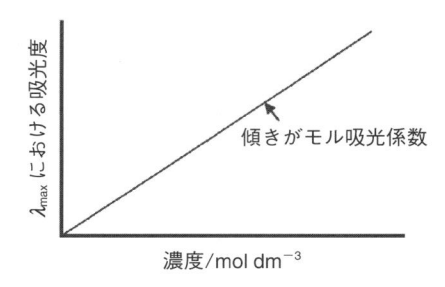

図 17・15 ランベルト-ベールの法則による吸光度と濃度の関係

先に述べた光の吸収の単純化した説明が正しいのならば，分子による光の吸収はとても幅の狭いものになるはずである．しかし，図17・7に示したスペクトルのように，分子は広い吸収帯をもっている．これは，結合の振動や極性といった多くの複雑な要因により，溶液中の分子がそれぞれ微妙に異なるためである．他の官能基，特に不対電子対をもつ官能基は，UV-可視領域の光の吸収に寄与する．そのため，分子構造とその環境に関する情報は，UV-可視スペクトルから得ることができる．

17・6 光の吸収と濃度の関係

UV-可視スペクトルからは，限られた濃度範囲ではあるが，光の吸収と濃度に関する情報を得ることができる．この法則は，ベール（Beer）の法則とランベルト（Lambert）の法則を組合わせて，ランベルト-ベールの法則として知られ，以下の（17・4）式で示される．

$$A = \varepsilon c l \quad (17\cdot4)$$

この式の導入方法は，巻末付録の導出17・1に示した．ランベルト-ベールの法則によると，ある波長における光の吸光度（A）は溶液中における分子の濃度（c）に比例する．式中の他の二つの記号は定数である．lは測定条件下で光が溶液中を透過する距離で，通常は1 cmにすることで計算が簡単になる．εはモル吸光係数といい，$1\ \mathrm{mol\ dm^{-3}}$の濃度の溶液を1 cmの光路で測定したときの吸光度の理論値である．対象とする化合物の吸光測定に用いる波長は，通常，極大値（λ_{max}）のような特徴的な強い吸収を示す波長である．これは他の波長領域よりも吸光度が大きく，分子が低濃度でも測定が簡単にできるからである．その関係を図17・15にグラフで示す．多くの生体分子がUV-可視領域に吸収をもっているので，ランベルト-ベールの法則は有用であり，もしもその分子のモル吸光係数が既知である場合には，直接，その濃度を測定することができる．

タンパク質のような多くの分子は，可視領域に吸収をもたない．しかしながら，それらの濃度は，ある適当な反応を施すことにより，比色定量法という方法で測定することができる．すなわち，ビウレット反応によるタンパク質の呈色の比色定量法である．

例題 17・5

図17・7で，純粋なクロロフィルa溶液の吸光度を測定するのに最も適した可視領域の波長はいくつか．

◆ 解 答 ◆

クロロフィルaが最も大きな吸光度を示す波長は約420 nmである．可視領域では，この波長における吸光度の測定で，吸光度が最も大きく変化する．660 nmも極大値（λ_{max}）であるが，この波長は420 nmと比べると吸光度が強くないので，第一選択ではない．

問 17・5

a）図17・7で，純粋なクロロフィルb溶液の吸光度を測定するのに最も適した可視領域の波長はいくつか．

b）もし測定する溶液がクロロフィルbとaを未知量含んでいるとき，クロロフィルb溶液の吸光度を測定する波長はどのように選んだらよいか．

例題 17・6

NADHの溶液を，1 cm光路のキュベット内で340 nmの吸光度が1になるように調製した．

NADH のモル吸光係数は $6220 \text{ cm dm}^3 \text{ mol}^{-1}$ である．この NADH 溶液の濃度を求めよ．

◆解 答◆

ランベルト-ベールの法則（$A=\varepsilon cl$）を用いる．式を変形して，一辺に c だけがくるようにする．そのためには，両辺を εl で割り，右辺の εl を相殺して，

$$\frac{A}{\varepsilon l} = \frac{\varepsilon cl}{\varepsilon l}$$

数値を代入すると次のように求まる．

$$c = \frac{1}{6220 \text{ cm dm}^3 \text{ mol}^{-1} \times 1 \text{ cm}}$$
$$= 1.6 \times 10^{-4} \text{ mol dm}^{-3}$$

問 17・6

ある分子の 525 nm におけるモル吸光係数は $5400 \text{ cm dm}^3 \text{ mol}^{-1}$ である．この分子の 10^{-4} mol dm^{-3} 溶液を 1 cm 光路のキュベット内で測定したときの 525 nm の吸光度はいくらか．

17・7 分光光度計

光の吸光度を測定する装置は，分光光度計とよばれる．分光光度計の概略図を図 17・16 に示す．その仕組みはきわめて簡単である．光源からの光として通常，可視光にはタングステンランプを，UV には重水素ランプを使用するが，その光がミラー（鏡）に入光する．ミラーは回転することができて，可視光またはUV を装置に向けて反射する．選択した光がスリットを通過することによって検体に照射する光量を調節することができる．ミラーを組合わせて，光を反射プリズムに向け，そのプリズムが光を測定波長に分裂させる．プリズムやミラーの角度を調節することで，測定波長を選択することができる．最近の装置では，光を測定波長に分裂させる方法として，ホログラフミラーや回折格子のような回折法を用いている．光は，検体を通過するときに，一部は吸収される．最終的に，光は光電セルに至り，ここで光の強度を電気信号に変換する．得られた電気信号は，目盛盤のもの，すなわちアナログ信号をデジタル信号に変えてコンピューターに記録される．

より複雑な分光光度計として，デュアル波長（同時に二つの波長での吸光度変化を測定）機能やデュアルビーム装置（光線を二つに分割して，テストビームと対照ビームの差を測定）をもつような装置もある．

17・8 吸収された光の行方

光の吸収によって反結合性軌道に遷移した電子は不安定であり，光の吸収によって化学結合に蓄えられたエネルギーは素早く失われる．この過程にはいくつかの経路がある（図 17・17）．エネルギーの無放射失活，共鳴エネルギー移動，化学反応，蛍光などである．

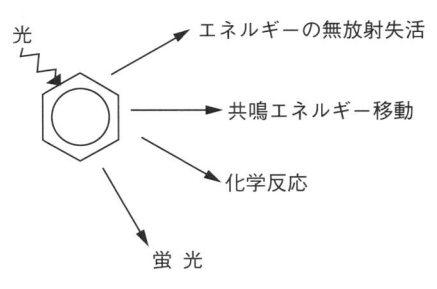

図 17・17 吸収された光の行方

エネルギーの無放射失活は，電子がいかなる電磁波放射も伴わずに反結合性軌道から結合性軌道へ戻る過程である．これは反結合性軌道と結合性軌道のエネルギー準位に重なりがあることで起こる．これまでの説明ではすぐには理解できないかもしれない．図 17・18 がこれを理解するのに役立つであろう．1 章と 2 章において，共有結合は，結合を形成している原子が振動により原子間の距離をある程度自由に変化させることができると述べてきた．一つの結合には振動状態によって異なるエネルギー準位からなる（図 17・19 参照）複数の安定なエネルギー状態がある．すなわち，光の吸収は反結合性軌道への電子の遷移をひき起こす

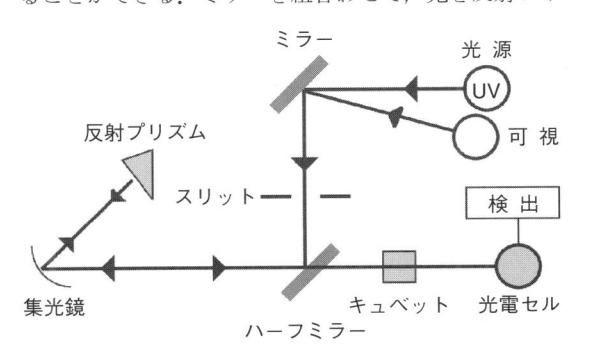

図 17・16 シングルビーム UV-可視分光光度計の簡略図

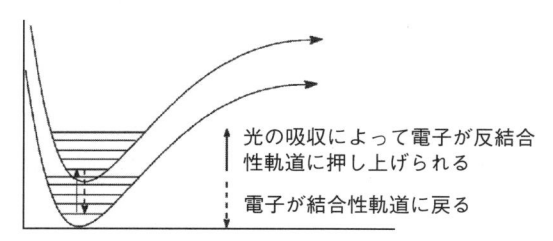

図 17・18 エネルギーの無放射失活 電子は振動準位を経由して基底状態に戻る.

図 17・19 異なる振動エネルギーを示した図 非常に接近したエネルギー準位に複数の振動状態（細い線）がある.

が，反結合性軌道の電子は放射なしに結合性軌道へと戻ることができる.

共鳴エネルギー移動は，吸収された光が二つの分子間を移動する過程で，二つの分子が近傍に位置していて，しかも両者のスペクトルに重なりがある場合に起こる．スペクトルの重なりとは，1番目の分子による光の吸収（エネルギー量）が，2番目の分子が吸収できるエネルギー量に十分近いということである（図17・20参照）．この結果，2番目の分子中の電子が，反結合性軌道へと遷移する．エネルギー移動効率は，分子間の距離が遠くなるにつれて距離の6乗の関数によって低下するため，共鳴エネルギー移動は二つの分子同士が比較的近い距離にあるときに起こる．この過程は，光合成において重要である．チラコイド膜に存在するクロロフィルを含む光捕捉複合体（light-harvesting complex）は，光反応中心からある程度離れた位置にある．クロロフィル分子が捕捉した光エネルギーは共鳴エネルギー移動によって反応中心に移動する．

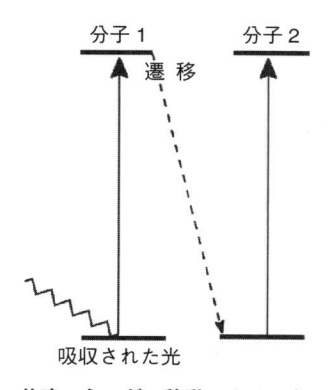

図 17・20 共鳴エネルギー移動によるエネルギーの移動

光合成の反応中心に移動したエネルギーは化学反応をひき起こす．反応中心には1対のクロロフィルが存在し，互いに接近しているため電子が両方のポルフィリン環の間を非局在化している．吸収されたエネルギーは電子を移動させることにより，正に帯電したクロロフィル二量体を形成する．

これ以外にも，光によってひき起こされる反応は多く，たとえば，目における光受容器細胞の光応答，植物におけるフィトクロムを介在した季節変化，そして写真用フィルムの原理などに使われている．

ある種の分子においては光子の吸収によるエネルギーが，無放射失活によって失われないことがある．このとき，分子がエネルギーを光子の形で放出するのが蛍光である．たとえば，アミノ酸であるトリプトファンの側鎖のように，芳香環を含んでいる分子に多くみられる．また柔軟性のない環構造内の結合は振動によるエネルギー消失を起こしにくい．このとき，分子から放出される光は吸収した光の波長よりも長い．このような分子では，二つのスペクトルを得ることができる．すなわち，吸収スペクトルと発光スペクトルである．蛍光の発光は，吸収スペクトルと比べると環境の影響を受けやすいため，定量化することが難しいことが多い．蛍光スペクトルについては本書の域を越えている．なお，本トピックスをわかりやすく解説している書籍としてFreifelder著の"Physical Biochemistry"がある（章末の文献を参照）．

まとめ

光は生命系にとって重要であり，電磁波の一種である．光は波としても光子とよばれる個々の量子としても捉えることができる性質をもっている．光子がもつエネルギーは光の波長に反比例する．分子の光エネルギーの吸収は分子の電子構造に依存しており，光吸収によって空いている反結合性軌道に電子が押し上げられる．光エネルギーの吸収は結合性軌道から反結合性軌道に移るのに必要なエネルギーに対応しなければならない．共役二重結合をもつ分子は電子を反結合性軌道に移すために必要なエネルギーが比較的小さく，より長波長の光を吸収する．光吸収はランベルト-ベールの法則によって濃度と結びつけることができ，直接もしくは比色法などによる溶液中の定量法に応用できる．光吸収は分光光度計によって測定することができる．吸収された光のエネルギーは無放射失活，共鳴エ

ネルギー移動, 化学反応, 蛍光などによって失われる.

もっと深く学ぶための参考書

Freifelder, D. (1982) *Physical Biochemistry—Applications to Biochemistry and Molecular Biology*, Chs. 14 and 15, W.H. Freeman, San Francisco.

Harris, D.A., and Bashford, C.L. (1985) *Spectrophotometry and Spectrofluorimetry—A Practical Approach*, IRL Press, Oxford.

Holme, D.J., and Peck, H. (1998) *Analytical Biochemistry*, Ch. 2, Longman, Chicago; New York.

章末問題

問17・7 図17・21に示した3化合物の中で, どれが最も長い波長の光を吸収するか, またどれが最も短い波長の光を吸収するかを示せ.

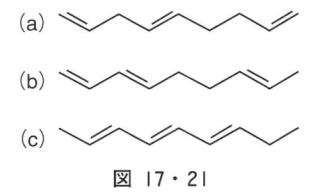

(a) 〜〜〜〜〜
(b) 〜〜〜〜〜
(c) 〜〜〜〜〜

図17・21

問17・8 ある分子の 0.3 mol dm^{-3} 溶液を 1 cm 光路のキュベット内で測定したときの 475 nm における吸光度は 0.3 であった. この分子の 475 nm におけるモル吸光係数を計算せよ.

問17・9 シングルビーム分光光度計における以下の部分の機能について説明せよ.
  a) 反射プリズム
  b) 光電セル
  c) 可変スリット

付録：式の導出

導出 6・1　pK_a，pK_b，pK_w の関係

6 章には以下の式があった．
$$K_a K_b = K_w$$
10 を底とする対数をとると，
$$\log_{10} K_a + \log_{10} K_b = \log_{10} K_w$$
-1 をかけて，
$$-\log_{10} K_a - \log_{10} K_b = -\log_{10} K_w$$
pK_a，pK_b，pK_w の定義は以下の通りである．
$$pK_a = -\log_{10} K_a$$
$$pK_b = -\log_{10} K_b$$
$$pK_w = -\log_{10} K_w$$
したがって，
$$pK_a + pK_b = pK_w = 14$$
となる．

導出 6・2　強酸溶液の pH

強酸は溶液中で完全に解離している．
$$HX + H_2O \longrightarrow H_3O^+ + X^-$$
強酸の分子はすべてが解離し，水素イオン（オキソニウムイオン）を生成する．すなわち，水素イオン濃度は加えた酸の濃度 C と同じである．

定義より，
$$pH = -\log_{10}[H_3O^+]$$
よって強酸では，
$$pH = -\log_{10} C$$

導出 6・3　強塩基溶液の pH

強塩基は溶液中で完全に解離している．
$$MOH \longrightarrow M^+ + OH^-$$
強塩基の分子はすべてが解離し，水酸化物イオンを生成する．すなわち，水酸化物イオン濃度は加えた塩基の濃度 C と同じである．

定義より，
$$pOH = -\log_{10}[OH^-]$$
$$pOH = -\log_{10} C$$
ここで，
$$pH + pOH = pK_w$$
式を変形すると，
$$pOH = pK_w - pH$$
すなわち，
$$pK_w - pH = -\log_{10} C$$
$$pH = pK_w + \log_{10} C$$

導出 6・4　弱酸溶液の pH

弱酸は水中で部分的に解離している．
$$HA + H_2O \rightleftharpoons H_3O^+ + A^-$$
この平衡は，酸解離定数，K_a で表される．

弱酸では，
$$K_a = \frac{[A^-][H_3O^+]}{[HA]}$$

水素イオン（オキソニウムイオン）は酸の解離によって生成し，対応するアニオンも同じだけ生成する．すなわち，
$$[H_3O^+] = [A^-]$$
したがって，
$$K_a = \frac{[H_3O^+]^2}{[HA]}$$
すなわち，
$$[H_3O^+] = (K_a[HA])^{1/2}$$
酸はほんのわずかしか解離していないため，
$$[HA] \approx C$$
と近似できる．したがって，
$$pH = -\log_{10}(K_a C)^{1/2}$$
$$= \tfrac{1}{2} pK_a - \tfrac{1}{2} \log_{10} C$$

導出 6・5　弱塩基溶液の pH

弱塩基の解離（$B + H_2O \rightleftharpoons BH^+ + OH^-$）では，以下の関係がある．
$$K_b = \frac{[OH^-][BH^+]}{[B]}$$

導出 6・4 と同様に，
$$[OH^-] = [BH^+]$$
$$[B] \approx C$$
なので，

$$K_b = \frac{[\text{OH}^-]^2}{C}$$

式を変形すると，
$$[\text{OH}^-] = (K_b C)^{1/2}$$
$$\text{pOH} = \tfrac{1}{2}\,\text{p}K_b - \tfrac{1}{2}\log_{10} C$$

pOH＝pK_w−pH の関係から，
$$\text{p}K_w - \text{pH} = \tfrac{1}{2}\,\text{p}K_b - \tfrac{1}{2}\log_{10} C$$
$$\text{pH} = \text{p}K_w - \tfrac{1}{2}\,\text{p}K_b + \tfrac{1}{2}\log_{10} C \quad (\text{A}6\cdot 1)$$

多くの場合，塩基のpK_bの値よりもその共役酸のpK_aの値を知ることができる．このpK_aとpK_bの関係は，
$$\text{p}K_a + \text{p}K_b = \text{p}K_w$$
$$\text{p}K_b = \text{p}K_w - \text{p}K_a$$

なので，これを（A6・1）式に代入すると，
$$\text{pH} = \text{p}K_w - \tfrac{1}{2}(\text{p}K_w - \text{p}K_a) + \tfrac{1}{2}\log_{10} C$$
$$= \text{p}K_w - \tfrac{1}{2}\,\text{p}K_w + \tfrac{1}{2}\,\text{p}K_a + \tfrac{1}{2}\log_{10} C$$
$$\text{pH} = \tfrac{1}{2}\,\text{p}K_w + \tfrac{1}{2}\,\text{p}K_a + \tfrac{1}{2}\log_{10} C$$

導出 6・6　強塩基と弱酸の塩の溶液のpH

弱酸に由来するアニオンは水中で水和を受ける．
$$\text{A}^- + \text{H}_2\text{O} \rightleftharpoons \text{AH} + \text{OH}^-$$

この反応のK_bは，
$$K_b = \frac{[\text{AH}][\text{OH}^-]}{[\text{A}^-]}$$

反応式から，
$$[\text{OH}^-] = [\text{AH}]$$

よって，以下のように書くことができる．
$$K_b = \frac{[\text{OH}^-]^2}{[\text{A}^-]}$$

もし水和の程度が小さい（すなわち，K_bが小さい）のならば，[A$^-$]はもともと加えた塩の濃度Cの濃度とほぼ等しくなる．したがって，
$$K_b = \frac{[\text{OH}^-]^2}{[C]}$$
$$[\text{OH}^-] = (K_b C)^{1/2}$$

ここで，
$$[\text{H}_3\text{O}^+] = \frac{K_w}{[\text{OH}^-]}$$

の関係があるので，
$$[\text{H}_3\text{O}^+] = \frac{K_w}{(K_b C)^{\frac{1}{2}}}$$
$$-\log_{10}[\text{H}_3\text{O}^+] = -\log_{10}\frac{K_w}{(K_b C)^{\frac{1}{2}}}$$
$$\text{pH} = -\log_{10} K_w - (-\log_{10}(K_b C)^{1/2})$$
$$\text{pH} = \text{p}K_w - \tfrac{1}{2}\,\text{p}K_b + \tfrac{1}{2}\log_{10} C$$

もしも塩のもととなっている塩基のpK_bの値ではなく，その共役酸のpK_aの値が得られる場合は以下の式を用いるとよい．
$$\text{pH} = \tfrac{1}{2}\,\text{p}K_w + \tfrac{1}{2}\,\text{p}K_a + \tfrac{1}{2}\log_{10} C$$

導出 6・7　弱塩基と強酸の塩の溶液のpH

弱塩基に由来するカチオンは水和を受ける．
$$\text{B}^+ + \text{H}_2\text{O} \rightleftharpoons \text{BOH} + \text{H}^+$$

そのため，溶液は酸性になり，
$$K_a = \frac{[\text{BOH}][\text{H}^+]}{[\text{B}^+]}$$

反応式から，
$$[\text{H}^+] = [\text{BOH}]$$

ゆえに，以下のように書くことができる．
$$K_a = \frac{[\text{H}^+]^2}{[\text{B}^+]}$$

もし水和の程度が小さい（すなわち，K_aが小さい）のならば，[B$^+$]はもともと加えた塩の濃度Cの濃度とほぼ等しくなる．したがって，
$$K_a = \frac{[\text{H}^+]^2}{C}$$

[H$^+$]＝[H$_3$O$^+$] を代入して，
$$[\text{H}_3\text{O}^+] = (K_a C)^{1/2}$$
$$-\log_{10}[\text{H}_3\text{O}^+] = -\log_{10}(K_a C)^{1/2}$$
$$\text{pH} = \tfrac{1}{2}\,\text{p}K_a - \tfrac{1}{2}\log_{10} C$$

もしも塩のもととなっている塩基のpK_bの値しか得られない場合には，以下の式を用いるとよい．
$$\text{pH} = \tfrac{1}{2}\,\text{p}K_w - \tfrac{1}{2}\,\text{p}K_b - \tfrac{1}{2}\log_{10} C$$

導出 6・8　緩衝液のpH

弱酸とその塩から調製した緩衝液においては，酸の解離はわずかなので，弱酸由来のアニオン濃度[A$^-$]は塩の濃度と等しい．
$$[\text{A}^-] = [\text{塩}]_0$$

ここで[塩]$_0$は，もともと加えた塩の濃度である．同様に，解離していない酸の濃度も，加えた酸の濃度[AH]と等しい．
$$[\text{AH}] = [\text{酸}]_0$$

ここで[酸]$_0$は，もともと加えた酸の濃度である．したがって，平衡定数K_aは以下のようになる．
$$K_a = \frac{[\text{A}^-][\text{H}^+]}{[\text{AH}]}$$
$$= \frac{[\text{塩}]_0[\text{H}^+]}{[\text{酸}]_0}$$

式を変形して，

$$[\mathrm{H}^+] = \frac{K_\mathrm{a}[酸]_0}{[塩]_0}$$

対数をとると,

$$\mathrm{pH} = \mathrm{p}K_\mathrm{a} + \log_{10}\frac{[塩]_0}{[酸]_0}$$

弱塩基と,強酸との間の塩から調製した緩衝液では,同様の理由により,以下の式となる.

$$\mathrm{pH} = \mathrm{p}K_\mathrm{a} - \log_{10}\frac{[塩]_0}{[塩基]_0}$$

これらの式を別の表現で示すと,以下のようになる.

$$\mathrm{pH} = \mathrm{p}K_\mathrm{a} + \log_{10}\frac{[プロトン化していない種]_0}{[プロトン化した種]_0}$$

導出 13・1 自由エネルギーと還元電位

次の式を算出する.

$$\Delta G° = -n\Delta E°F \quad (\mathrm{D}13\cdot1)$$

1 mol の反応物と生成物が生み出すことができる仕事量 (w) が,系から得ることができる自由エネルギーであるため,

$$\Delta G° = w$$

電気化学的な電位差 ΔE で,n mol の電子が移動する反応において,得られる仕事量は,

$$w = -n\Delta E°F$$

ここで F はファラデー定数で 96,485 J V^{-1} mol^{-1}. F は 1 mol の電子の電荷から算出される.

すなわち,$\Delta G° = w$ は,$-n\Delta E°F$ とも等しい.

導出 13・2 ネルンストの式

ネルンストの式は,$s\mathrm{S} \rightleftharpoons p\mathrm{P}$ という反応に対する以下の式から導出する.

$$\Delta G = \Delta G° + 2.3RT\log_{10}\frac{[\mathrm{P}]^p}{[\mathrm{S}]^s} \quad (\mathrm{D}13\cdot2)$$

(D13・1) 式は以下の形に変換できる.

$$-\frac{\Delta G}{nF} = \Delta E$$

(D13・2) 式を $-nF$ で割り,ΔG を ΔE へと変換すると,

$$\frac{\Delta G}{-nF} = \frac{\Delta G°}{-nF} + \frac{2.3RT}{-nF}\log_{10}\frac{[\mathrm{P}]^p}{[\mathrm{S}]^s}$$

この二つの式より以下のように変換できる.

$$\Delta E = \Delta E° - \frac{2.3RT}{nF}\log_{10}\frac{[\mathrm{P}]^p}{[\mathrm{S}]^s} \quad (\mathrm{D}13\cdot3)$$

OX $+ n\mathrm{e}^- \longrightarrow$ RED という反応では,(D13・3) 式は,

$$\Delta E = \Delta E° - \frac{2.3RT}{nF}\log_{10}\frac{[\mathrm{RED}]}{[\mathrm{OX}]}$$

となり,ネルンストの式になる.

$$\Delta E = \Delta E° + \frac{2.3RT}{nF}\log_{10}\frac{[\mathrm{OX}]}{[\mathrm{RED}]}$$

導出 16・1 ミカエリス–メンテンの式

酵素反応を表した式は,

$$\mathrm{E} + \mathrm{S} \underset{k_{-1}}{\overset{k_1}{\rightleftharpoons}} \mathrm{ES} \overset{k_2}{\longrightarrow} \mathrm{E} + \mathrm{P}$$

である.ここで,E=酵素,S=基質,ES=酵素–基質複合体,P=生成物である.この式では,三つの反応の反応速度定数も示してある.生成物ができる過程を考えると,その生成速度は,以下のようになる.

$$生成物の生成速度 = k_2[\mathrm{ES}]$$

残念なことに,酵素–基質複合体の濃度を知ることができないので,この式はこのままでは使えず,[ES] を別の表現に置き換える必要がある.酵素–基質複合体は,反応速度定数 k_1 で定められた順反応により生成し,反応速度定数 k_{-1} で定められた逆反応,もしくは k_2 で定められる生成物が生成する方向へ進行することによりに失われる.すなわち ES の正味の生成速度は,

ES の正味の生成速度
$$= k_1[\mathrm{E}][\mathrm{S}] - k_{-1}[\mathrm{ES}] - k_2[\mathrm{ES}]$$

となる.

反応を開始する時点では ES は存在しない.その濃度は,反応開始直後に一気に増える.ES の濃度が上昇すると分解する速度も増大し,酵素と基質に戻る方向,もしくは酵素と生成物を与える方向に進行する.ある時点では ES が生成する速度と,分解する速度が等しくなる.ここで,酵素–基質複合体の濃度は,反応が終結に近づくまで変わらないとする.すなわち,反応が進行している間は,ES の濃度は一定であるとみなす.この前提は,**定常状態近似** (steady-state assumption) とよばれる.

この前提を用いると,ES の正味の生成速度はゼロになる.すなわち,

$$0 = k_1[\mathrm{E}][\mathrm{S}] - k_{-1}[\mathrm{ES}] - k_2[\mathrm{ES}]$$

ここで,[E] は遊離の酵素の濃度である.この数字もまた知ることができないため,この式はこのままでは使えない.酵素全体の量,[E]$_0$ はわかるので,これを用いる.すなわち,

$$[E]_0 = [E] + [ES]$$
$$[E] = [E]_0 - [ES]$$
$$0 = k_1([E]_0 - [ES])[S] - k_{-1}[ES] - k_2[ES]$$
$$= k_1[E]_0[S] - k_1[ES][S] - k_{-1}[ES] - k_2[ES]$$

式を変形すると，
$$k_1[E]_0[S] = k_1[ES][S] + k_{-1}[ES] + k_2[ES]$$
$$= (k_1[S] + k_{-1} + k_2)[ES]$$

式を変形すると，
$$[ES] = \frac{k_1[E]_0[S]}{(k_{-1} + k_2 + k_1[S])}$$

となる．

このようにして表された $[ES]$ を，生成物の生成速度式に代入すると，

$$\text{生成物の生成速度} = \frac{k_1 k_2[E]_0[S]}{(k_{-1} + k_2 + k_1[S])}$$

分母，分子ともに k_1 で割ると，

$$\text{生成物の生成速度} = \frac{k_2[E]_0[S]}{\left(\frac{k_{-1} + k_2}{k_1} + [S]\right)}$$
$$= \frac{k_2[E]_0[S]}{(K_M + [S])}$$

ここでは，$\frac{k_{-1} + k_2}{k_1} = K_M$ とした．

反応速度は，酵素のすべてが基質で満たされているときに最大となる．$k_2[E]_0$ は，最大速度，V_{max} となり，式は以下のようになる．

$$\text{生成物の生成速度} = \frac{V_{max}[S]}{(K_M + [S])}$$

導出 17・1 ランベルト-ベールの法則

光路長 l の透明なセルに，濃度 c の物質を含んだ溶液が存在する系を考える．

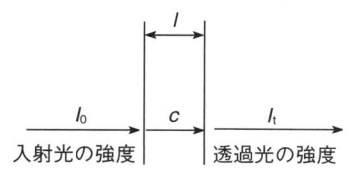

セルに入射する光は I_0 の強度であり，セルを通り抜けた光の強度は I_t であり，いくらかはセル内の分子によって吸収される．

溶液中の発色団（色をもった物質）の光子の吸収を考えてみよう．光子の吸収は，光路中で遭遇する発色団の数 (n)，発色団が光子を吸収できる確率 (p) に比例する．吸収される光子の数は光のエネルギー（すなわち光の強度）にも比例するが，一定の環境下，一定の波長という条件下で測定を行う場合には，溶液中の化合物の溶液中の濃度に比例することになる．すなわち，以下の式で表される．

$$dI = -kcIdl$$

式を変形すると，
$$\frac{dI}{I} = -kcdl$$

ここで，k は定数，dI は dl という極小の厚さを通過した際の光の強度の変化量である．右辺のマイナス符号は，厚さが増すと透過した光の強さの減少が大きくなることを示している．試料全体で吸収される光は，両辺を積分することによって計算できる．

$$\int_{I_0}^{I} \frac{dI}{I} = -kc \int_0^l dl$$
$$\frac{I_t}{I_0} = e^{-\varepsilon' cl}$$

ここで，ε' は測定を行っている条件において，各分子に応じた定数である．

両辺の自然対数をとると，
$$\ln \frac{I_t}{I_0} = -\varepsilon' cl$$

式を変形すると，
$$\ln \frac{I_0}{I_t} = -\varepsilon' cl$$

または，
$$\log_{10} \frac{I_0}{I_t} = \varepsilon cl$$

ここで対数の底の変化を考慮して定数 ε' を，モル吸光係数 ε に変えた．

$\log_{10} \frac{I_0}{I_t}$ を A（吸光度）に置き換えると，ランベルト-ベールの法則の式となる．

索　引

あ 行

亜　鉛　2, 117, 121, 123
亜原子粒子　2
アコニターゼ　92
アコニット酸　92
アシル基　59
アスピリン　68
アセタール　69, 74
アセチル基　59
アセチルサリチル酸　68
アセトアルデヒド　59
圧　力　46
アデニン　79
S-アデノシルメチオニン　104
アデノシン 5′-三リン酸　58, 79, 108, 109
アデノシン 5′-二リン酸　109
アニオン → 陰イオン
アノマー炭素　73, 74
アボガドロ数　33
アミド　12, 61
アミノ酸　63
アミン　12, 62
アラキジン酸　65
アリザリンレッド　43
亜硫酸　102
亜硫酸塩　104
RNA → リボ核酸
アルカリ金属　119
アルカリ土類金属　120
アルカン　54
アルキル基　54, 55
アルケン　56, 92
アルコール　12, 57
アルデヒド　59, 69
アルドース　70
アルドテトロース　70, 71, 85
アルドトリオース　70
アルドヘキソース　70
アルドヘプトース　70
アルドペントース　70
アルドール縮合　98
α 粒子　4
アルミニウム　123
アレニウス因子　134
アレニウスの式　134

安定化エネルギー　77
アントラセン　78
アンモニウム基　12
硫　黄　1, 3, 9, 101, 102
　　　——を含む生体分子　103
硫黄循環　104
イオン化
　　水の——　37, 39
イオン結合　19, 20
イオン積
　　水の——　37
異　性　80
異性体　71, 80
位置異性　80
位置異性体　81
一次反応　27
一次反応速度式　28
陰イオン　19
インダン　78
インドール　78

イコサン酸　65
イコセン酸　66
sn 表記　68
s 軌道　6
エステル　67
エステル結合　67
sp^3 混成　17
sp^3 混成軌道　17
sp^2 混成軌道　77
エタナール　59
エタノール　57
エタン　54
エタン酸　60, 61
エタン二酸　61
エチル基　55
エチルアミン　62
エチレン　56
X　線　138
ATP → アデノシン 5′-三リン酸
ADP → アデノシン 5′-二リン酸
エテン　56
N-アセチルグルコサミン　73
N-アセチルムラミン酸　73
エネルギー　125
エネルギー準位　2
エリトロース　85

エルカ酸　66
l 形　84
L 体　71
塩化カリウム　20
塩化カルシウム　20
塩化ナトリウム　19
塩　基　37
塩　素　1, 3, 9, 20
エンタルピー　126
エントロピー　129
オキサロ酢酸　112
オキソニウムイオン　37
オクタデカジエン酸　61
オクタデカン酸　61, 65
オクタデセン酸　66
オクテット則　8
ω 命名法　65
オレイン酸　66
温度効果
　　反応速度に対する——　134

か 行

界面活性剤　35
解離定数
　　塩基の——　38
　　酸の——　38
化学式　11
可逆反応　29
拡　散　35
拡散速度　50
　　気体の——　50
可視光　138
加水分解　94
　　塩の——　40
　　ペプチドの——　96
カタラーゼ　25
カチオン → 陽イオン
活性化エネルギー　133
活性部位　135
カドミウム　123
カリウム　1, 9, 117
カルシウム　1, 9, 117
カルボアニオン　98
カルボカチオン　98
カルボキシ基
　　——の共鳴安定化　68

索　引

カルボキシペプチダーゼ　121
3-カルボキシペンタン-3-オール二
　　　　　　　　　　酸　61
カルボニル基　59, 69
カルボニル酸素　69
カルボン酸　12, 60, 65
還　元　111
還元剤　111
還元電位　149
還元反応　111
緩衝液　42
　　――のpH　42
官能基　56, 87
官能基異性　80
官能基異性体　81
γ　線　4, 138

気　圧　46
擬一次反応　29
幾何異性　83
幾何異性体　83
ギ　酸　60, 61
基　質　135
気　体　46
　　――の拡散速度　50
　　――の溶解度　49
軌　道　2
キモトリプシン　96
求核剤　89
求核置換反応　90
求核中心　87
求核反応　89
求核付加反応
　　ペプチダーゼによる――　95
吸光度　142
求電子剤　89, 99
求電子置換反応　99
求電子中心　87
求電子反応　89
求電子付加反応　90, 91
吸熱反応　126
強塩基　37
強　酸　37
鏡像異性体　84
鏡像体　71
協奏的脱離反応　92, 93
共鳴安定化
　　カルボキシ基の――　68
共鳴エネルギー　77
共鳴エネルギー移動　143, 144
共　役　38, 77
共役安定化
　　有機カルボン酸エステルの――
　　　　　　　　　　　　106
共役塩基　38
共役酸　38
共有結合　9
極性共有結合　20

キラリティー　71
キラル　83
キラル炭素　71
キラル中心　69, 71, 72, 84
キレート配位子　118
金　属
　　――の毒性　123
　　酵素の触媒反応を補助する――
　　　　　　　　　　　　121
　　生体内の――　117
クエン酸　61
グラハムの法則　50
グリコーゲン
　　――の加水分解機構　91
グリコシダーゼ　91
グリコシド結合　74
グリシン　23
グリセルアルデヒド　60, 82, 84
グリセロール　68, 71
グリセロールエステル　68
グルクロン酸　73
グルコサミン　73
グルコース　72, 73, 111
グルコピラノース　72
グルコフラノース　72
グルタチオン　103
グルタル酸　61
クレゾールレッド　43
クロム　123
クロモホア → 発色団
クロロフィル　140
クロロホルム　22

K_a → 解離定数（酸の）
K_b → 解離定数（塩基の）
蛍　光　144
ケイ素　2
ケタール　69, 74
結合エネルギー　9, 24
結合性軌道　14
結合長　9
2-ケトグルタル酸　61
ケトース　70
ケトテトロース　70
ケトトリオース　70
ケトヘキソース　70, 71
ケトヘプトース　70
ケトペントース　70, 72
ケトン　12, 59, 69
ケラタン硫酸　103
ケラチン　58
原　子　2
原子価　9, 11
原子価殻　9
原子核　2
原子価結合法　9, 14
原子軌道　6, 13, 16

原子構造　3
原子構造図　6
原子団　12
　　生物にとって重要な――　12
原子番号　3
元　素　1
　　植物，動物に重要な――　1
元素記号　1
光学異性　84
光学異性体　71, 83
抗酸化剤　111
光　子　139
酵　素　26, 135
構造異性　80
構造式　54
酵素-基質複合体　135
氷　32
骨格異性　80
骨格異性体　80
コニフェリルアルコール　98
コハク酸　61, 112
コバルト　2, 117, 121, 123
互変異性　82
互変異性体　82
孤立電子対　17, 89
コロイド溶液　35
混　成　17
混成分子軌道　17
ゴンド酸　66
コンドロイチン硫酸　103

さ　行

サイクリックアデノシン 3′,5′―リ
　　　　　　　　　　ン酸　79, 108
最高被占軌道　141
最低空軌道　141
酢　酸　60, 61
酸　37
酸　化　111
酸化還元反応　111
酸化還元半反応　113
酸化剤　111
酸化数　11
酸化反応　111
三酸化硫黄　102
酸　素　1, 3, 9
酸素キャリヤー　120
ジアステレオ異性体　71, 85
ジエチルアミン　62
紫外線　138
σ 結合　14, 141
σ 結合性分子軌道　15
σ 結合対　88
σ-σ* 遷移　141
σ 反結合性分子軌道　15

索引

σ 分子軌道　15
σ* 分子軌道　15
シクロヘキセン　76
四酸化二窒素　129
脂　質　65
指示薬　43
シス形　83
シスチン　58
システイン　58, 103
システインプロテアーゼ　96
ジスルフィド結合　58, 105
質量数　3
ジヒドロキシアセトン　60, 82
脂肪酸　65
脂肪族炭素化合物　52
ジメチルアミン　62
2,2-ジメチルプロパン　81
弱塩基　38
弱　酸　38, 61
自由エネルギー　130, 132, 149
自由エネルギー変化　109, 115
周期表　4
シュウ酸　61
重　水　4
重水素　3
周波数　138
触　媒　26, 135
浸　透　35

水　銀　123
水銀柱ミリメートル　46
水酸化物イオン　37
水　素　1, 3, 9
水素イオン → プロトン
水素結合　22, 32
水素電極　113
水　和　56
水和層　33
スクロース　74
ステアリン酸　61, 65
スルファニルアミド　104

生成エンタルピー　128
生成熱　128
生成物　26
赤外線　138
絶対配置　84
セレン　2, 117, 121, 123
ゼロ次反応　27
セロビオース　74
遷移金属　117, 120
遷移状態　90
全反応次数　26

双極子-双極子間相互作用　21
相対原子質量　2
速度定数　26
速度論

　　酵素反応の——　136
疎水効果　24
ソルビトール　73, 74

た 行

脱　水　58
脱水素　56
脱炭酸　61
脱離反応
　　——の反応機構　93
　　水の——　94
タリウム　123
単　位
　　圧力の——　46
　　エネルギーの——　125
炭化水素　54
単座配位子　118
炭　酸　12, 52
炭酸カルシウム　52
炭酸水素基　12
炭酸水素カルシウム　52
炭　素　1, 3, 9, 52
炭素循環　53
炭素-水素開裂反応　92
炭素-炭素結合形成反応　98
単　糖　69

チアミン　104
チオエステル　105
チオグアニン　104
チオール　58
チオール基　105
窒　素　1, 3, 9
窒素分子　23
中性子　2
チロシン　79

DNA → デオキシリボ核酸
d 形　84
d 軌道　6
定常状態近似　149
D 体　71
デオキシリボ核酸　108
デオキシリボース　108
2-デカノイルチオエステル　94
滴　定　44
鉄　2, 117, 118, 121, 123
鉄-硫黄クラスター　122
テトラデカン酸　65
テトラデセン酸　66
テトロース　70
3-デヒドロキニン酸　94
3-デヒドロシキミ酸　94
Δ 命名法　65
テルペン　99
電荷輸送　122
電気陰性度　4, 21

　　生物に重要な元素の——　21
電　子　2
電子殻　5
　　——に電子が入る順番　8
電子軌道　6
電子構造　3, 5, 9
電磁波　138
電磁波スペクトル　138
電　波　138
糖　65, 73
銅　2, 117, 121, 123
糖アルコール　73
同位体　4
同族列　54
毒　性
　　生物圏に不要な金属の——　123
ドコサン酸　65
ドコセン酸　66
ドデカン酸　65
トランス形　83
トリアシルグリセロール　68
トリオース　70
トリクロロメタン　22
トリス　43
トリプトファン　79
トリメチルアミン　62
ト　ル　46
ドルトンの法則　49
トレオース　85

な 行

内部エネルギー　126
ナトリウム　1, 3, 9, 20, 117
ナフタレン　78
鉛　123

ニコチンアミドアデニンジヌクレオ
　　　　　　　　　　　　チド　59
　　——の酸化還元過程　79
二座配位子　118
二酸化硫黄　102
二酸化炭素　52
二酸化窒素　129
二次反応　28
二次反応速度式　28
ニッケル　121, 123
二　糖　74
尿　素　128

ヌクレオシド　108
ヌクレオチド　108

熱力学第一法則　125
熱力学第二法則　129
熱量計　126
熱量測定　126

ネルンストの式 115, 149

濃度勾配 35

は 行

配位結合 24
配位子 24, 117, 118
π 結合 15, 141
π 結合性分子軌道 15
π 結合対 88
π-π* 遷移 141
π 反結合性分子軌道 15
π 分子軌道 15
π* 分子軌道 15
パウリの排他原理 7
バクセン酸 66
パスカル 46
ハース投影式 73
波 長 138
発色団 140
発熱反応 126
バール 46
パルミチン酸 61, 65
パルミトレイン酸 66
反結合性軌道 14
半透膜 36
反応機構 89
反応次数 26
反応性部位 87, 88
反応速度 26
　　──に影響する要因 26
　　──に対する温度効果 134
反応速度式 26
反応物 26
半反応 112

pH 39, 147
pOH 39
ビオチン 103
光 138
光捕捉複合体 144
p 軌道 6
非局在化 78
pK_a 39, 147
pK_w 39, 147
pK_b 39, 147
ヒ 素 123
ヒドロキシアパタイト 106
ヒドロキシ基 12
β-ヒドロキシデカノイルチオエステル 94
2-ヒドロキシプロパン 82
非反応性部位 88
標準還元電位 113, 114
標準状態 128
ピラノース 72, 73
ピラン環 72

ピリジン 78
微量元素
　　植物,動物に重要な── 2
ピロリン酸 106
ピロリン酸塩 106
ピロール 78
頻度因子 134

ファラデー定数 115, 149
ファンデルワールス力 23
フィッシャー投影式 70
フェノールフタレイン 43
フェーリング反応 74
付加反応 56
副 殻 7
不 斉 83
ブタン 54, 80
ブタン酸 61
ブタン二酸 61
ブチル基 55
物質量 33
フッ素 2
ブテン 56
ブテン二酸 61
不飽和 56
不飽和脂肪酸 65, 66
フマル酸 61, 92, 112
フラノース 72
フラン 78
フラン環 72
プランク定数 140
フリーラジカル 89, 95
フリーラジカル反応 89
プロトン 37
プロトン供与体 37
プロパナール 59
プロパノール 57
プロパノン 59, 82
プロパン 54
プロパン-1-オール 81
プロパン-2-オール 81
プロパン酸 60
プロパン二酸 61
プロピル基 55
プロピルアミン 62
プロペン 56
ブロモチモールブルー 43
分 圧 49
分 極 21, 87
　　アルキル鎖の── 23
　　脂質分子内の── 23
分光光度計 143
分子軌道 13
分子軌道エネルギー準位 16
分子軌道エネルギー準位図 14
分子軌道法 14
分子式 54
フントの法則 7

平 衡 29, 30, 132
平衡定数 30, 38
ヘキサデカン酸 61, 65
ヘキサデセン酸 66
ヘキソース 70
ヘスの法則 126
β 崩壊 4
β 粒子 4
ペトロセリン酸 66
ヘパリン硫酸 103
ペプチダーゼ 95
ヘプトース 70
ベヘン酸 65
ヘミアセタール 69
ヘミケタール 69
ヘモグロビン 24
　　──分子の八面体構造 24
ベンゼン 76
ヘンダーソン-ハッセルバルヒの式 42
ペンタン 54
ペンタン-2-オン二酸 61
ペンタン二酸 61
ペントース 70
ヘンリーの法則 50

芳香環 77
芳香族化合物 76, 78
放射性崩壊 4
ホウ素 2, 3
飽和化合物 56
飽和脂肪酸 65
補酵素 A 58, 103
ホスファチジン酸 109
ポテンシャルエネルギー 9
ポリペプチド骨格 119
ポリリン酸 107
ポリリン酸塩 106
ポルフィリン環 118
ホルムアルデヒド 59

ま 行

膜電位 122
マグネシウム 1, 3, 9, 117
マノメーター 46
マルトース 74
マロン酸 61
マンガン 2, 117, 121, 123
ミオグロビン 118
ミカエリス定数 136
ミカエリス-メンテンの式 149
水 32
水分子 32
ミリスチル酸 65
ミリストレイン酸 66

索　引

無水リン酸結合　107
無放射失活　144
　　エネルギーの——　143

メタナール　59
メタノール　57, 105
メタン　54
メタン酸　60, 61
メタンチオール　58, 105
メチオニン　103
メチル基　55
メチルアミン　62
メチルオレンジ　43
2-メチルブタン　81
メチルプロパン　80
2-メチルプロパン-1-オール　81
2-メチルプロパン-2-オール　81
メチルレッド　43

モノステアリン酸グリセロール　68
モリブデン　2, 117, 121, 123
モル　33
モル吸光係数　142
モル質量　33
モル濃度　34

や　行

有機化合物　53

遊離基　89, 95
油脂　65
ユニバーサル指示薬　43

陽イオン　19
溶液　33
　　弱酸と弱塩基の——　40
溶解度
　　気体の——　49
陽子　2
陽子数　3
溶質　33
ヨウ素　2
溶媒　33
溶媒和　22
四座配位子　118

ら　行

ラウリン酸　65
酪酸　61
ランベルト-ベールの法則　142, 150

リグニン　97, 98
リコペン　141
理想気体　47
　　——の法則　47
立体異性　83

立体異性体　83
リノール酸　61
リボ核酸　108
リポ酸　103
リボース　108
リボヌクレオチド　108
リボフラビン　79
　　——の酸化還元状態　80, 97
硫酸　12, 102
硫酸エステル　102
硫酸塩　104
量子　139
量子論
　　光の——　139
リン　1, 3, 9, 101
リンゴ酸　92, 112
リン酸　12
リン酸エステル　107
リン酸塩　106
リン酸ジエステル結合　108

ルイス塩基　88
ルイス酸　88
ルイスの酸塩基理論　88

redox 反応 → 酸化還元反応

ろう　68
六座配位子　119

影近 弘之
- 1961年 東京に生まれる
- 1983年 東京大学薬学部 卒
- 1985年 東京大学大学院薬学系研究科
  修士課程 修了
- 現 東京医科歯科大学
  生体材料工学研究所 教授
- 専攻 薬化学
- 薬学博士

平野 智也
- 1974年 愛知県に生まれる
- 1997年 東京大学薬学部 卒
- 2002年 東京大学大学院薬学系研究科
  博士課程 修了
- 現 東京医科歯科大学
  生体材料工学研究所 准教授
- 専攻 生物有機化学
- 博士（薬学）

第1版 第1刷 2011年5月10日 発行
第4刷 2019年1月15日 発行

ライフサイエンスのための基礎化学
（原著第2版）

Ⓒ 2011

訳 者	影 近 弘 之
	平 野 智 也
発行者	小 澤 美 奈 子
発 行	株式会社 東京化学同人

東京都文京区千石3-36-7(〒112-0011)
電話03(3946)5311・FAX03(3946)5317
URL : http://www.tkd-pbl.com/

印 刷 中央印刷株式会社
製 本 株式会社松岳社

ISBN 978-4-8079-0713-7 Printed in Japan
無断転載および複製物（コピー，電子データなど）の配布，配信を禁じます．